2020’第九届中国国际预拌砂浆生产应用技术研讨会

论文集

中国建筑材料联合会预拌砂浆分会
北京市建设工程物资协会建筑砂浆专业委员会 组编

王肇嘉 主编

中国建材工业出版社

图书在版编目（CIP）数据

2020’第九届中国国际预拌砂浆生产应用技术研讨会论文集/王肇嘉主编．--北京：中国建材工业出版社，2020.7

ISBN 978-7-5160-2978-7

Ⅰ.①2…　Ⅱ.①王…　Ⅲ.①混合砂浆—学术会议—文集　Ⅳ.①TQ177.6-53

中国版本图书馆 CIP 数据核字（2020）第 120710 号

2020’第九届中国国际预拌砂浆生产应用技术研讨会论文集

2020’Dijiujie Zhongguo Guoji Yuban Shajiang Shengchan Yingyong Jishu Yantaohui Lunwenji

中国建筑材料联合会预拌砂浆分会
北京市建设工程物资协会建筑砂浆专业委员会　组编

王肇嘉　主编

出版发行：中国建材工业出版社

地　　址：北京市海淀区三里河路 1 号

邮　　编：100044

经　　销：全国各地新华书店

印　　刷：北京雁林吉兆印刷有限公司

开　　本：889mm×1194mm　1/16

印　　张：12.25

字　　数：300 千字

版　　次：2020 年 7 月第 1 版

印　　次：2020 年 7 月第 1 次

定　　价：268.00 元

本社网址：www.jccbs.com，微信公众号：zgjcgycbs

编 委 会

组编单位： 中国建筑材料联合会预拌砂浆分会
北京市建设工程物资协会建筑砂浆专业委员会

主　　编： 王肇嘉

副 主 编： 郭　晞　张增寿　高洪军　蔡鲁宏　苟洪珊　王培铭
钱晓倩　马保国　张秀芳　张永明　赵立群　叶蓓红
张经甫　邢荣华

目　录

一、新型砂浆的开发与应用

一种反射隔热涂料的研制与性能研究 …… 李荣毅　罗　慧　严　煌（3）
机喷抹灰水泥砂浆流变性能的表征及影响因素研究 …… 陈　宁　王培铭　赵立群（10）
防潮防霉内墙腻子的设计原理与应用研究 …… 赵翠婷　王文江（23）
抹灰石膏起泡的机理分析及防止措施 …… 方伟烽　袁益飞　余航斌　周炬峰（28）
轻质抹灰石膏在商业住宅中的应用 …… 柳建峰（32）
高性能界面剂在轻质抹灰石膏产品施工中的应用研究 …… 柳建峰（37）
瓷砖填缝剂泛碱原因及防治措施 …… 李英丁　宋子键（41）
渗透结晶型防水砂浆用于混凝土表面后的耐久性及微观结构的研究 …… 国爱丽　冯秀艳　路瑞娟　刘　佳（46）
腻子标准以外的性能研究 …… 李　燚（51）

二、砂浆原材料的研发与应用

HEMC 和 HPMC 对水泥基腻子性能影响对比 …… 李　建（57）
不同纤维素醚在轻质抹灰石膏中应用对比 …… 张伶俐　罗　慧　夏伟军（64）
水泥类型和掺量对石膏基自流平砂浆影响的研究 …… 田玉军（72）
可再分散乳胶粉在轻质抹灰石膏中的应用 …… 胡　乾　段瑜芳（77）
石灰石尾矿砂石粉提取与利用技术 …… 齐兴波　宋素亚　李　倩（83）
石粉、粉煤灰对机制砂抹灰砂浆性能的影响 …… 周　熠　罗　慧　严　煌（88）
再生骨料制干混抹灰砂浆的性能研究 …… 沈池清（93）
有机外加剂如何提高腻子的品质 …… 蒋志恒（101）
铝酸盐基 3h 快干自流平砂浆的性能表现 …… 武海龙　刘　涛　李德波　高汉青　周仁道（107）
脱硫石膏复合胶凝材料制备自流平砂浆的研究 …… 杨文娟（115）
减水剂和缓凝剂对石膏基自流平砂浆性能的影响 …… 戴　浩　张　超　王　辉（120）
普通硅酸盐水泥对石膏基自流平砂浆性能影响研究 …… 艾秀科　李英丁（126）
填料成分对石膏砂浆性能的影响研究 …… 李英丁　唐凯靖（135）

三、砂浆生产线的研发与应用

“工业 4.0”理念下的腻子粉生产线 …… 董卫良（141）
干混砂浆制备中的干式制砂设备 …… 童　浩（149）
石灰石质机制砂在干混地坪砂浆中的机械化施工应用 …… 孙　辉　顾立成　汪　强（152）
基于石膏基砂浆的传统干混砂浆生产装备升级改造 …… 尹文祥　吕建元（157）

四、标准与其他

《预拌砂浆行业绿色工厂评价导则》标准应用效果验证解析
…………………………………………………… 袁保铖　郭　晞　张　晋　苟洪珊（167）
我国外保温行业面临的严峻挑战及对策 ………………………………………… 吴永文（173）
石膏基建材行业发展现状研究 ………………………………………………… 田玉军（176）
北京市预拌砂浆管理发展实践与展望 ……………………… 刘　斐　刘洪波　矫　明（182）
浅谈预拌砂浆企业绿色工厂的创建 ……………………………………… 姜利红　周　斌（187）

一、新型砂浆的开发与应用

Ⅰ. Research and Application of New Type Mortar

一种反射隔热涂料的研制与性能研究

李荣毅　罗慧　严煌
广东龙湖科技股份有限公司武汉技术中心，湖北武汉，430040

摘　要　本文介绍了一种环保型高性能外墙隔热涂料。其采用丙烯酸乳液为成膜基料，添加多种功能性填料，包括远红外陶瓷粉、玻璃微珠和陶瓷微粉，并通过 SEM 观察功能填料微观结构，同时使用合适的水性涂料助剂，制备得到水性隔热涂料。重点分析不同功能填料对隔热涂料的性能影响，同时通过 SEM 对涂层的微观形貌进行表征分析。通过实验，最终得到合适的填料配比，达到最优效果，并且符合《合成树脂乳液外墙涂料》（GB/T 9755—2014）的要求。

关键词　隔热涂料；丙烯酸乳液；功能填料；隔热性能

Preparation and Properties of Reflective Heat Insulation Coating

Li Rongyi，Luo Hui，Yan Huang
Wuhan Technology Center of Guangdong Longhu Science and Technology Company Limited，Hubei Wuhan，430040

Abstract　A heat-reflective and insulation coating applied for exterior wall was developed. The heat-reflective and insulation coating was prepared by using acrylic emulsion as film forming material，adding various functional fillers and additives suitable for waterborne coatings. Functional fillers include far-infrared ceramic powder，hollow microspheres and ceramic powder，whose microstructures were observed by SEM. The effects of various functional fillers on the insulation performance of coatings were emphatically investigated. The micro-morphology of coating was characterized by SEM. Through orthogonal experiments，a heat-reflective and insulation coating with excellent performance was developed，which met the technical requirements in the standard of GB/T 9755—2014 (*Synthetic resin emulsion for exterior wall*).

Keywords　a heat-reflective and insulation coating；acrylic emulsion；functional fillers；insulation performance

随着我国经济的快速发展，国家对节能环保的要求也越来越高，新颁布的《中华人民共和国节约能源法》提出的建筑节能目标是，到 2020 年，全国新增建筑全部达到节能 65％的目标。但根据预测，截至 2030 年，建筑能耗要比 2015 年增长 20％[1]。建筑领域的减排可以通过建筑节能来实现。因此，兼顾隔热和保温效果的建筑外墙隔热保温涂料的研制和推广对于减少制冷设备的使用，降低能耗，节约社会能源有着重大的意义。

通过各种方式能使涂层覆盖物温度明显低于外界温度的涂料称为隔热涂料[2]。隔热涂料按照隔热机理和方式不同可以分为三类，分别为反射隔热涂料、阻隔隔热涂料、辐射隔热涂料[3]，其中又以反射隔热涂料最为常见。反射隔热涂料是指当太阳光照射到物体表面时，漆膜能把可见光和近红外光线再次反射回大气层，减少了物体对光的透过和吸收[4]；阻隔隔热涂料主要是利用真空填料较低的传热系数减少涂层上下表面之间的热量传递，降低了涂层的导热能力，达到隔热的目的[5]；辐射型隔热涂料是通过加入具有较强辐射能力的填料，把物体吸收的太阳能热量以一定的波长辐射到大气中，实现隔热保温效果[6]。因此，颜填料的优选，成为得到优异隔热涂料的重要途径之一。

在隔热涂料中，反射隔热涂料的应用最为广泛，效果也最为明显，尤其是对长期经受太阳照射的建筑和工业设备有良好的隔热效果。太阳辐射波长范围较广，其中大部分热量集中在 400～1800nm 波长区，即可见光和红外光区[7]，因此反射隔热涂料对此光区的高反射率是降低太阳辐射的累积热的重要条件。因此，本文通过选用特殊功能填料，如玻璃微珠、远红外陶瓷粉和陶瓷微珠来考察隔热效果。

1　实验部分

1.1　主要原材料

丙烯酸乳液（法国阿科玛 2741）；成膜助剂（龙湖科技 FAN-1）；纤维素醚（韩国三星 B30K）；pH 值调节剂（瓦克 BS16）；消泡剂（德国明凌 6686w）；润湿剂（陶氏 X-405）；分散剂（高泰 P30）；疏水剂（BYK-1306）；丙烯酸增稠剂（高泰 3800）；聚氨酯增稠剂（德国明凌化学 PUR44）；杀菌剂（龙湖科技 BC25）；空心玻璃珠（广州市桑纳贸易有限公司，3M）；陶瓷微粉（上海汇精亚纳米材料有限公司）；远红外陶瓷粉（灵寿县旭阳矿业）。如图 1 所示，空心玻璃珠呈规则圆球状，完整性好且光洁度高，陶瓷微粉粒径较小，出现一定程度的团聚现象，远红外陶瓷粉粒径小且形状近球形。

玻璃微珠　　　　陶瓷微粉　　　　远红外陶瓷粉

图 1　功能填料的电镜图

1.2　涂料制备

首先按照表 1 的配方，在适量水中加入一定量的纤维素醚、pH 值调节剂、润湿剂、分散剂、防冻剂和消泡剂，低速（600～1000r/min）搅拌 3～5min，然后加入颜填料（空心玻璃珠在打浆后加入），高速（1500～2000r/min）分散 30min，直到细度达 40μm 以下，再在低速（600～800r/min）搅拌下加入空心玻璃珠，分散均匀后依次加入乳液、成膜助剂、疏水剂、消泡剂、增稠剂和杀菌剂，搅拌 10～15min，至涂料达到合适黏度，过滤即得建筑隔热保温外墙涂料。工艺流程如图 2所示。

表 1　隔热涂料配方

原料	用量 W（%）	原料	用量 W（%）
乳液	35	纤维素醚	0.2
空心玻璃微珠	2.5～12.5	pH 调节剂	0.15
陶瓷微粉	3～8	增稠剂	0.3～0.5
远红外陶瓷粉	3～10	消泡剂	0.4
重钙	10～20	杀菌剂	0.2

续表

原料	用量 W（%）	原料	用量 W（%）
钛白粉	15	疏水剂	3～5
成膜助剂	10	防冻剂	1
润湿分散剂	0.6	去离子水	按 100%补足

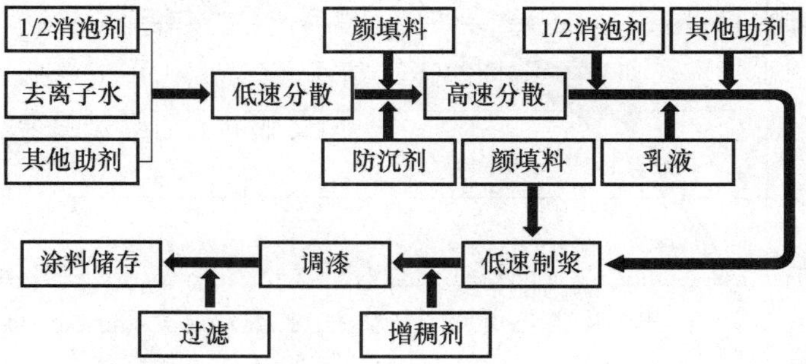

图 2　涂料制备工艺流程图

1.3　性能测试

以纤维增强硅酸钙板作为隔热温差试验的测试板，其尺寸为 100mm×100mm×5mm，涂层制备按《色漆和清漆 标准试板》（GB/T 9271—2008）的规定进行。测试条件（图 3）如下：

（1）室内测试，实验进行时应保证门窗紧闭；

（2）调节电压，保证测试时板上表面温度在（75±2）℃；

（3）测试过程中，将测试板放置在型腔上，涂层面朝向碘钨灯，观察测试板内表面温度随时间的变化；

（4）为保证数据稳定性，测试时间为 1h。

另外，漆膜耐水性按照《漆膜耐水性测定法》（GB/T 1733—1993），漆膜耐碱性按照《建筑涂料 涂层耐碱性的测定》（GB/T 9265—2009），抗冲击性能按照《漆膜耐冲击测定法》（GB/T 1732—1993），反射率测试按照《建筑用反射隔热涂料》（GB/T 25261—2018）。

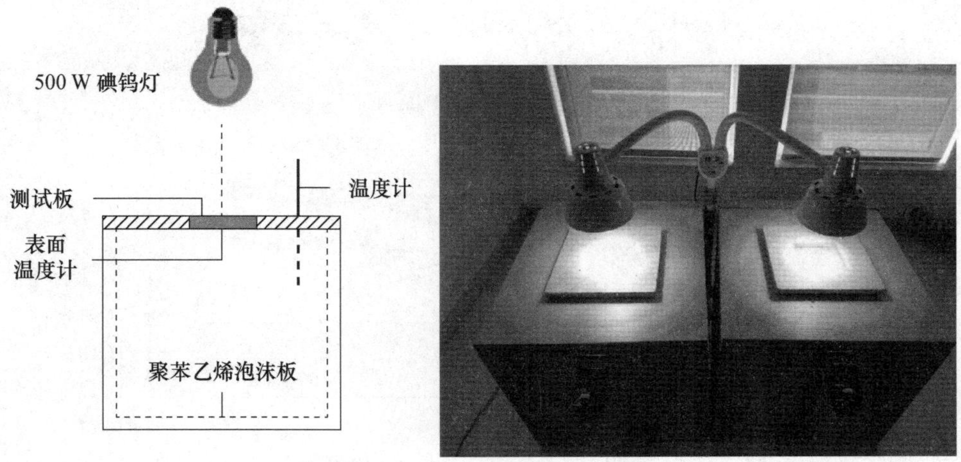

图 3　隔热测试仪模拟图

2　结果与讨论

2.1　功能性填料对涂层隔热性能的影响

通过太阳热反射来达到隔热效果的涂料，关键在于功能性填料的选择和配比，这些将直接影响涂料的质量。从理论上来讲，选择遮光指数较高的填料能增加涂层的反射率，选用低导热系数的填料能降低涂层的热传递能。在实验过程中，主要考察玻璃微珠、陶瓷微粉和远红外陶瓷粉对涂层隔热效果的影响。其中，玻璃微珠的折光指数较高，陶瓷微粉有着较低的导热系数，远红外陶瓷粉能够辐射出比正常物体更多的远红外线（图 4～图 6）。

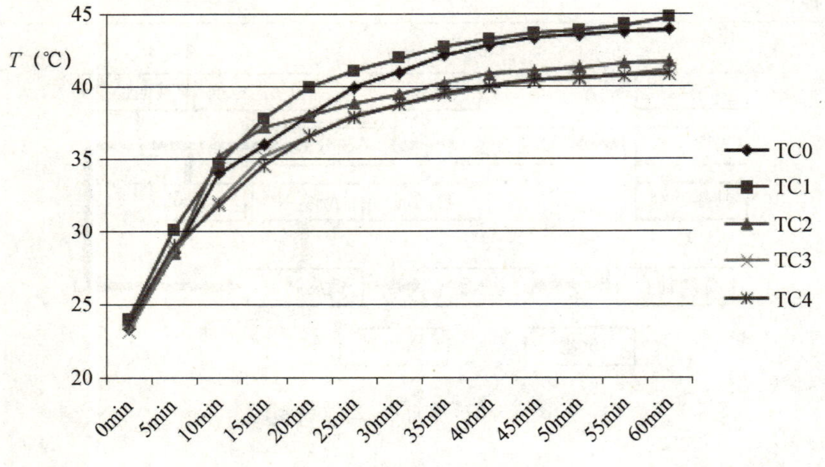

图 4　玻璃微珠的影响

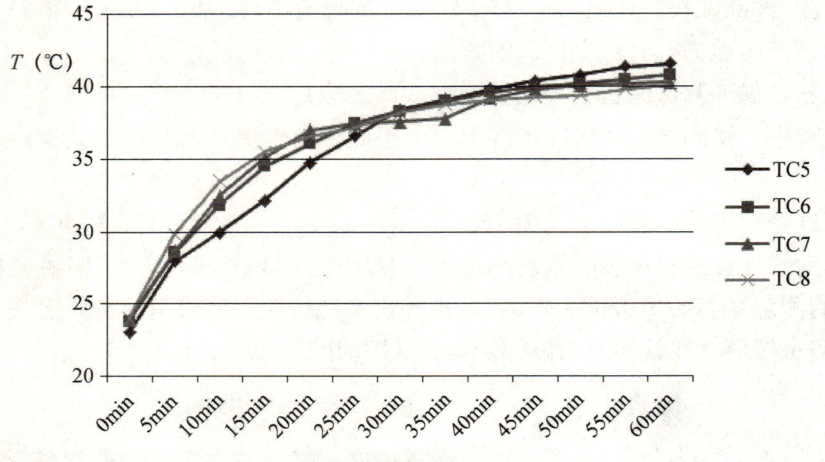

图 5　陶瓷微粉的影响

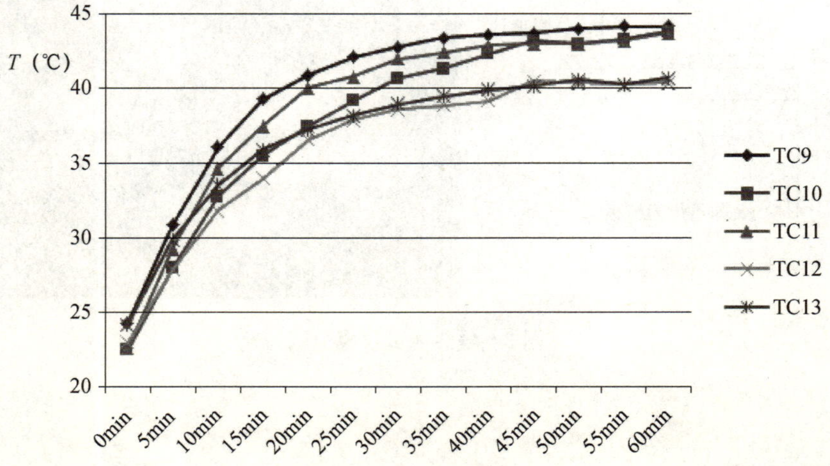

图 6　远红外陶瓷微粉的影响

首先，在固定 PVC 的条件下，依次递增空心玻璃微珠的掺量，在配方中的占比分别为 2.5%（TC1）、5%（TC2）、7.5%（TC3）、10%（TC4），其中 TC0 为空白样，不含上述三种填料，TC1 到 TC4，钛白掺量固定，调整重钙掺量，按照 1.2 的方法测试隔热性能，结果如图 4 所示，随着空心玻璃微珠的增加，涂层的隔热效果明显增强，但随着空心玻璃微珠掺量的增加，涂料柔韧性降低，机械性能下降明显[8]，综合考虑，空心玻璃珠的掺量在 5%时，涂层的综合性能较好。

然后，固定玻璃微珠的掺量 5%，调整陶瓷微粉的掺量，在配方中的质量分数分别为 3%（TC5）、5%（TC6）、7%（TC7）、9%（TC8），分析对比涂层的隔热效果如图 5 所示，对比发现，增加陶瓷微粉对涂层的隔热效果有一定的帮助，添加量为 7%时效果较好。

在玻璃微珠为 2.5%时，对比不同掺量的远红外陶瓷粉对涂层的隔热效果的影响如图 6 所示，掺量分别为 12.5%（TC9）、10%（TC10）、7%（TC11）、5%（TC12）、3%（TC13），可以发现远红外陶瓷微粉对涂层的隔热性能有较好的帮助，但由于其造价较高，综合考虑，添加量为 5%时较为合适。

2.2 漆膜性能的测试与分析

功能填料对涂层性能的影响见表 2，从数据可以看出，玻璃微珠的加入，对涂料的机械强度有一定影响，对比 TC1、TC2 和 TC3 发现，当玻璃微珠的掺量从 2.5%增加到 7.5%时，漆膜的抗冲击从 50cm 降至 30cm，说明玻璃微珠增加后，机械强度有所下降，漆膜较脆，分析原因可能是，随着玻璃微珠的增加，涂料中乳液对粉料特别是玻璃微珠的包裹程度不够，进而使得机械强度有所下降。因此针对 TC1、TC2、TC3 涂层横截面进行表面形貌分析，如图 7 所示。可以看出，涂层表面致密平整，其中空心微珠粒径较大，清晰可见。在这三个涂层中可以清晰地观察到，空心微珠表面的差异，其中 TC3 空心微珠较为密集，且表面较为光滑，而 TC1 和 TC2 两组涂层中的空心微珠表面较为粗糙且有颗粒覆盖。说明 TC1 和 TC2 乳液对空心微珠的包裹情况较优于 TC3，也解释了 TC3 涂层较脆、强度较差的原因。

表 2　涂层性能测试

样品	耐碱	耐水	抗冲击（cm）	耐洗刷（2000 次）
TC0	无异常	无异常	50	漆膜未损坏
TC1	无异常	无异常	50	漆膜未损坏
TC2	无异常	无异常	45	漆膜未损坏
TC3	无异常	无异常	30	漆膜未损坏
TC7	无异常	无异常	45	漆膜未损坏
TC10	无异常	无异常	50	漆膜未损坏
TC11	无异常	无异常	50	漆膜未损坏
TC12	无异常	无异常	50	漆膜未损坏

2.3 漆膜反射率的测试与分析

研究涂层的反射率可以更好地分析不同功能填料的选择与掺量对涂层隔热效果影响的原因。

参照《建筑用反射隔热涂料》（GB/T 25261—2018）对涂层的反射率进行测试，结果见表 3。由于涂料中含有 15%的具有较好折光系数的钛白粉，TC0 空白样也有较高的太阳光反射比、半球发射率和近红外反射比，且都高于 0.85。但与 TC1、TC2、TC6、TC7、TC10、TC11 和 TC12 对比，可以明显看出添加功能填料后，涂层的太阳光反射比、半球发射率和近红外反射比都有一定的提高。从 TC0、TC1 和 TC2 的数据可以看出，随着玻璃微珠掺量的增加，太阳反射比、半球发射

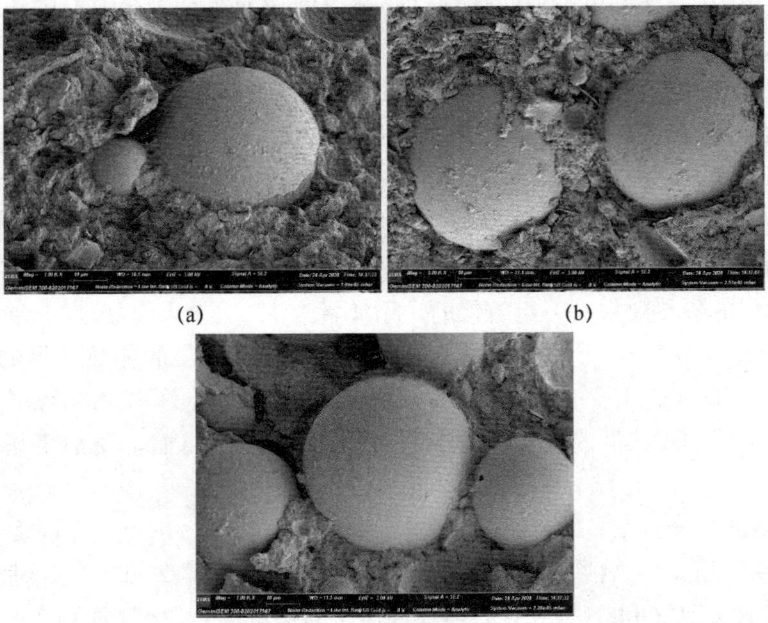

(a) (b)

(c)

图 7　涂层的微观形貌

(a) TC1 玻璃微珠掺量 2.5%；(b) TC2 玻璃微珠掺量 5%；(c) TC3 玻璃微珠掺量 7.5%

率和近红外反射比都有一定的增强，其中太阳反射比和近红外反射比增强较为明显。另外，玻璃微珠可以在涂层中形成空心腔体群，从而实现较好的隔热效果。远红外陶瓷粉对涂层的反射率的增加也有一定的帮助，其中对近红外反射比的增加最为明显，对比 TC10、TC11 和 TC12 发现，随着远红外陶瓷粉掺量的增加，近红外反射率也随之增大，说明远红外陶瓷粉有较高的红外辐射率，对提升涂层的隔热效果有较好帮助。

表 3　反射性能测试结果

样品	太阳反射比	半球发射率	近红外反射比
TC0	0.85	0.88	0.85
TC1	0.86	0.89	0.88
TC2	0.87	0.89	0.89
TC6	0.86	0.87	0.88
TC7	0.87	0.88	0.88
TC10	0.87	0.88	0.90
TC11	0.87	0.89	0.88
TC12	0.86	0.88	0.87

3　结语

（1）本文通过采用丙烯酸乳液制备的隔热涂料，可得到较好的涂层漆膜，性能良好，可满足耐水耐碱性能，同时有着较好的储存稳定性。

（2）本文主要考察了玻璃微珠、陶瓷微粉和远红外陶瓷微粉对隔热涂料的性能、隔热效果、机械强度以及反射率的影响。三者对隔热性能都有一定的帮助，其中玻璃微珠的加入，会使太阳反射比、半球发射率和红外反射率都有一定的增加，特别是太阳反射比和红外反射率增加较为明显。但玻璃微珠也存在一定自身缺陷，其添加量不能过高，否则会降低漆膜强度；远红外陶瓷粉对反射率的增加也有一定帮助，并且有较高的红外辐射率，但其价格较高，可以适量添加，进一步优化性能。

（3）综上，在该配方体系下，玻璃微珠掺量为5%，远红外陶瓷粉掺量为5%，陶瓷微粉添加量为7%，通过三者的协同作用，可使得性能达到最佳。

参考文献

[1] Judkoff R. Increasing building energy efficiency through advances in materials [J]. MRS bulletin，2008，33 (04)：449-545.

[2] 曹延鑫，王晓燕，冯喆，等．热反射颜料对彩色反射隔热涂料的影响 [J]. 涂料工业，2011，44 (4)：1-16.

[3] 刘侃，盛明爽，张小红，等．隔热涂料分类及发展趋势 [C]. 第16届全国表面保护技术交流会，2011.

[4] Shen H，Tzempelikos A. The effect of reflective coatings on building surface temperatures，indoor environment and energy consumption-An experimental study [J]. Energy and Buildings，2011，43 (2-3)：573-580.

[5] 张智强，胡凌，谌红．外墙隔热涂料的制备及隔热性能测试 [J]. 重庆建筑大学学报，2008 (2)：028.

[6] 陈中华，姜疆，张贵军，等．复合型建筑隔热涂料的研制 [J]. 太阳能学报，2008，29 (3)：257-262.

[7] Zhang W，Song Z，Song J，et al. A systematiac laboratory study on an anticorrosive cool coating of oil storage tanks for evaporation loss control and energy conservation [J]. Energy，2013，58 (0)：617-627.

[8] Liang J Z，Li F H. Measurement of thermal conductivity of hollow glass-bead-filled polypropylene composites [J]. Polymer Testing，2006，25 (4)：527-531.

作者简介

李荣毅，男，助理工程师，联系地址：武汉市东西湖区东吴大道38号永盛工业园6栋1单元。

机喷抹灰水泥砂浆流变性能的表征及影响因素研究

陈　宁[1,2]　王培铭[1]　赵立群[2]

1. 同济大学材料科学与工程学院，上海，201804；

2. 上海市建筑科学研究院有限公司，上海，200032

摘　要　塑性流体同时显示弹性和黏性，宾汉姆方程用 τ_0 和 η 表征材料的弹性和黏性，但其反映出砂浆内部出现变形即呈现流体状态，由于缺乏起始弹性阶段砂浆缓慢变形后剪切应力快速升高的过程，砂浆表现出的弹性过程未能体现。本文利用 Viskomat XL 砂浆流变仪研究和提出了与机喷抹灰砂浆流变性能有关的参数，并研究水泥、粉煤灰（FA）及羟丙基甲基纤维素醚（HPMC）、淀粉醚（SE）等各组分及外加剂对水泥砂浆流变性能的影响。结果表明：τ_c、$\Delta\tau$、g 和 h 可用于表征机喷抹灰砂浆的流变性能，在砂浆从塑性体向塑性流体转变的过程，τ_c、$\Delta\tau$ 反映了砂浆在前一阶段的抗垂挂性、触变性及塑性，g 和 h 共同决定了砂浆在后一阶段的流动能力，h 与砂浆的稳定性、保水性呈正相关。水泥、FA 及 HPMC 等添加剂对水泥砂浆的流变性能产生不同的作用和影响，SE 使砂浆流体性质发生改变，从宾汉姆塑性流体转变为触变性流体。

关键词　机喷砂浆；流变性能；流变参数；抗垂挂性；触变性

Rheological Parameter Analysis of Machine-blasted Mortar and Influence of Mortar Composition on It

Chen Ning[1,2], Wang Peiming[1], Zhao Liqun[2]

1. School of Materials Science and Engineering, Tongji University, Shanghai, 201804;

2. Shanghai Research Institute of Building Science, Shanghai, 200032

Abstract　Using Viskomat XL mortar rheometer, the parameters related to the rheological properties of machine-sprayed mortar were studied, and the effects of cement, FA and additives such as HPMC and SE on the rheological properties of cement mortar were studied. The results show that τ_c, $\Delta\tau$, g and h can be used to characterize the rheological properties of machine-sprayed mortar, and τ_c, $\Delta\tau$ reflect the anti-hanging property, thixotropy and plasticity of mortar in the previous stage during the process of mortar changing from plastic fluid to plastic fluid, g and h together determine the flow ability of mortar in the later stage, and h is positively correlated with the stability and water retention of mortar. Cement, FA and HPMC have different effects on the rheological properties of cement mortar. SE changes the fluid properties of mortar from Bingham plastic fluid to thixotropic fluid.

Keywords　machine-blasted mortar; rheological properties; rheological parameters; anti-hanging property; thixotropy

1 概述

砂浆性能与其组分（胶凝材料、集料、水、外加剂等）的性质和含量有关，砂浆的应用在很大程度上取决于材料在新拌状态下的特性，而这些特性反过来又影响材料在硬化状态下的最终性能[1,2]。因此，流变学成为一个重要的研究方向，获得精确反映浆体流变行为的流变参数，对减少作业成本，预测水泥砂浆的宏观流变行为具有重要意义[3,4]。

水泥砂浆的和易性对抹灰工作性、施工质量和效率及力学性能有重要影响，随着建筑施工技术的进步及手工抹灰向机喷抹灰转变，对水泥砂浆也提出了更高要求：（1）砂浆自然放置和压力输送时不出现泌水和分层离析，要匀质且稳定[5]；（2）砂浆输送方便，流动性好[6]；（3）具有抗垂挂性，一定厚度砂浆与基层粘结牢靠，不因自重流淌[7]；（4）具有触变性，砂浆抹灰时可自由塑形[8]。同时可操作时间也是水泥砂浆和易性的基本要求。因此，将水泥浆体的流变行为与结构问题联系起来，可以更好地解决工地上的施工问题[9]。

近年来，机喷抹灰砂浆在建筑领域的应用逐渐增多，但大多均凭有限经验进行施工[10]。当前反映机喷抹灰砂浆和易性的有稠度、保水率（WR）、流动度、稠度损失率、压力泌水率等。浆体的流动和变形也是决定机喷抹灰砂浆保持良好工作性能的核心要素。因此，从流变学角度对机喷抹灰砂浆进行研究，可更全面地认识其和易性要求。

目前有许多学者对水泥净浆[4,6]、砂浆[11-13]及混凝土[9,14]的流变学特征进行了研究，并认为浆体符合典型的宾汉姆行为，采用的仪器有旋转黏度计[15,16]、漏斗[17]或自制流变仪等，反映出砂浆流变性与胶砂比、添加剂等因素有关，测试仪器对水泥基材料流变性能的表征精度和灵敏度具有重要影响，利用不同流变测试仪器研究水泥砂浆流变性能时，其表征功能和精度存在较大差异。但上述仪器在测试水泥砂浆流变性方面缺乏精度和灵敏度，同时利用流变仪研究机喷抹灰砂浆流变性能的文献并不多见。近两年，砂浆流变仪在精确测试方面取得较大进步，为研究水泥砂浆流变学创造了仪器条件。其中 Viskomat 流变仪在水泥等相关行业获得了广泛的成功，用于测量水泥浆体、砂浆及混凝土等。该方法以扭矩表征剪切应力，以桨叶转速表征剪切速率，建立相应的流变曲线[3,18]。

本文选用市场上广泛应用的两种不同型号的机喷水泥砂浆，并通过 Viskomat XL 砂浆流变仪测得砂浆浆体的流变行为，分析各因素对水泥砂浆流变性能的影响。同时，根据测得的砂浆流变性能曲线，分析提出与其流变性能有关的参数。另一方面，针对机喷砂浆中主要组分水泥、粉煤灰（FA）的掺量对其流变行为的作用，以及常用在机喷砂浆中改善砂浆浆体性能的羟丙基甲基纤维素醚（HPMC）和淀粉醚（SE）等添加剂对其流变性能的影响也同时得到研究，以期指导机喷砂浆配比的优化设计和工作性能的进一步优化提升。

2 原材料和试验方法

2.1 试验原材料

实验选用海螺水泥股份有限公司生产的 P·Ⅱ52.5 水泥，其化学成分见表 1，物理性能见表 2；两种粉煤灰（FA）来自宝钢电厂，分别记为 FA Ⅰ和 FA Ⅱ，其化学成分见表 1，物理性能见表 3。砂选择中国 ISO 标准砂（厦门艾思欧标准砂有限公司生产）；纤维素醚购买自上海地诺化工有限公司提供的浙江中维羟丙基甲基纤维素醚（HPMC），NDJ 黏度为 40000Pa·s（DN1），羟丙基取代度（MS）为 0.31，甲氧基取代度（DS）为 1.5；淀粉醚 ST2000（SE）购买自亚什兰化工有限公司；水采用自来水。

表 1　原材料化学成分（%）

	SiO_2	Al_2O_3	Fe_2O_3	CaO	Na_2O	MgO	SO_3	Loss	f-CaO
Cement	21.68	5.20	2.59	62.94	0.53	1.56	2.39	1.58	1.58
FA Ⅰ	49.98	31.44	5.33	2.92	0.20	1.10	0.58	0.7	0.4
FA Ⅱ	43.2	21.77	21.7	1.55	0.48	0.97	1.32	4.1	—

表 2　海螺 P·Ⅱ52.5 水泥物理性能

细度（%）	比表面积（m^2/kg）	标稠用水量（%）	凝结时间（min）		抗折强度（MPa）		抗压强度（MPa）	
			初凝	终凝	3d	28d	3d	28d
6.2	362	26.8	135	170	7.9	11.6	39.0	64.7

表 3　FA 物理性能

项目		FA Ⅰ	FA Ⅱ
细度（45μm 方孔筛筛余）（%）		7.5	18.4
需水量比（%）		92	102
活性（%）	3d	—	56
	7d	—	61
	28d	76.4	72.1

2.2　试样制备和实验方法

2.2.1　水泥砂浆试样制备

本文中水泥砂浆的制备方法参照标准 JGJ/T 70—2009[19]，M_2表示砂浆中水泥占砂浆质量为 0.25，其作为基准组。探究不同组分对水泥砂浆流变性能的影响，用 FA Ⅰ和 FA Ⅱ分别取代基准砂浆中水泥 15%、32%和 50%。HPMC 在水泥砂浆干物料中的质量百分比为 0.01%、0.03%、0.05%、0.10%、0.30%、0.50%，SE 在水泥砂浆干物料中的质量百分比为 0.06%、0.14%。砂浆拌和时间为 180s，稠度控制为 90～95mm。掺入 HPMC 的试样中，随着其掺量提高砂浆变得黏稠，稠度不再随着用水量增加而变大，此时砂浆稠度控制为 80～90mm。实验时水胶比 m_W/m_B控制为 0.52～0.58。

2.2.2　水泥砂浆流变性测试

宾汉姆塑性流体方程为 $\tau=\tau_0+\mu\gamma$。

式中　τ——剪切应力；

τ_0——屈服应力；

μ——塑性黏度；

γ——剪切速率。

塑性黏度 μ 表征了砂浆拌合物作为匀质连续介质时的黏度。实验时对 Viskomat XL 砂浆流变仪加载方式进行设定，测得扭矩 τ 随时间 t 和转动速率 N 的变化，获得“t-τ”曲线和“N-τ”流变曲线[3,18]。利用“N-τ”方程 $\tau=g+Nh$，其中 g 值表征屈服应力 τ_0，h 表征塑性黏度 μ，$\tau_0=(K/G)g$，$\mu=(l/G)h$，K、G 为与设备相关的不变参数，不影响对 g 值和 h 进行分析，g、h 视为该设备测得的砂浆屈服应力和塑性黏度[1,18]。

砂浆进行流变性测试时参数控制如下：实验环境温度控制为（23±2）℃，相对湿度控制为（55±5）%；实验设备 Viskomat XL 流变仪（图 1）设定转动速率 N 分别为 10r/min、30r/min、50r/min、80r/min，每个转动速率的阶段时间为 1min，转动速率随时间变化的加载方式如图 2 所示，搅拌叶为鱼骨形。

图 1　Viskomat XL 砂浆流变仪

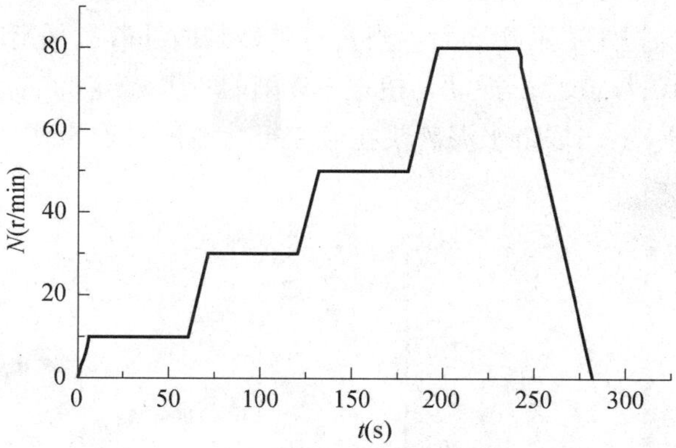

图 2　流变仪时间-转动速率（"t-N"）控制曲线

2.2.3　砂浆稠度和保水率测试

稠度测试方法按照《建筑砂浆基本性能试验方法标准》（JGJ/T 70—2009）的规定进行。实验室测试砂浆保水率按照 ASTM C1506—09 中规定的真空抽滤法进行。使用 PFT-G5c 机喷设备测试砂浆工作性时，砂浆保水率试验方法按照《建筑砂浆基本性能试验方法标准》（JGJ/T 70—2009）的规定进行。

3　试验结果和讨论

3.1　机喷抹灰水泥砂浆流变参数分析

如图 3 所示，利用 Viskomat XL 对砂浆 M_2 与两种机喷砂浆 M_{CF} 和 M_{MP} 进行流变性测试，在设定加载方式下得到"τ-t"曲线。图 3 表明在恒定的剪切速率（10r/min、30r/min、50r/min、80r/min）下，扭矩随时间的减小反映出水泥砂浆在剪切应力作用下出现的结构破坏现象，在扭矩值达到稳定平衡时，表明水泥浆内部结构完全破坏，符合宾汉姆流体特征[1]。然而，在测试的起始阶段，流变仪开始工作使砂浆缓慢变形、剪切应力快速升高过程而表现出的流变特性在宾汉姆模型中未能体现。

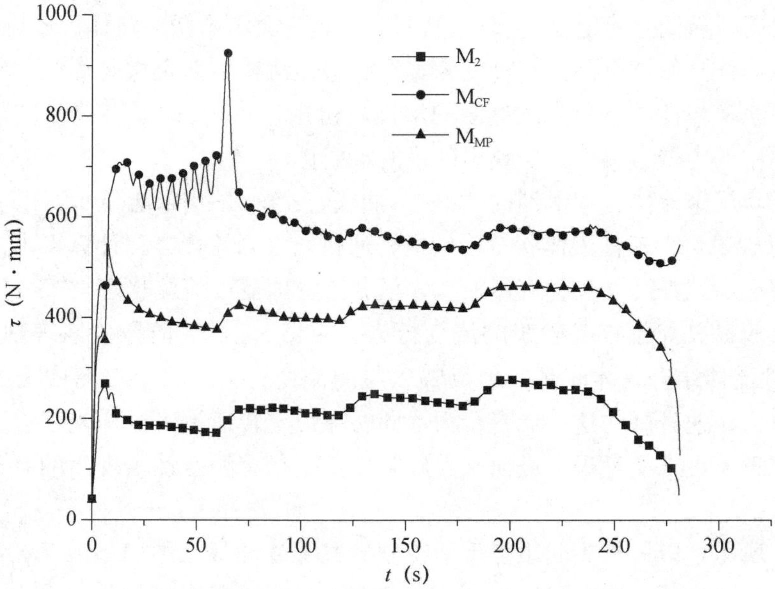

图 3　砂浆"t-τ"曲线

图 4 表明，在砂浆“τ-t”特征曲线中，流变仪从静止状态开始工作，搅拌叶受到砂浆内部阻力产生的扭矩 τ 不断增大，当其打破砂浆内部静态平衡时，出现临界扭矩最大值 τ_c。随着搅拌叶在低速（10r/min）下搅动，扭矩 τ 逐渐降低并稳定为 τ_{10r}，初始临界扭矩最大值 τ_c 与 τ_{10r} 之间出现初期扭矩差 $\Delta\tau$。多组水泥砂浆在流变行为测试时均表现出上述特点，且不同种类水泥砂浆的 τ_c、$\Delta\tau$ 差异较大。

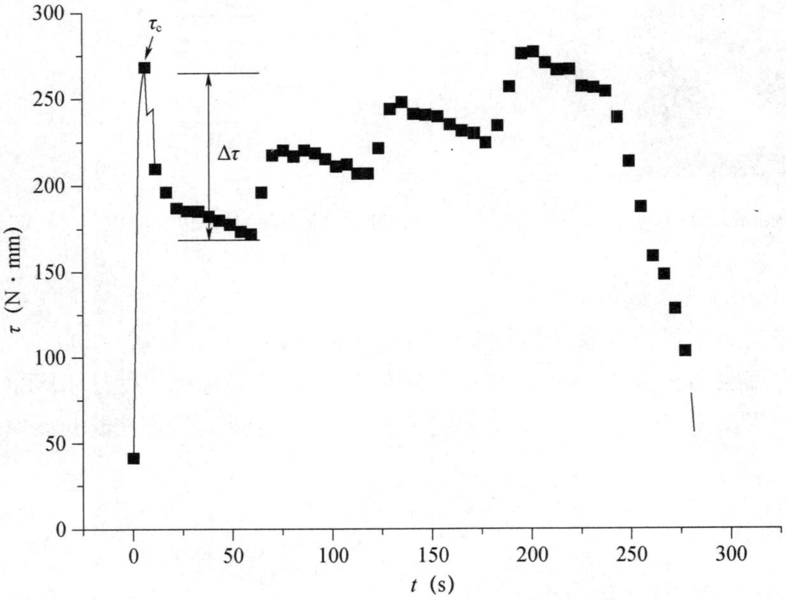

图 4　砂浆“τ-t”特征曲线

τ_c 的物理意义为打破砂浆初始内部静态平衡的临界扭矩，反映了砂浆初始静止状态的内聚力。扭矩在达到 τ_c 使砂浆屈服以前，砂浆为弹性固体，达到 τ_c 后，砂浆内部水泥颗粒依靠范德华力和静电作用相互连接而成的絮凝体结构及其与砂颗粒间的摩擦阻力平衡被打破，此时砂浆仅开始具备变形能力。τ_c 值小表明打破静态平衡所需的外力较小，砂浆易产生变形，但不利于抗垂挂。τ_c 增大，打破静态平衡的外力变大，砂浆不易产生变形，抗垂挂性提高。扭矩 τ 达到 τ_c 后，砂浆并未立即变成流体状态，当 τ 逐渐降低并稳定在 τ_{10r} 时，其开始表现为宾汉姆塑性流体。τ_c 至 τ_{10r}（0～10r/min）阶段为砂浆从弹性固体平衡被打破到其转变为宾汉姆塑性流体内部再次平衡，过程中表现出的应力松弛现象体现了砂浆从弹性固态向流态过渡的塑性，扭矩差 $\Delta\tau$ 反映了砂浆从内部静态平衡打破向塑性流体转变过程中的内聚力损失，反映出砂浆的触变性。

图 5 表示利用宾汉姆流体方程得到的“N-τ”曲线，τ_c 和 $\Delta\tau$ 均未能显示，以 g 值表征砂浆的屈服状态，但 g 是以砂浆达到塑性流体状态为前提，通过宾汉姆流体方程计算得出，砂浆“t-τ”曲线表明了砂浆在达到 τ_c 后只是开始具备变形能力，但并未立即变成流体状态。“N-τ”流变曲线掩盖了 τ_c 和 $\Delta\tau$，未能真实反映初始搅拌时砂浆的流变行为。应将 τ_c 至 τ_{10r} 阶段砂浆表现出的塑性与 τ_{10r} 至 τ_{80r} 阶段表现出塑性流体结合，才能真实地反映砂浆的流变行为。由于该图中未能反映在砂浆搅拌的起始阶段剪切应力快速升高的这一流变行为，同时在恒定转速下，试样内部应力随时间增加而逐渐衰减的应力松弛现象也未能呈现。进而水泥砂浆尤其是具有触变性表现出的有些流变行为无法用 g 和 h 解释。

因此，如图 6 所示，以 τ_c 作为屈服点重新绘制砂浆流变曲线。图中 N＝10r/min 时为砂浆从塑性体向塑性流体转变的临界点，0～10r/min 阶段砂浆为受剪变稀的塑性体，在 10r/min 时从塑性体转变为塑性流体，在 10～80r/min 阶段表现为塑性流体。这两个阶段反映了砂浆在不同状态时的流变行为。若将静止状态的砂浆产生流动，其流变行为需经历两个阶段；当砂浆已经处于流动状态时，其流变行为主要表现出第二阶段。因此，应结合这两个阶段对砂浆流变性进行研究和分析，为方便表述，文中将前者称为第一阶段，后者为第二阶段。

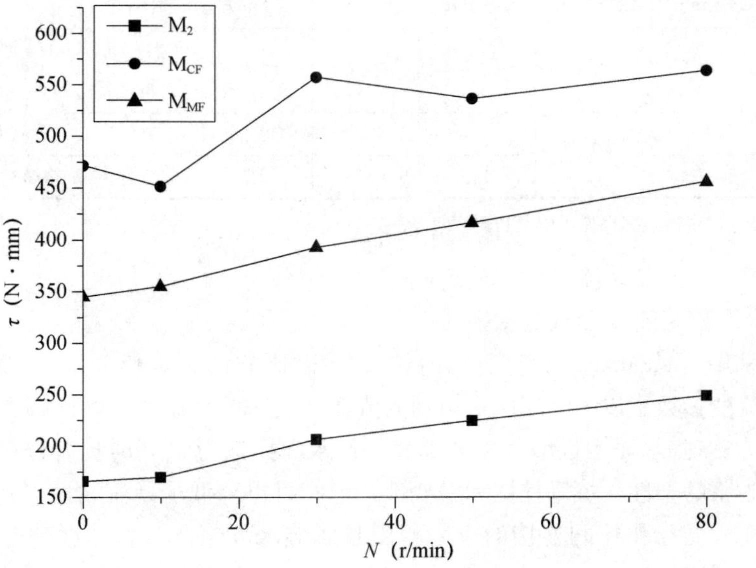

图 5　砂浆“N-τ”流变曲线

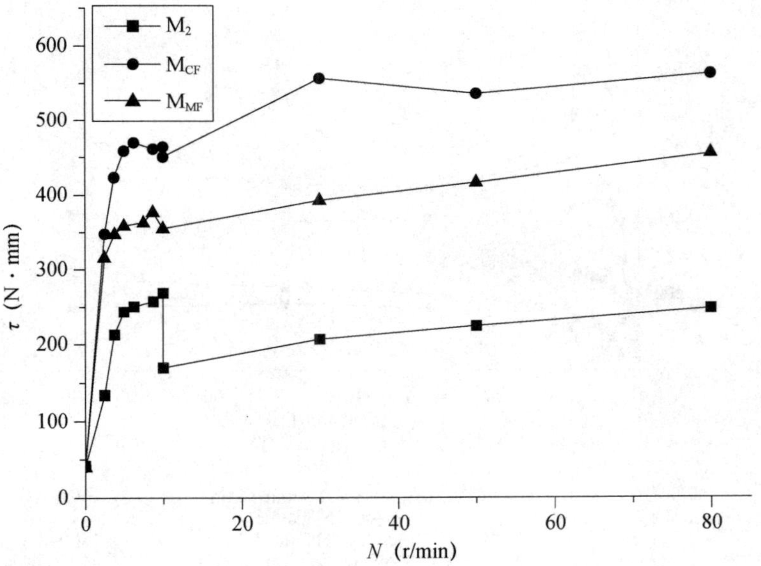

图 6　以 τ_c 为屈服点的“N-τ”曲线

为进一步验证 τ_c、$\Delta\tau$、g 和 h 与机喷抹灰砂浆工作性之间的关系，利用 PFT-G5c 机喷设备和 Viskomat XL 流变仪测得的三种机喷砂浆的工作性能见表 4。由表 4 可知，机喷砂浆 M_{CF}、M_{MP} 比参照组 M_2 具有更高的 τ_c，其流动性比 m_0 低，但有更好的抗垂挂性，τ_c 反映了砂浆的抗垂挂和易流动性。M_{CF}、M_{MP} 比 M_2 具有更高的 $\Delta\tau$，表现出更好的塑性和触变性。塑性黏度 h 表征了砂浆拌合物作为匀质连续介质时的黏度，反映了砂浆作为匀质材料时的内聚力，体现了砂浆的稳定性和保水性。g 和 h 共同决定了砂浆在第二阶段的流动能力。表 4 显示，h 与砂浆稳定性、保水性呈正相关，且应控制在合理区间。在对 M_2 试样测试时发现，尽管其 g 值较低，反映出较好的流动性，但其 h 较小，砂浆保水性和稳定性差，输送过程受压后表现出泌水、离析；h 过高则砂浆过于粘稠，不利于输送和抹灰施工。综上，τ_c、$\Delta\tau$、h、g 四个流变参数与机喷抹灰砂浆的流动性、抗垂挂性、触变性、保水性等相关性较高，可用于表征机喷抹灰砂浆的工作性。

表 4　砂浆流变参数及机喷抹灰工作性

试样	h (N·mm·min)	g (N·mm)	τ_c (N·mm)	$\Delta\tau$ (N·mm)	WR (%)	跳桌流动度 (mm)	压力输送流动性	抹灰黏性	抗垂挂性	触变性
M_2	1.08	166	268	99	85.6	248	流动差，离析堵管	不粘刀	流淌	差
M_{CF}	1.31	471	723	271	91.3	223	良好	不粘刀	良好	良好
M_{MP}	1.41	345	547	192	94.6	215	良好	轻微粘刀	良好	良好

注：黏性、抗垂挂性、触变性依据操作手感及目测。

3.2　水泥和粉煤灰对水泥砂浆流变性能的影响

3.2.1　胶砂比对水泥砂浆流变参数的影响

如图 7 所示，采用 Viskomat XL 流变仪分析探究胶砂比分别为 0.15、0.25、0.35 和 0.50 的水泥砂浆的流变曲线及流变参数。以 τ_c 为屈服点得到的流变曲线，可采用宾汉姆回归方程得到砂浆的 g 和 h。在第一阶段，τ_c、$\Delta\tau$ 随水泥用量增加不断提高，在水泥掺量为 50%时提升作用最为明显，表明增加水泥用量可提高砂浆的塑性、抗垂挂性和触变性，但同时也降低了易流动性。有研究提出，水泥浆体中絮凝结构的密实程度和颗粒间连接的牢固程度是影响水泥浆体抗垂挂性和触变性大小的主要因

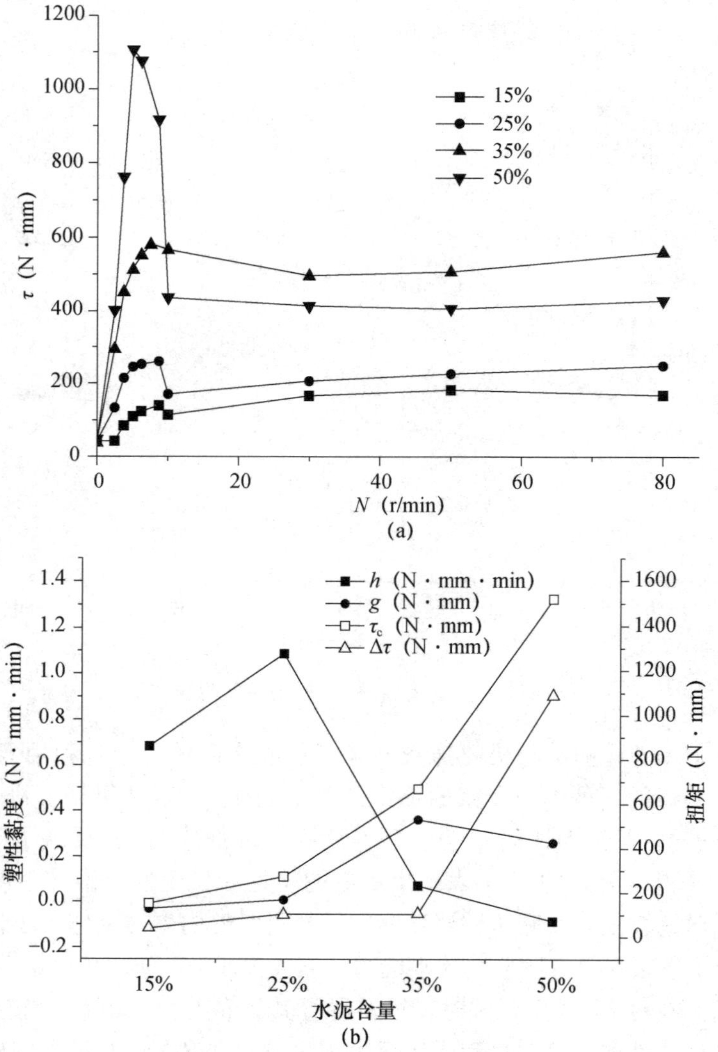

图 7　胶砂比对水泥砂浆流变行为及流变参数的影响

(a) 不同胶砂比水泥砂浆流变曲线；(b) 不同胶砂比水泥砂浆的 h、g、τ 值和 $\Delta\tau$

素[20]，Tattersall 等[21]也提出水泥浆颗粒间的抗拆散能力与体系中颗粒间的键合数成正比，水泥浆体系所含颗粒间的键合数越多，浆体絮凝结构越密实而不易拆散，触变性越小。因此，砂浆中水泥用量增加，水泥絮凝结构密实度及颗粒间的键合数提高，塑性、抗垂挂性和触变性均得到提高。

3.2.2 FA 对水泥砂浆流变性能的影响

图 8 显示不同种类的粉煤灰 FA Ⅰ和 FA Ⅱ分别取代基准砂浆中水泥 15％、32％和 50％掺量的水泥砂浆以 τ_c 为屈服点的流变曲线。从中可看出，在第一阶段，两种 FA 均提高了砂浆 τ_c 和 $\Delta\tau$ 值，表明其增强了砂浆的塑性，提高了其抗垂挂性和触变性，其中Ⅰ类 FA 在 15％掺量、Ⅱ类 FA 在 15％和 32％掺量时对砂浆的增塑作用最强。在砂浆开始流动的第二阶段，两种 FA 均提升了砂浆 g 值，使砂浆流动时所需外力提高，表明其降低了砂浆的流动性，但两种 FA 均反映出，同 15％掺量时相比，随着掺量进一步增加，砂浆 g 值表现出下降趋势，反映与低掺量相比 FA 在高掺量时提高了砂浆的流动性和匀质性。Ⅰ类 FA 在 15％掺量时提高了砂浆塑性黏度，起到一定的增黏效果，并使砂浆有明显的受剪变稀行为，表现为屈服假塑性流体。随着掺量提高，砂浆塑性黏度不断减小，降低了砂浆流动时的黏性。FA 对水泥砂浆流变性的影响与其具有的形态效应和微集料效应有关，形态效应有利于减弱砂浆流动时颗粒间的摩擦阻力，微集料效应有利于改善砂浆内部颗粒的堆积结构，提高砂浆匀质性和密实性[22]。

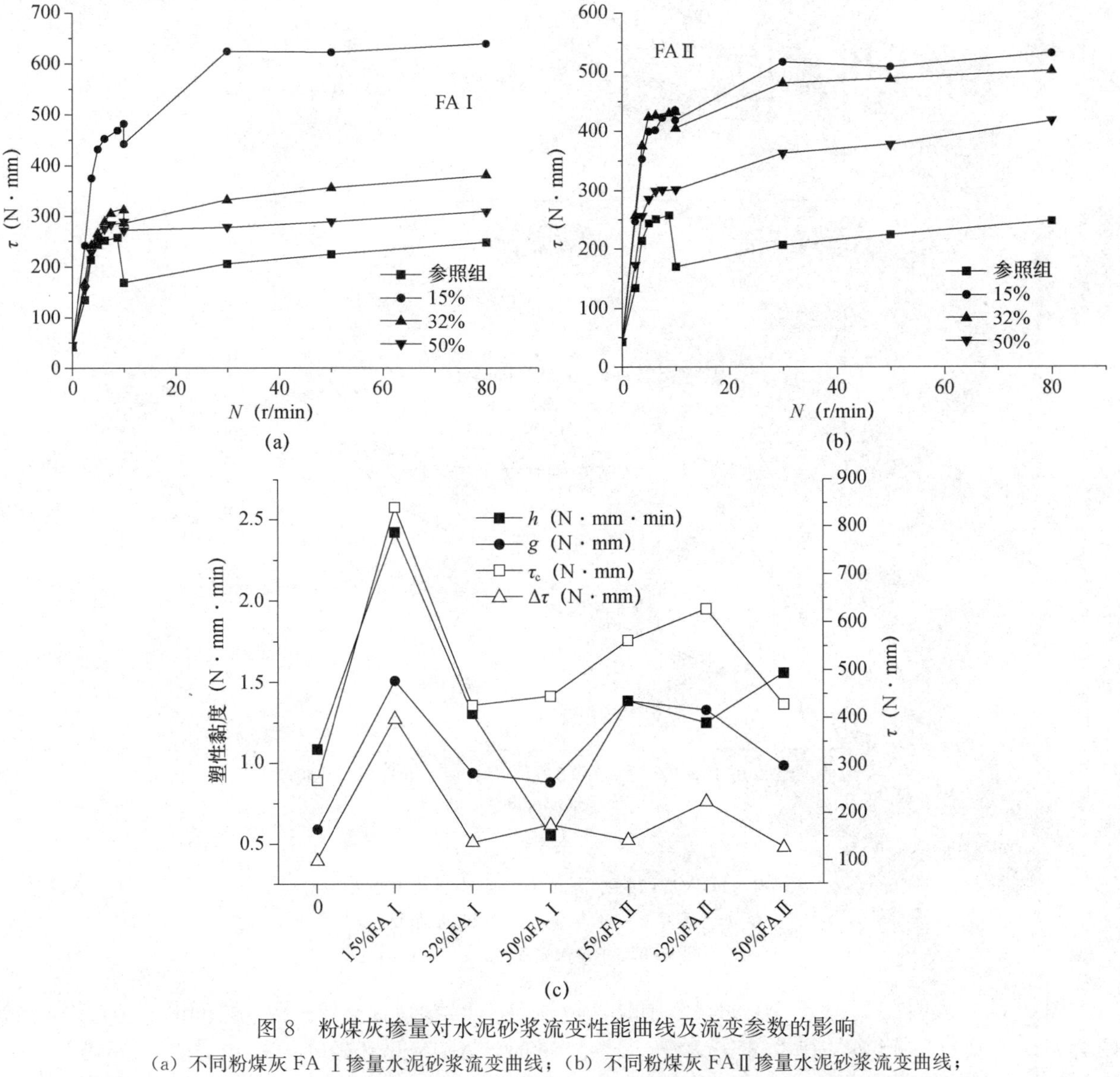

图 8 粉煤灰掺量对水泥砂浆流变性能曲线及流变参数的影响

（a）不同粉煤灰 FA Ⅰ掺量水泥砂浆流变曲线；（b）不同粉煤灰 FAⅡ掺量水泥砂浆流变曲线；

（c）不同粉煤灰掺量水泥砂浆的 h、g 值和 $\Delta\tau$

3.3 添加剂对水泥砂浆流变性能的影响

3.3.1 HPMC 对水泥砂浆流变性能的影响

图 9 显示不同掺量的纤维素醚 HPMC 改性水泥砂浆以 τ_c 为屈服点的流变曲线及流变参数。从图 9（a）中可以看出，0.01%～0.50%掺量范围内，HPMC 改性砂浆表现为宾汉姆流体。其对砂浆流变性能的影响为，在第一阶段，HPMC 提高了砂浆 τ_c 值，反映了浆体的抗垂挂性增强，易流性降低。HPMC 对 $\Delta\tau$ 的影响规律为先提升后降低，在 0.01%～0.05%范围时 $\Delta\tau$ 表现出微弱的提升，表明 HPMC 对砂浆塑性和触变性起到一定的改善作用，在 0.10%～0.50%掺量范围内，$\Delta\tau$ 随着掺量增加出现下降趋势，反映出砂浆塑性和触变性降低，这与实验过程中通过目测和操作手感得到的结果一致。

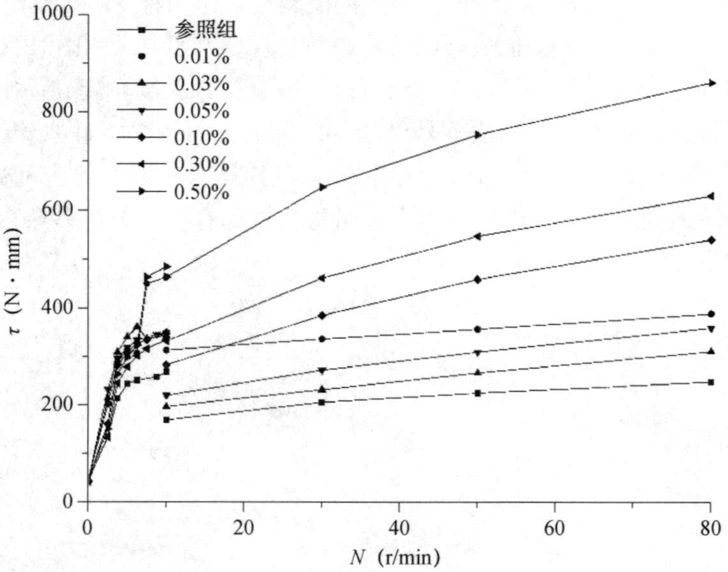

(a)

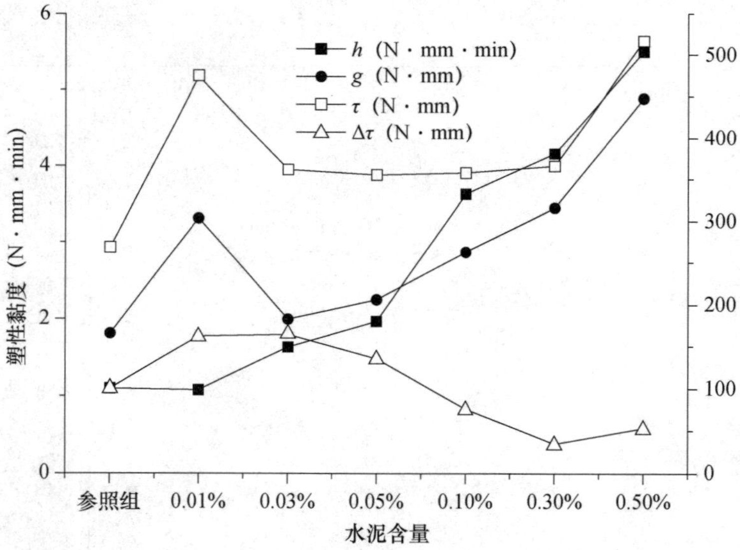

(b)

图 9 HPMC 改性水泥砂浆流变性能及参数变化

（a）不同 HPMC 掺量水泥砂浆流变曲线；

（b）不同 HPMC 掺量水泥砂浆的 τ_c、g 值和 $\Delta\tau$

图 9（b）表明在 0.01%～0.50%范围时，随着 HPMC 掺量提高，τ_c 和 g 之间的差值逐渐减小，两者表现出接近的趋势，在 0.30%和 0.50%掺量时，$\Delta\tau$ 降低到较小，τ_c 和 g 趋于重叠，表明 HPMC 具有减弱砂浆塑性，使之从塑性体向流体转变的作用。在第二阶段，0.01%HPMC 掺量时，

相比于参照组砂浆，砂浆 g 值变大，h 值基本不变，表明砂浆流动性降低，匀质性未得到改善。0.03%HPMC 掺量时，砂浆 g 值减小，h 值变大，表明砂浆黏性和匀质性改善，流动性提高。在 0.03%～0.50%范围内，随着 HPMC 掺量提高，砂浆 h 值、g 值逐步变大，表明其黏性不断提高，流动性降低。

如图 10 所示，分别显示 HPMC 改性水泥砂浆塑性黏度和保水率及其两者之间相互联系。HPMC 在砂浆中主要作为保水增稠材料，使砂浆满足使用所需的保水能力和流动变形能力，根据图中砂浆保水率测试结果可以看出，HPMC 改性砂浆的塑性黏度 h 和保水率之间呈正相关。Y. Ohama[14] 和 Brumaud[23] 也曾研究提出 CE 具有保水作用的主要原因是其增加砂浆黏度。如图 10（b）所示，通过建立砂浆塑性黏度和保水性能之间的关系曲线发现，砂浆塑性黏度和保水率表现出线性关系，对曲线进行线性拟合，结果为 $y=16.12+14.97x$，$r^2=0.96$，直线斜率的物理意义为砂浆塑性黏度对保水性能的贡献，HPMC 使砂浆塑性黏度每增加 1(N·mm·min)，对砂浆保水率的提高作用为 14.97%。

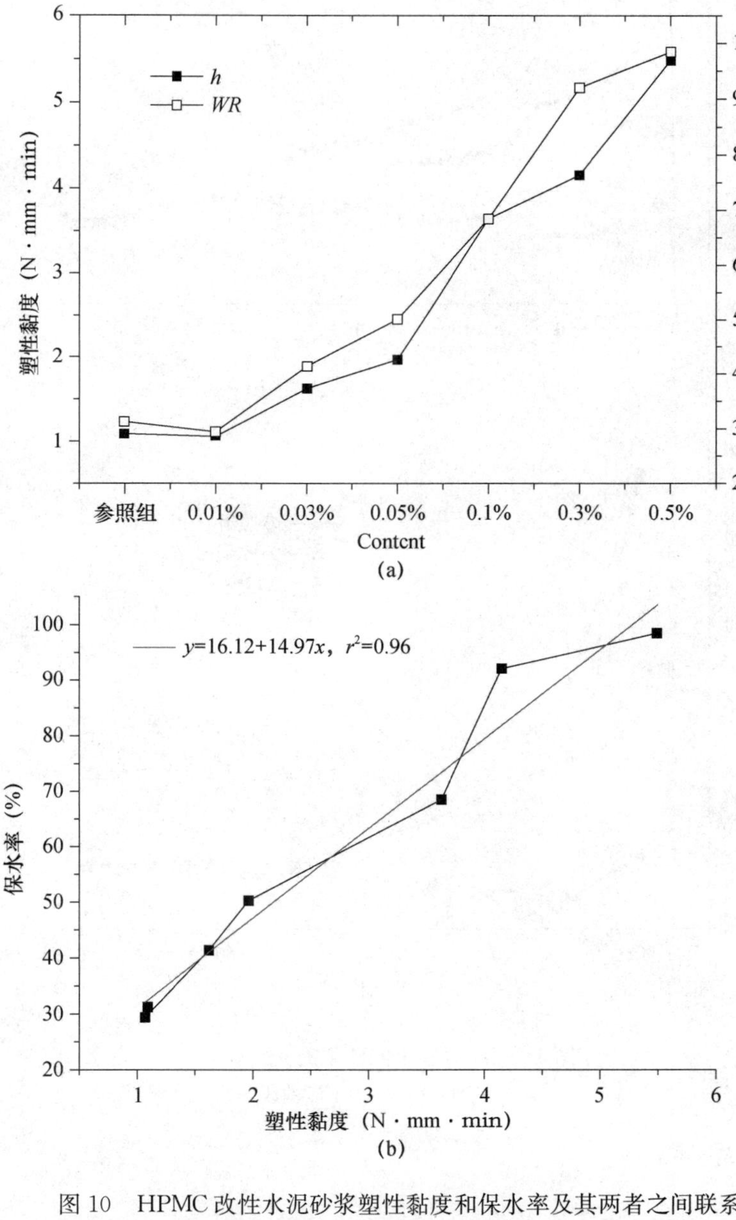

图 10　HPMC 改性水泥砂浆塑性黏度和保水率及其两者之间联系

（a）HPMC 改性水泥砂浆塑性黏度和保水率；（b）水泥砂浆塑性黏度和保水率的关系

3.3.2 SE对水泥砂浆流变性能的影响

图11显示掺SE水泥砂浆的"t-τ"曲线和流变曲线，从中可以看出，SE使砂浆长时间表现出明显的剪切变稀行为，砂浆流体性质发生了改变，已不再是宾汉姆塑性流体，而成为触变性流体。掺入SE后，砂浆τ_c值大幅提高，易流动性降低，抗垂挂性提升。图11（b）中掺量0.06%和0.14%淀粉醚改性水泥砂浆试样流变曲线之间的区域，反映了砂浆在0.06%和0.14%两种SE掺量下其内部塑性结构被破坏程度的强弱差异，表明在0.14%SE掺量时砂浆塑性结构被破坏的程度更大，砂浆在抹灰时表现出更好的触变性。

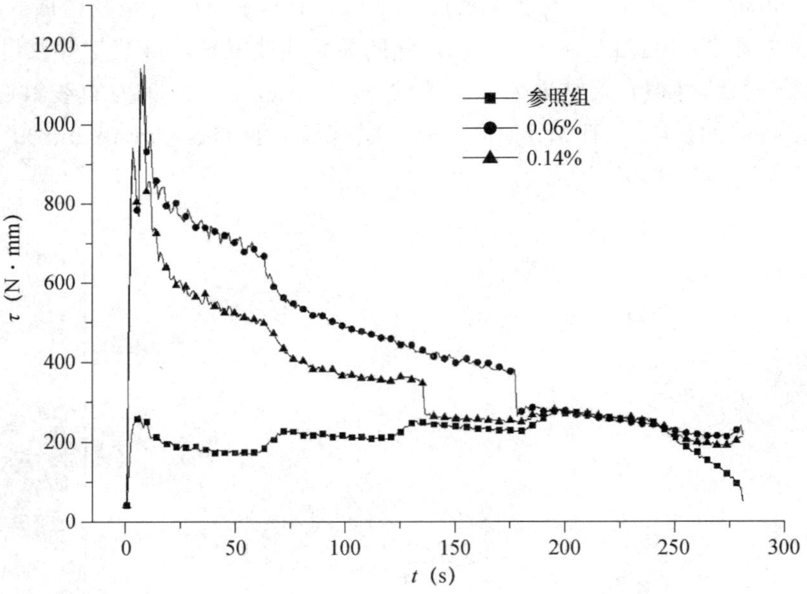

(a)

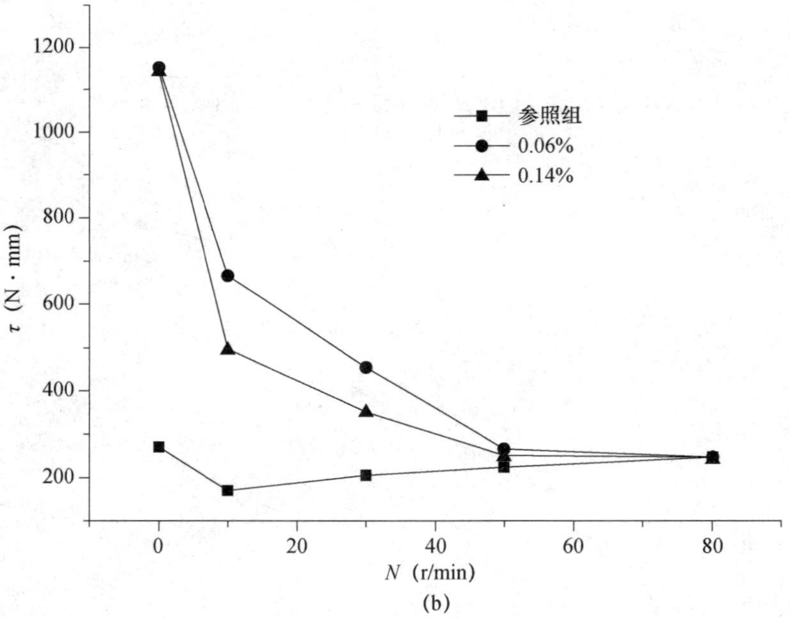

(b)

图11 SE改性水泥砂浆流变曲线

（a）"t-τ"曲线；（b）"τ-N曲线"

4 结论

本研究得出以下结论：

（1）砂浆从静止向流动变化过程中经历了从塑性体向塑性流体转变的过程，研究水泥砂浆流变性时应考虑这两个阶段。

（2）τ_c、$\Delta\tau$、g 和 h 与机喷抹灰砂浆工作性之间的关联性研究表明，τ_c、$\Delta\tau$ 反映了砂浆在第一阶段的抗垂挂性、触变性及塑性，g 和 h 共同决定了砂浆在第二阶段的流动能力，h 与砂浆的稳定性、保水性呈正相关。

（3）增加水泥用量可提高砂浆的塑性、抗垂挂性和触变性；FA 具有的形态效应和微集料效有利于改善砂浆塑性和流动性；HPMC 具有减弱砂浆塑性，使之从塑性体向流体转变的作用，随着其掺量提高，可增强砂浆匀质性和抗垂挂性，但降低易流性。在 0.01%～0.05%范围时 HPMC 对砂浆塑性和触变性具有改善作用；掺入 SE 后砂浆流动时不再表现为宾汉姆塑性流体，转变为触变性流体，并显著改善砂浆的抗垂挂性和触变性。

参考文献

[1] H. Paiva，L. M. Silva，J. A. Labrincha，et，al. Effects of a water-retaining agent on the rheological behaviour of a single-coat render mortar，Cem. Concr. Res. 36（2006）：1257-1262. https：//doi. org/10. 1016/j. cemconres. 2006. 02. 018.

[2] C. Brumaud，R. Baumann，M. Schmitz，et，al. Cellulose ethers and yield stress of cement pastes，Cem. Concr. Res. 55（2014）：14-21. https：//doi. org/10. 1016/j. cemconres. 2013. 06. 013.

[3] R. J. Flatt，D. Larosa，N. Roussel. Linking yield stress measurements：Spread test versus Viskomat，36（2006）：99-109. https：//doi. org/10. 1016/j. cemconres. 2005. 08. 001.

[4] N. Mikanovic，C. Jolicoeur. Influence of superplasticizers on the rheology and stability of limestone and cement pastes，Cem. Concr. Res. 38（2008）：907-919. https：//doi. org/10. 1016/j. cemconres. 2008. 01. 015.

[5] A. Pierre，A. Perrot，V. Picandet，et，al. Cellulose ethers and cement paste permeability，Cem. Concr. Res. 72（2015）：117-127. https：//doi. org/10. 1016/j. cemconres. 2015. 02. 013.

[6] B. Ma，Y. Peng，H. Tan，et，al. Effect of hydroxypropyl-methyl cellulose ether on rheology of cement paste plasticized by polycarboxylate superplasticizer，Constr. Build. Mater. 160（2018）：341-350. https：//doi. org/10. 1016/j. conbuildmat. 2017. 11. 010.

[7] A. Jenni，L. Holzer，R. Zurbriggen，et，al. Influence of polymers on microstructure and adhesive strength of cementitious tile adhesive mortars，Cem. Concr. Res. 35（2005）：35-50. https：//doi. org/10. 1016/j. cemconres. 2004. 06. 039.

[8] D. Jiao，C. Shi，Q. Yuan，Time-dependent rheological behavior of cementitious paste under continuous shear mixing，Constr. Build. Mater. 226（2019）：591-600. https：//doi. org/10. 1016/j. conbuildmat. 2019. 07. 316.

[9] J. E. Wallevik，Rheological properties of cement paste：Thixotropic behavior and structural breakdown，Cem. Concr. Res. 39（2009）：14-29. https：//doi. org/10. 1016/j. cemconres. 2008. 10. 001.

[10] J. Pinilla Melo，N. Flores Medina，et，al. Rheological and thermal properties of aerated sprayed mortar，Constr. Build. Mater. 154（2017）：275-283. https：//doi. org/10. 1016/j. conbuildmat. 2017. 07. 185.

[11] O. Omikrine Metalssi，A. Aït-Mokhtar，B. Ruot，Influence of cellulose ether on hydration and carbonation kinetics of mortars，Cem. Concr. Compos. 49（2014）20-25. https：//doi. org/10. 1016/j. cemconcomp. 2014. 01. 011.

[12] E. Knapen，D. Van Gemert，Cement & Concrete Composites Polymer film formation in cement mortars modified with water-soluble polymers，Cem. Concr. Compos. 58（2015）：23-28. https：//doi. org/10. 1016/j. cemconcomp. 2014. 11. 015.

[13] O. Omikrine Metalssi，A. Aït-Mokhtar，P. Turcry，et，al. Consequences of carbonation on microstructure and drying shrinkage of a mortar with cellulose ether，Constr. Build. Mater. 34（2012）：218-225. https：//doi. org/10. 1016/j. conbuildmat. 2012. 02. 044.

[14] Y. Ohama，Polymer-based admixtures，Cem. Concr. Compos. 20（1998）：189-212. https：//doi. org/10. 1016/s0958-9465（97）00065-6.

[15] X. Guo，Z. Deng，Z. Li，et，al. The effect of different activators on the performance of an inorganic solidifiable gel plugging fluid，J. Nat. Gas Sci. Eng. 34（2016）：253-264. https：//doi. org/10. 1016/j. jngse. 2016. 05. 045.

[16] Z. Li, Z. Deng, X. Guo, et, al. Study of the impact of solidifier inorganic components on the performance of a solidifiable gel plugging fluid, J. Nat. Gas Sci. Eng. 23 (2015): 450-457. https://doi.org/10.1016/j.jngse.2015.02.010.

[17] F. Nazário Santos, S. Raquel Gomes de Sousa, A. José Faria Bombard, et, al. Rheological study of cement paste with metakaolin and/or limestone filler using Mixture Design of Experiments, Constr. Build. Mater. 143 (2017): 92-103. https://doi.org/10.1016/j.conbuildmat.2017.03.001.

[18] H. Paiva, L. P. Esteves, P. B. Cachim, et, al. Rheology and hardened properties of single-coat render mortars with different types of water retaining agents, Constr. Build. Mater. 23 (2009): 1141-1146. https://doi.org/10.1016/j.conbuildmat.2008.06.001.

[19] JGJ/T 70—2009, Standard for test method of performance on building mortar, China architecture & building press, Beijing, 2009.

[20] D. Han, R. D. Ferron, Influence of high mixing intensity on rheology, hydration, and microstructure of fresh state cement paste, Cem. Concr. Res. 84 (2016): 95-106. https://doi.org/10.1016/j.cemconres.2016.03.004.

[21] The rheology of fresh concrete: G. H. Tattersall and P. F. G. Banfill Published by Pitman Books Ltd, 128 Long Acre, London WC2E 9AN, 1983 ISBN 0 273 08558 1, Price £32.50, Int. J. Cem. Compos. Light. Concr. 6 (1984): 128-129. https://doi.org/https://doi.org/10.1016/0262-5075(84)90046-0.

[22] T. Hemalatha, A. Ramaswamy, A review on fl y ash characteristics e Towards promoting high volume utilization in developing sustainable concrete, J. Clean. Prod. 147 (2017): 546-559. https://doi.org/10.1016/j.jclepro.2017.01.114.

[23] C. Brumaud, H. Bessaies-Bey, C. Mohler, et, al. Cellulose ethers and water retention, Cem. Concr. Res. 53 (2013): 176-184. https://doi.org/10.1016/j.cemconres.2013.06.010.

作者简介

陈宁，男，高级工程师，上海市建筑科学研究院有限公司材料所总工程师，主要从事预拌砂浆、新型墙材及建筑保温材料的研发与应用。联系电话：021-54831425，邮箱：chenning@sribs.com.cn。

防潮防霉内墙腻子的设计原理与应用研究

赵翠婷　王文江
德高（广州）建材有限公司，广东广州，510399

摘　要　通过对室内墙面涂装体系发生霉变的条件进行系统归纳分析可知，选择具有防潮防霉功能的腻子层，可有效阻隔墙面潮气渗透，且抑制霉菌在表层生长繁殖。本文针对防潮防霉功能原理重新设计腻子产品，从室内墙面涂装体系出发，系统地从底到面考虑各层材料的功能需求和匹配性，研究出具有低碱耐水特性的腻子，不仅保持良好的施工性，还能满足室内墙面防潮防霉的功能需求，对普通内墙涂料具有更广泛的适应性，杜绝家中霉菌，守护家人健康。

关键词　防潮；防霉；内墙腻子

Research on Design Conceptand Applied Technology of Dampproof & Mildewproof Skim Coat

Zhao Cuiting，Wang Wenjiang
Sika Davco（Guangzhou）Co.，Ltd，Guangdong Guangzhou，510399

Abstract　According to the inductive analysis of mildewed conditions in interior wall coating system, dampproof and mildewproof skim coat can keep the dampness from infiltrating the interior wallcoating system and inhibit mold growth on the surface of skim coat. In the consideration of interior wall coating system, the influence of functional requirement and material compatibility between each layer was studied. The results showed that low-alkali and waterproof skim coat can not only maintain good application property, but also meet the dampproof and mildewproof interior requirements. Skim coat with low-alkali has better compatibility with interior wall coating. Also, dampproof and mildewproof skim coat keep mould out of home and protect family health.

Keywords　Dampproof；Mildewproof；Skim Coat

如今，腻子在家装中所起到的作用已经远远地超出我们的想象，它不仅仅作为墙面与涂料的过渡粘结层，还承担防止涂料开裂、起皮、发黄、发霉，让涂料更能展示其装饰效果，施工省料等作用。"家里主卧与卫生间一墙之隔的墙面，入住半年就开始出现起皮和脱落，遇上梅雨季节，靠近窗台的墙面和踢脚线就开始隐隐约约出现水印和霉点，时间一长，白花花的墙面也快变黄了！"接踵而来的墙面问题，都是因为没有选好合适的内墙腻子而出现的。

本文根据德高公司近几年关于防潮防霉腻子研发和应用经验，系统地分析墙面腻子发霉的原因，研究如何从腻子层来解决发霉的问题。

1　室内墙面霉变的条件

霉菌生长和繁殖，离不开三个条件：潮湿、酸性环境和丰富的有机营养物。我们从整个室内墙面涂装体系出发，系统地分析室内墙面是如何变成霉菌生长繁殖的温床。

1.1 潮湿

南方的“回南天”和梅雨季节，均会在短时间内迅速提高室内空气湿度，形成潮气，且持续时间不短。高温高湿，满足了霉菌生长的环境要求。活跃在潮气中的细菌，一旦吸附在室内墙面上，可以迅速地生长与繁殖。

室内墙面背阴处、湿区与干区的间隔墙等区域，由于长期受到潮气渗透，时间久了，墙面会出现发霉的情况。这种情况在通风不畅的地下室和底层楼房尤为常见。

因为我们无法从潮气出现的源头采取措施来杜绝霉菌，所以从墙面入手，分析墙面霉变的原因，通过改变墙面环境，进一步达到抑制霉菌生长的目的。

1.2 酸性环境

抹灰和混凝土墙面属于碱性材料，随着投入使用时间的延长，表面受到空气中二氧化碳的中和，逐渐从碱性变成中性。由于中和反应由表及里，逐渐地将碱性基层转变成中性或弱酸性基层，加上水分渗透墙面营造出的酸性潮湿环境更适宜霉菌的生长。

1.3 丰富的有机营养物

在室内墙面涂装体系中，最表层的材料可以是涂料，也可以是腻子。市面普通墙漆和传统腻子材料中，都或多或少掺入有机营养物，如熟胶粉、胶水或乳液等原料。一旦霉菌吸附在这些涂料或腻子表层，在温湿度适宜的情况下，即可大量地繁殖。

2 内墙涂装体系对防潮防霉腻子的要求

防潮防霉功能型腻子的研制，需要从室内墙面涂装体系出发，系统地考虑各层材料间的粘结性、腻子功能要求以及腻子与墙漆的匹配性等问题。

2.1 防潮防霉内墙腻子的设计要兼顾施工性和功能性

从室内墙面涂装体系可知，无论水分是从基层墙面渗漏进入墙内，还是从表层吸附渗透进入墙内，腻子层作为体系中的过渡区域，起到关键性的阻隔作用。选择具有防潮防霉功能的内墙腻子，既可以使墙面潮气不易渗透到腻子层，也使表层霉菌不易在腻子表面生长繁殖。

防潮防霉内墙腻子的设计，需要在维持现有传统腻子的轻便施工、填充性好、易批刮等良好性能的前提下，赋予其防潮防霉的功能特点。防潮，要求腻子具有耐水特点，不易受到水分侵蚀而粉化、脱落。防霉，要求腻子营造抵抗霉菌生长的碱性环境，切断霉菌繁殖滋生的通道。

2.2 作为过渡层的防潮防霉内墙腻子须具有良好的粘结性

传统腻子材料，一般由基料、填料和助剂组成，很多都是在施工现场配制的，例如，107 胶水＋石膏/滑石粉/石灰石粉等，不仅无防霉功能，也不具备耐水特性，易被潮气侵蚀，与墙面粘结不良，腻子起粉、起皮甚至脱落。

在室内墙面涂装体系中，防潮防霉内墙腻子的良好粘结性，既要考虑与墙面的粘结强度，又要兼顾与墙漆的良好附着力。防潮防霉内墙腻子设计需要做到：遇到水不影响与基面的粘结强度，同时与墙漆的附着力无负面影响，墙漆不易起鼓脱落。只有作为关键过渡层的防潮防霉腻子的粘与被粘性能设计合理，才能确保整个墙面涂装系统粘结的稳定性。

2.3 防潮防霉内墙腻子须与普通墙漆有良好的匹配性

市面上的墙漆种类繁多，它们的耐碱、耐盐和耐水性能各不相同，若对墙漆所属类型和性能了解不清楚，投入使用后，则容易出现墙漆起皮、脱落、发黄等问题。例如，低档水溶性内墙涂料多为不耐水、不耐碱、受潮后易剥落，若不对腻子表面进行封闭处理，易受到从基层析出的可溶性碱、盐的影响，从而出现发霉、发黄等问题（图 1）。

墙面涂装失败，除了墙漆自身问题以外，很大一部分都是由配套腻子质量问题引起的。由于防潮防霉内墙腻子具备良好的防潮耐水性，因此，设计过程中还需要考虑与市面普通墙漆的匹配性问题，提高防潮防霉内墙腻子对墙漆的适应性。

图 1　墙漆发黄、颜色不均匀

3　德高防潮防霉腻子

随着德高厨卫防水贴砖体系的广泛推广和应用，德高产品线从湿区延伸到干区，推出室内防潮防霉面层腻子。

与市面普通耐水腻子不同，德高防潮防霉腻子是专门为室内干区打造的一款具有耐水防潮功能的腻子。市面普通耐水腻子普遍碱性较高，可以应用在室内外墙面。但是，它们的生产者没有考虑到，在室内墙面涂装体系中，很多内墙涂料并不具有外墙涂料的耐碱、耐盐和耐水性，因此，大部分耐水腻子上涂装普通内墙涂料，易出现发黄、颜色不均、发花的情况。德高防潮防霉腻子是由优质天然粉料和特种环保添加剂复合制成的，采用低碱核心技术，一方面可以使成品腻子的 pH 值不大于 10（图 2），满足《建筑涂饰工程施工及验收规程》（JGJ/T 29—2015）[1]要求，提高与墙漆的适应性；另一方面，采用低碱核心技术制备的成品腻子可以营造出抑制霉菌生长繁殖的碱性环境，按照《漆膜耐霉菌性测定法》（GB/T 1741—2007）[2]要求进行第三方送样检测，德高防潮防霉腻子可以达到 0 级防霉，足以满足室内墙面的防霉需求。

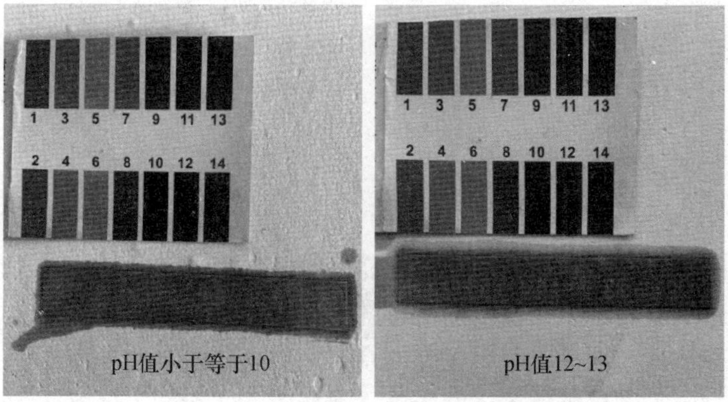

(a)　　(b)

图 2　腻子 pH 值测试

（a）德高防潮防霉腻子 pH 值小于等于 10；（b）市面耐水腻子 pH 值为 12～13

德高防潮防霉腻子除了营造低碱环境抑制霉菌的滋生以外，还具有良好的耐水性，遇水不易起粉，还起到吸湿防潮作用。根据实用新型专利 CN201720983210.6[3]，我们模拟一个四方形防潮测试道具（图 3），将测试样品批刮在四方形外表面，养护 7 天，然后往四方形样板里面注满水，模拟内墙潮气渗透过程，水分将通过样板逐渐渗透到外表面的腻子层，观察并记录长期处于潮湿环境的腻子表面的情况。如图 4 所示，通过 5 天的观察，市面普通内墙腻子局部出现起鼓的现象，而德高防潮防霉腻子与初始状态保持一致，并没有出现起鼓的现象。观察到第 25 天（图 5），市面普通内墙腻子出现大面积起鼓现象，而德高防潮防霉腻子表面仍然没有出现起鼓现象。市面普通内墙腻子材料中，石膏或滑石粉遇水粉化，表面粘结强度下降，被水分侵蚀的部位易鼓起，甚至脱落。德高防潮防霉腻子具有良好的耐水性，腻子层遇水更能提高与基层的粘结强度，不受室内潮气的影响。

图 3　四方形防潮测试道具

(a)　(b)

图 4　防潮测试观察第 5 天

(a) 市面普通腻子；(b) 德高防潮防霉腻子

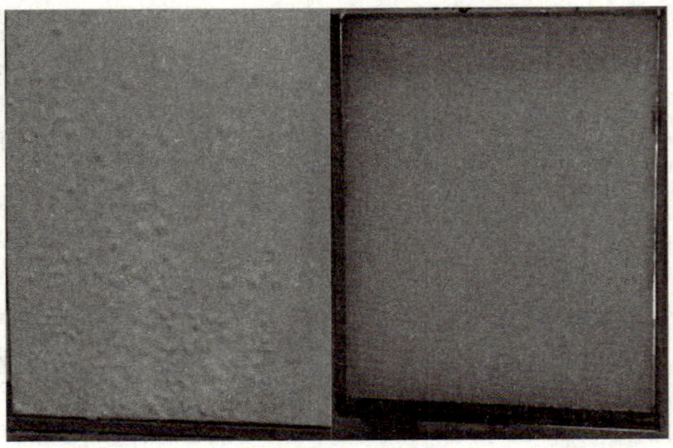

(a)　(b)

图 5　防潮测试观察第 25 天

(a) 市面普通腻子；(b) 德高防潮防霉腻子

4　应用案例

4.1　港珠澳大桥口岸人工岛

位于珠海拱北湾南侧的港珠澳大桥口岸人工岛（图 6），长期受到海水和海风的影响，对其所需的建筑材料都有防潮耐水的要求。德高防潮防霉腻子具有 0 级防霉、良好的表面耐水性以及可抵御底部墙面的潮气渗透等特点，深受工程承包方的青睐。德高公司对此项工程合作高度重视，专门派出了专业技术团队，为施工方提供技术咨询服务、现场施工实操示范、施工效果监测——做到全程跟踪施工进度，确保工程顺利推进（图 7）。

图 6　港珠澳大桥口岸人工岛

图 7　德高防潮防霉腻子施工应用

4.2 别墅地下室发霉墙面翻新

如图 8（a）所示，别墅地下室靠近采光窗的内墙面出现大面积霉变的原因，是地下室外墙防水失效导致的渗水，以及地下室所用的腻子不具备防潮防霉功能。本项目是腻子翻新项目，需要先将霉变的墙面铲除至露出底面基层，然后检查墙面渗漏情况，用德高水不漏 1 号对渗漏水部位进行封堵处理后，再用具有背水面防水功能的 K11 通用型防水浆料进行室内墙面的防水处理。墙面防水施工完毕，再批刮德高防潮防霉腻子上墙，并找平修整墙面。腻子养护 1～2 天后，将表面打磨平整，再涂刷墙漆。施工完毕后，即可交付并投入正常使用（图 8）。

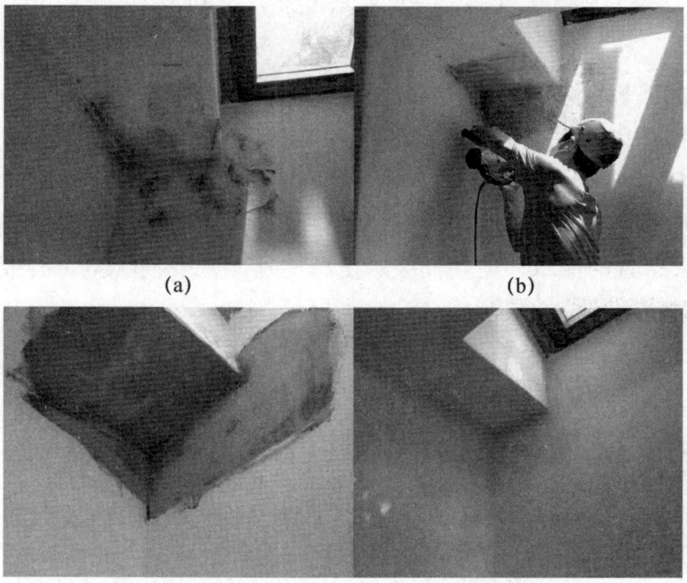

(a) (b) (c) (d)

图 8 发霉墙面翻新施工工艺

（a）地下室内墙霉变；（b）铲除霉变墙面至露出基层；

（c）防水处理；（d）防潮防霉腻子批刮修整墙面

5 结语

腻子作为墙面涂装体系中的粘结过渡层，起着承接墙面、提高墙漆装饰效果的作用。随着腻子种类的日渐丰富，产品功能需求、施工应用以及与墙漆配套等实际应用问题也逐渐凸显。德高防潮防霉腻子是一款从室内墙面涂装体系出发，系统地从底到面考虑各层材料的功能需求和匹配性而研发的低碱耐水腻子，能很好地起到阻隔基层潮气、抵抗表层的霉菌生长繁殖的作用，让墙面涂装效果维持更久，杜绝室内霉菌，确保家人身心健康。

参考文献

[1] 中华人民共和国行业标准．建筑涂饰工程施工及验收规程 JGJ/T 29—2015［S］．北京：中国建筑工业出版社，2015.

[2] 中华人民共和国国家标准．漆膜耐霉菌性测定法 GB/T 1741—2007［S］．北京：中国标准出版社，2008.

[3] 派丽德高（上海）建材有限公司．一种建筑材料及其系统防潮防霉对比展示工具：中国，201720983210.6［P］．2018-02-13.

作者简介

赵翠婷，女，硕士研究生，德高（广州）建材有限公司，联系地址：广州市海珠区广州大道南 788 号，邮编：510399，电话：020-84411717。

抹灰石膏起泡的机理分析及防止措施

方伟烽[1]　袁益飞[2]　余航斌[1]　周炬峰[1]
1. 浙江益森科技股份有限公司，浙江绍兴，312000；
2. 绍兴市中等专业学校，浙江绍兴，312000

摘　要　抹灰石膏在混凝土基材施工中起泡现象普遍存在，本文通过深入分析试验后，发现原因是与基层材质的疏松程度有关。通过两个试验证明：一是运用乳液型界面剂来验证基层阻水后对气泡的影响；二是通过60％、80％、90％及95％四组不同保水率材料来验证保水效果对起泡产生的影响。根据试验得出有效解决这一通病的两种方法：一是通过对混凝土墙面涂刷乳液型界面剂阻止墙面吸水；二是提高抹灰石膏的保水率使墙面吸水量减少从而减少换气量，有效找出解决问题的最优方法，消除起泡现象对使用部位的限制。

关键词　混凝土基材；抹灰石膏起泡；界面处理剂；保水率

Analysis of Foaming Mechanism of Plastering Gypsum and Preventive Measures

Fang Weifeng[1], Yuan Yifei[2], Yu Hangbin[1], Zhou Jufeng[1]
1. Zhejiang Yisen Technology Co., Ltd., Zhejiang Shaoxing, 312000;
2. Shaoxing Secondary Technical School, Zhejiang Shaoxing, 312000

Abstract　The foaming phenomenon of plastering gypsum in the construction of concrete base material is common. After in-depth analysis of the test, the reason is that plastering gypsum is related to porosity of base material. It is proved by two tests. First, the use of emulsion type interface agent to verify the effect of water blocking on the bubbles. Second, the effect of water retention on foaming was verified by four different water retention rates of 60％、80％、90％ and 95％. According to the experiment, two methods to solve this common problem are obtained. The first is to prevent the wall absorbing water by painting the emulsion type interface agent on the concrete wall. The other is to reduce the water absorption of the wall and the air exchange rate by improving the water retention rate of plastering gypsum. Find out the best way to solve the problem effectively and eliminate the restrictions of foaming on restriction site.

Keywords　concrete base material; the foaming of plastering gypsum; emulsion type interface agent; water retention rate

抹灰石膏作为一种绿色环保新型墙体材料，解决了传统水泥砂浆容易出现空鼓开裂的质量问题，但抹灰石膏在混凝土基材施工中起泡仍是一大通病，相比而言砖砌体结构中无此现象。根据论证，其主要原因是混凝土基材吸水后置换出一定量的空气，解决吸水换气的问题就能解决气泡的产生。

1 抹灰石膏混凝土基材起泡的机理

抹灰石膏起泡现象主要出现于混凝土基材，砖砌体很少有此现象。当抹灰石膏在混凝土基材上施工时，混凝土基体初始吸水率较高，但当达到一定量以后吸水减缓，吸水后置换出等量空气。由于混凝土基材内部比较致密，空气不能继续压缩，而外部虽然也有抹灰石膏浆体封闭，但与致密的混凝土内部结构比较，其向内压缩的阻力要远大于向外排放的压力，此时向外排放的空气突破抹灰石膏浆体压力向外释放，而抹灰石膏浆体具有一定的柔韧性，向外释放的空气无法突破弹性的浆体，如同吹气球一样产生了气泡。

砖砌体相对于混凝土基材而言内部结构比较疏松，在一定的时间内存在持续吸水的现象。抹灰石膏在砖砌体上施工时，内有部分封闭气孔，也存在部分相互连通的气孔。因此，当抹灰石膏上墙以后，基体开始吸水，并置换出和水体积相同的空气，但表面抹灰石膏浆体又封闭了向外的排气通道，向外排气的阻力大于向内压缩的压力，空气只能通过连通的气孔向砌体内压缩。这就是抹灰石膏在砖砌体基材施工时不容易产生气泡的原因。

简而言之，基体吸水后置换出的空气排向哪里取决于材料的致密程度，从材料的密度和强度判断，混凝土＞抹灰石膏＞砖砌体，当前两者结合时气泡产生于抹灰石膏中，就是我们所说的抹灰石膏起泡；当后两者结合时气泡存在于砖砌体中，面层抹灰石膏中无起泡现象。

2 抹灰石膏起泡问题试验鉴定

2.1 检测方法

由于本试验无法采集向内外作用的压力，因此，本试验采用不同保水率的抹灰石膏施工时的起泡面积多少来进行验证。混凝土基材采用普通 C30 混凝土墙面，试验环境为室内封闭环境，尽可能减少环境风力、温度等对抹灰石膏水分损失的影响。本次试验分别采用保水率为 60%、80%、90%及 95%四组材料作为测试材料，考虑到混凝土墙面吸水率可能有所偏差，本次试验共分为 4 个区域，A1～A3 区域为未进行界面处理的混凝土基面，3 个区域每组材料各做 $1m^2$ 抹灰层，抹灰层厚度统一为 10mm。A4 区域采用乳液型界面剂进行封底，界面剂符合《墙体用界面处理剂》（JG/T 468—2015）要求。A4 区域同时抹上上述不同保水率的抹灰石膏进行起泡面积测试。

2.2 检测结果

施工 20min 后记录产生气泡个数，并用直尺测量气泡直径，以此计算起泡面积。起泡面积相关检测数据见表 1。

表 1 起泡面积检测情况

试验区域	抹灰石膏保水率（%）	起泡面积（cm^2）	起泡面积占比（%）
A1	60	145	1.45
	80	112	1.12
	90	68	0.68
	95	31	0.31
A2	60	152	1.52
	80	114	1.14
	90	66	0.66
	95	35	0.35

续表

试验区域	抹灰石膏保水率（%）	起泡面积（cm^2）	起泡面积占比（%）
A3	60	148	1.48
	80	120	1.20
	90	64	0.64
	95	41	0.41
A4	60	0	0
	80	0	0
	90	0	0
	95	0	0

2.3　数据分析

根据试验数据分析，A1～A3区域均反映随着抹灰石膏保水率的增加，起泡面积均相应减少，据此得出起泡面积和保水率高低成反比关系，保水率越高，起泡面积越小，反之则越大。

A4区域基面提前做了乳液界面处理，4种不同保水率抹灰石膏数据显示，均未发现起泡现象。结合A1～A3区域起泡规律，判断A4区域抹灰石膏保水率已达到100%，但实际是4种不同保水率的抹灰石膏，反向证明采用乳液型界面剂处理后的基材吸水率接近为零。

据此得出阻止基材吸水通道能解决抹灰石膏起泡现象，增加抹灰石膏保水率可减少抹灰石膏起泡现象。

3　抹灰石膏起泡的防止措施

3.1　抹灰石膏表面刷界面剂

隔绝混凝土墙面吸水通道是防止抹灰石膏起泡的有效方法，为达到既阻水又不影响与基材的附着力，可采用乳液型界面剂进行封底处理，一般以丙烯酸乳液为主。经界面剂处理的混凝土墙抹上抹灰石膏后，由于界面剂具有阻水的功能，混凝土墙面无法吸收抹灰石膏里的水分，也就不存在吸水换气的现象，解决了抹灰石膏用于混凝土墙面时起泡的问题。同时，乳液型界面剂属于高分子聚合物材料，聚合物在抹灰砂浆表面与基面之间能形成具有较高粘接力的膜，并堵塞了砂浆内的孔隙，因此，还具有提高拉伸粘结强度的作用。

3.2　增加抹灰石膏的保水率

抹灰石膏保水率一般在60%～80%之间，提高抹灰石膏的保水性，可以有效降低混凝土墙吸水量，减少吸水换气反应。提高保水性可通过在抹灰石膏生产时添加一定量的保水剂来实现，随着保水性的提高，保水剂的用量也相应提高。当抹灰石膏保水率达到90%时，施工效果和普通产品无较大差异，适量的保水剂使抹灰石膏保水量增高，混凝土墙面吸水量减少，起泡现象相应减少。但当保水率超过90%时，抹灰石膏黏度增加，上墙后出现流挂现象，不但使成本增加，还对施工不利。因此，抹灰石膏保水率设计在90%左右时，经济可行，虽然不能完全解决起泡问题，但如果配合墙面提前淋水施工，也可以解决混凝土墙施工抹灰石膏起泡问题。

4　总结

解决抹灰石膏在混凝土墙施工时起泡的办法不是唯一的。为了得到高效稳定的施工效果，可对混凝土基材采用乳液型界面剂进行基层处理，也可以采用预湿基层、提高抹灰石膏的保水率的方法。无论采用哪一种方法，归根结底就是减少混凝土基材吸水率，以此来实现抹灰石膏在混凝土基材施工时不产生气泡。上述两种方法无论从工程质量还是经济角度来说，都能得到较好的效果。

以上处理方法已通过部分实践验证，在工程应用中逐步推广，解决了抹灰石膏在混凝土基材施工时的起泡问题，有效消除了起泡对施工质量造成的影响。

参考文献

[1] 蒋金明．剪力墙面砂浆空鼓的实质及有效处理措施［J］．混凝土世界，2015（08）：88-89.

作者简介

方伟烽，男，工程师，浙江益森科技股份有限公司，联系地址：浙江省绍兴市越城区鉴湖街道坡塘村，邮编：312000，电话：13867589170。

轻质抹灰石膏在商业住宅中的应用

柳建峰
圣戈班石膏建材（上海）有限公司，上海，201201

摘　要　本文以国内商业住宅大量使用的轻质抹灰石膏为主要背景，详细介绍了轻质抹灰石膏的工艺和施工要点，阐述了轻质抹灰石膏的细部节点和其在原材料及施工工艺方面的优势，就抹灰石膏施工中易出现的质量问题给出了原因分析和解决措施，并进行了总结和展望。

关键词　轻质抹灰石膏；粘结强度；施工要点；细部处理；界面剂；优势；质量问题

Application of Lightweight Gypsum Plaster in Commercial Residence

Liu Jianfeng
Saint-Gobain Gypsum（Shanghai）Co.，Ltd.，Shanghai，201201

Abstract　Based on the background of a large number of light plastering gypsum in domestic commercial houses，this paper introduces the process and construction points of light plastering gypsum in detail，expounds the details of light plastering gypsum and its advantages in raw materials and construction technology，and gives the cause analysis and solutions to the quality problems that are easy to occur in plastering gypsum construction，and summarizes and prospects.

Keywords　lightweight gypsum plasters；streching adhesive strength & shear bond strength & mean tensile bond strength；construction key points；detail treatment；interface treatment agent；advantages and qnality problems

1　抹灰石膏的由来

抹灰石膏是主要以半水硫酸钙（$CaSO_4 \cdot 1/2H_2O$）为主要成分的气硬性胶凝材料。作为工程材料，其在国外应用超过50年的历史，具有终凝硬化快，收缩率低，硬化体空隙率高，防火性能佳等优点。由于是气硬性胶凝材料，抹灰石膏不适用室外区域和室内潮湿区域。

轻质抹灰石膏作为抹灰材料，在德、英、美、日等国家应用十分普遍，工艺和技术十分成熟，轻质抹灰石膏在发达国家墙面处理占有主导地位。在英国，轻质抹灰石膏约占墙面找平系统96%的市场份额。在法国、西班牙、土耳其等国家，轻质抹灰石膏约占墙面找平系统90%的市场份额。

我国于20世纪80年代从欧洲引进抹灰石膏，曾经在北方得到快速发展，但质量问题频发，严重影响了抹灰石膏市场的良性发展。随着《抹灰石膏》（GB/T 28627—2012）规范的颁布和实施，轻质抹灰石膏第一次被圣戈班石膏建材从欧洲引入国内，抹灰石膏终于有了国家层面的推荐，快步进入商业地产公司的视野，抹灰石膏在国内也得到较快速的发展。

现在，随着水泥限产、河砂限采，水泥、黄砂的价格飞涨，机制砂大规模投产，甚至海砂也大量流入市场，造成很多抹灰的质量问题，墙面抹灰开裂、空鼓已日益成为投诉房地产的热门话题，市场对新型、高强、环保的新材料、新工艺的呼声越来越高。

根据中国建材联合会的统计结果，2016 年全国抹灰石膏的销量为 200 万 t，2018 年全国抹灰石膏的销量为 350 万 t，2019 年全国抹灰石膏的销量为 450 万 t，大约占全国室内抹灰市场 25%的市场份额，抹灰石膏终于就迎来属于自己的春天。

2 抹灰石膏的定义与性能要求

抹灰石膏是以半水石膏（$CaSO_4 \cdot 1/2H_2O$）和Ⅱ型无水石膏（Ⅱ型 $CaSO_4$）单独或两者混合后作为主要胶凝材料，掺入外加剂制成的抹灰材料。其参数性能指标见表 1。

表 1 轻质抹灰石膏性能参数

性能指标		底层抹灰石膏	轻质底层抹灰石膏
凝结时间（h）	初凝，≥	1	1
	终凝，≤	8	8
保水率（%）	≥	75	60
抗折强度（MPa）	≥	2.0	1.0
抗压强度（MPa）	≥	3.0	2.5
拉伸粘结强度（MPa）	≥	0.4	0.3

3 抹灰石膏施工工艺流程及主要施工要点

抹灰石膏施工工艺流程：基层墙体检查→涂刷界面剂→不同墙体界面加网格布→放线、灰饼→冲筋→机械搅拌→手工上墙或机喷上墙→刮平→阴阳角处理→门窗洞口处理→局部修整→现场清理→检查验收。

抹灰石膏主要施工工艺要点如下：

3.1 涂刷界面剂

所有混凝土基层都必须涂刷固含量不低于 12%的乳液型界面剂，包括混凝土墙体和混凝土顶棚。最好选用乳液型浓缩界面剂。混凝土顶棚必须涂刷乳液型加砂浓缩界面剂。建议砌块墙体也涂刷界面剂，以降低砌体的吸水率。当抹灰厚度小于 6mm 时，砌块墙体必须涂刷界面剂。

3.2 不同墙体界面加网格布

推荐选择 160g 的玻纤网网格布。理论上讲钢丝网的抗裂效果比玻纤网更好。但抹灰石膏本身是一个多孔的结构，市场上主流的抹灰石膏配方 pH 值在中性到弱碱性之间，它无法防止普通的钢丝网生锈，如果用磷石膏做抹灰石膏，它含有酸性物质，对钢丝网有腐蚀作用。只有采用热镀锌钢丝网才可以保证不生锈，但其价格非常高。

3.3 冲筋

冲筋前，拉通线检查灰饼的施工质量，是否在同一个平面内，是否垂直等。

选用相同的抹灰石膏来冲筋。冲筋间距原则上不超过 1.5m。冲筋硬化后需要进行复筋，检查和修整所有筋的平整度和垂直度，确保所有筋都在一个垂直面内。

冲筋完成后，项目部就可以安排专人根据冲筋定位测量房间的开间和进深的实际净尺寸，进而根据图示净尺寸和实际净尺寸的偏差做出处理与否的决定。

4 抹灰石膏细部处理

（1）抹灰石膏为气硬性材料，不能长期泡水，墙面抹灰时，宜自地坪往上预留 10cm 踢脚线位置不抹轻质抹灰石膏，待地坪浇筑养护完成后采用 1∶3 的水泥砂浆制作踢脚线。

（2）室内墙面、柱面和门窗洞口的阳角可采用护角条或用抗压强度不小于 4.0MPa 的抹灰石膏保护，以防止破坏。

（3）不同墙体材料的界面接缝处、圈梁、构造柱和门窗过梁处，应铺总宽不小于 300mm 玻璃纤维网布，与各基层墙体的搭接宽度应不小于 100mm。

5　轻质抹灰石膏的优势

5.1　材料性能

（1）绿色、环保、低碳

石膏是一种在建筑中作为抹灰材料广泛使用了 4000 多年的矿物。石膏有许多环保特色，并可以无限循环利用。石膏的生产不需要高温。尽管这个过程消耗能源，它所排放的二氧化碳远少于传统建材。

（2）辅助保温功能

轻质抹灰石膏硬化后是一种多孔质材料，在相同厚度条件下，保温效果是水泥砂浆的 4 倍以上，具有良好的保温隔热功能，可用于自保温功能的外墙辅助保温，绿色环保。

（3）具有呼吸功能

轻质抹灰石膏的呼吸功能源于它的多孔性。这些孔隙在室内湿度大时，可将水分吸入；反之，室内湿度小时又可将孔隙中的水分释放出来，自动调节室内的湿度，使人感到舒适，为居住者创造了良好舒适的宜居环境。

（4）高效防空鼓、开裂

轻质抹灰石膏的石膏含量高，粘结力强，强度适中，施工质量好，干燥后收缩率小于千分之一，高效防空鼓、开裂，可广泛代替传统的水泥砂浆（混合砂浆）用于室内干燥区域墙体的刮糙找平。

（5）防火

轻质抹灰石膏硬化体是不燃的 A 级防火无机材料，在发生火灾时，在热作用下石膏有大量结晶水释放出来，形成水蒸气，延缓了火焰的蔓延。同时在整个脱水过程中吸收了大量的热，从而提高了建筑物的防火性能。

结晶后的轻质抹灰石膏结晶在火灾时由于释放结晶水所以分子量会减小，在释放水分子（水蒸气）的同时会吸收大量热量，能起到很好的防火作用。

5.2　施工工艺

（1）工厂化生产

轻质抹灰石膏为工厂生产的成品抹灰产品，在国内现阶段一般采用袋装（通常为 25kg/袋），罐装是发展方向，其混合均匀，质量有保证。

（2）随拌随用，适用性强

无论是机喷还是手工上墙，轻质抹灰石膏的搅拌均为机械强制搅拌。手工上墙搅拌器皿为 100L 的大塑料桶，机械喷涂是连续搅拌和喷涂上墙一体的，水灰比稳定有保证，能够满足大面积施工要求，随拌随用，灵活性高，适用性强。

（3）气硬性材料，无需养护

抹灰石膏为气硬性材料，半水石膏变为二水石膏理论上仅需石膏质量约 18.6%的水分即可完成水化反应。搅拌过程中所加入的水往往是抹灰石膏自身质量的 50%～80%，同时抹灰石膏往往拥有良好的保水性能，轻质抹灰石膏的保水率一般都大于 85%，完全能满足其强度增长所需水分，无需额外进行喷湿养护，即使在低温状态下，其水化速率也不会因为低温而明显减慢。

（4）初凝时间较短，工艺性强

抹灰石膏的实验室初凝时间通常不少于 60min，由于石膏的凝结硬化受搅拌筒内残留的二水石膏影响，也受水质及气温等诸多因素的影响，现场可操作时间一般都小于实验室初凝时间，甚至会变成 30min，对工人熟练施工要求较高。

（5）开间进深易保证，充分响应分户验收要求

由于轻质抹灰石膏有冲筋和复筋工序，轻质抹灰石膏相对于水泥砂浆为柔性材料，局部不平整不垂直的缺陷很容易修复，开间进深很容易事先控制，修复工作量少，轻质抹灰石膏可以充分响应分户验收要求，利于工程竣工验收和业主入户交验。

6 轻质抹灰石膏施工中应注意的几个问题

6.1 混凝土墙体不涂刷界面剂易产生气泡

使用抹灰石膏进行抹灰时往往会产生气泡。气泡是表象，本质是粘结力不够。气泡主要发生在混凝土基层墙体和顶棚的界面上，一般情况下砌块表面不会产生气泡。由于浇筑混凝土时模板表面涂刷了脱模油，脱模油一般分为油性和水性两种。水性的脱模油相对比较容易清理，油性的脱模油是非常难以清理掉的。残留在混凝土表面的脱模油就会造成混凝土基面粘结力下降。

为了提高混凝土的浇筑质量，很多大型房产公司已经大量开始采用铝合金模板来浇筑混凝土，铝合金模板浇筑出来的混凝土墙体表面非常光滑，甚至可以做到类似镜面的效果。光滑的混凝土表面会造成抹灰石膏的初始粘结力下降。

气泡问题解决方案如下：

在混凝土墙体上使用界面剂以封闭混凝土表面的小气孔和拉毛双重作用。混凝土墙面不能使用水泥基类的无机界面剂，只能使用纳米渗透性乳液环保型界面剂，界面剂的固含量要≥12%，在界面处涂抹界面剂后的粘结力要比没有涂抹界面剂前的粘结力大 150%。

6.2 泛霜（泛碱）

泛霜是石膏制品中可溶性盐碱随水分蒸发、迁移到制品表面析出结晶体的现象。石膏制品由气硬性的建筑石膏和水的混合物所形成，具有许多孔隙。这样的结构特点，使得在外界环境作用下，脱硫石膏中的可溶性盐类随水迁移至制品的表面，随着水分的不断蒸发，溶液浓度不断增大，达到饱和之后在石膏制品表面不断析出白色结晶物质，白色物质多数为镁盐和少量钠盐、钾盐。

返碱物质的主要物相是 $MgSO_4 \cdot 4H_2O$。它的形成是：制品中的 $MgSO_4$ 为可溶性物质，可从制品内部析出到表面，当遇到空气中湿度较大时，吸潮而成镁盐。

轻质抹灰石膏容易泛霜的主要原因如下：

（1）脱离石膏的原材料没有充分用清水洗涤干净，氯离子和有害金属离子含量过高，特别是钠离子、镁离子、钙离子含量过高；

（2）Ⅱ型无水石膏中使用了盐类促凝剂，易泛霜；

（3）砌体中的碱金属含量过高。

只能选用低氯离子和低碱金属离子含量的脱硫石膏为原料，同时对抹灰石膏进行实际泛霜测试，确保上墙后的轻质抹灰石膏成品不会出现泛霜现象。

6.3 抹灰石膏表面的腻子和涂料泛黄

表面的腻子和涂料容易泛黄的主要原因如下：

（1）化学石膏的原材料没有充分用清水洗涤干净，有害离子金属含量过高；

（2）石膏纯度低，杂质含量高；

（3）基层含水量过高，有害离子随水分蒸发向墙体表面迁移；

（4）当面层材料封闭性不足、耐水性较差时，出现泛黄的风险也相应提高；

（5）砂中的含泥量以及机制砂中的含铁量高；

（6）生产厂家缺少系统性的检测方法和手段，检测不规范；

（7）腻子也需要进行泛黄性测试。

只选用低氯离子和铁离子含量的脱硫石膏原料，同时需要高频次对抹灰石膏进行实际泛黄测试，确保上墙后的轻质抹灰石膏成品不会泛黄。

6.4 抹灰石膏和水泥基耐水腻子交界面容易发生脱落

抹灰石膏和水泥基腻子交界面容易发生脱落的主要原因如下：

（1）已经硬化的二水石膏是水泥的缓凝剂，和抹灰石膏接触部位的水泥基腻子就会被缓凝，强度降低，粘结强度也降低；

（2）抹灰石膏干燥后再涂抹水泥基的腻子，抹灰石膏大量吸水，导致水泥基的腻子保水性能严重下降，缺水养护，强度不能正常生长和发展，特别在与抹灰石膏的交界面部位，最终导致两者不粘，甚至脱落；

（3）抹灰石膏是柔性材料，水泥基腻子是刚性材料。刚性的腻子限制了基层墙体和抹灰层释放应力而导致腻子层开裂、脱落。

抹灰石膏在硬化后干燥前，可以选用石膏腻子。

抹灰石膏在干燥后，腻子优先选用普通的老粉腻子。抹灰石膏在干燥后，如果非要选择水泥基腻子，必须在抹灰石膏表面涂刷一层乳液型界面剂将两者隔离。

6.5 抹灰石膏墙面大面积不规则裂缝

抹灰石膏墙面大面积产生不规则裂缝的主要原因如下：

（1）采用一步法煅烧；

（2）采用高温快烧的煅烧方式；

（3）由于建筑石膏生产过程中有大量过烧的Ⅲ型无水石膏；

（4）抹灰石膏的保水性不足；

（5）抹灰石膏的凝结时间太长。

抹灰石膏必须采用低温慢烧的两步法煅烧工艺煅烧石膏，过烧的Ⅲ型无水石膏含量严格限制在5%以下，同时控制好轻质抹灰石膏的凝结时间和保水率。

7 结语

抹灰石膏在国内商业住宅室内抹灰的市场占有率已经超过25%，已经进入快速增长的阶段，国内商业地产前50强全部使用过轻质抹灰石膏，有十几家企业已经开启抹灰石膏全国或区域战略集采模式。随着抹灰石膏市场份额的增大，抹灰石膏市场产品良莠不齐，不少不合格的原材料也大量进入市场，比如没有经过水洗处理过的脱硫石膏，没有进行无害化处理的磷石膏，严重过烧或欠烧的熟石膏粉等，造成抹灰石膏上墙后开裂、脱落、发霉、泛霜、涂料或墙纸泛黄等质量问题，也造成了惊人的修复费用和赔偿损失。所以轻质抹灰石膏市场急需规范和正确引导。

本文抛砖引玉，希望整个行业同仁共同努力，坚守底线，推动轻质抹灰石膏市场健康良性、正向发展！

作者简介

柳建峰，国家一级注册建造师，联系邮箱：aoboo@126.com。

高性能界面剂在轻质抹灰石膏产品施工中的应用研究

柳建峰

圣戈班石膏建材（上海）有限公司，上海，201201

摘　要　建筑工程的抹灰石膏施工和混凝土后期处理过程中都有原混凝土与另一种材料相结合的情况，它们之间结合的一般传统做法都是靠普通的水泥砂浆做结合层进行粘结，但两种材料之间的粘结往往不牢固，不同材料的粘合会对施工质量有一定的影响。为改善石膏与这些材料以及新旧混凝土之间的粘结力，在混凝土表面涂刷一种新型的高性能混凝土界面处理剂，就能提高混凝土与其他材料之间的粘结。

关键词　界面剂；抹灰石膏；粘结强度；起泡空鼓

Research on the Application of High-Performace Interface Agent in the Construction of Lightweight Gypsum Plaster Products

Liu Jianfeng

Saint-Gobain Gypsum（Shanghai）Co.，Ltd.，Shanghai，201201

Abstract　In the process of plastering gypsum construction and post-treatment of concrete in construction engineering，there is a combination of the original concrete and the other two materials. The combination between them is generally based on the common cement mortar as the bonding layer，and the bonding between the two materials is often not firm，The bonding of different materials will have a certain impact on the construction quality. In order to improve the adhesion between gypsum and these materials，as well as between new and old concrete，a new material concrete interface treatment agent is applied on the concrete surface，which can improve the adhesion between concrete and other materials.

Keywords　interface treatment agent；gypsum plasters；stretching adhesive strength & shear bond strength & meantensile bond strength；bubbling and hollowness

由高纯度的半水脱硫石膏为主要胶凝材料，不同种类的轻骨料，不同种类的保水剂、缓凝剂、触变润滑剂等添加剂混合而成的轻质抹灰石膏，在建筑中可广泛取代传统的水泥砂浆找平，用于室内干燥区域的建筑内墙和楼板的抹灰找平。

由于目前大多数墙是混凝土结构墙体。而在用抹灰石膏抹灰前，需要在基层涂布一层混凝土界面剂，目的是大幅度提高基层附着力，避免起泡空鼓。混凝土界面剂是一种高分子聚合物树脂和各类功能性单体的混合物，具有超强的粘结力、优良的耐水性和耐老化性，提高石膏抹灰砂浆对基层的粘结强度可有效避免抹灰层空鼓、脱落、起泡等问题。其用于处理混凝土、加气混凝土、灰砂砖等表面，解决由于这些表面吸水性强或光滑引起界面不易粘结，致使抹灰层空鼓、开裂、剥落等问题。

1 原材料和试验方式：

1.1 原材料

抹灰石膏：圣戈班轻质抹灰石膏 160；

界面剂：粉体，A 粉体界面处理剂 XDD-700；

界面剂：液体，B 乳液型墙体加固剂；

界面剂：液体，圣戈班乳液型界面剂。

1.2 界面剂性能

界面剂施工性能见表 1 和表 2。

表 1 三种不同界面剂的使用以及涂布率

产品名称	使用方法	干燥时间（常温 25℃）(h)	涂布率（m^2）
A 粉体界面处理剂 XDD-700	现场 1：6 加水搅拌，搅拌分散性差	2.5	15
B 乳液型墙体加固剂	现场 30%加水稀释，容易混合	0.5	11
圣戈班乳液型界面剂	现场 1：3 加水稀释，容易混合	0.5	40

表 2 三种不同界面剂不可挥发物含量

产品名称	不可挥发物含量（%）
A 粉体界面处理剂 XDD-700	95
B 乳液型墙体加固剂	6.5
圣戈班乳液型界面剂	12

1.3 不同界面剂在混凝土上的拉伸强度粘结比

将试件安装在试验机上，以（5±1）mm/min 的速度进行拉伸直至试件破坏，记录破坏荷载值。按式 $R=F/A$ 计算拉伸粘结强度 R，涂刷界面剂后测得的拉伸粘结强度用 R 表示，未刷涂界面剂测得的拉伸粘结强度 R_0 表示。测试方法 JG/T 468—2015，判定值≥150（表 3）。

表 3 三种界面剂拉伸强度粘结比

产品名称	拉伸粘结强度比（%）
A 粉体界面处理剂 XDD-700	120
B 乳液型墙体加固剂	152
圣戈班乳液型界面剂	158

1.4 不同界面剂 24h 吸水率测试

试验用砂浆块应使用符合 GB 8076—2008 中附录 A 规定的基准水泥和符合 GB/T 17671—1999 规定的 ISO 标准砂配置。砂浆质量配比：基准水泥：ISO 标准砂：水＝1：3：0.5；配置时先将称量好的基准水泥和标准砂混合均匀，然后按照 GB/T 29756—2013 中 7.3 的规定加水拌和。拌和后的砂浆在 30min 内使用。

将界面剂按照要求稀释搅拌，刷涂在 3 个水泥砂浆块上，并在标准试验条件下养护 7d。按照 GB/T 29756—2013 中 B.4.8 的规定，将卡斯通管放置在每个水泥砂浆块上中央部位测定试件的 24h 表面吸水量，结果其中位数。测试方法 JG/T 468—2015，判定值≤0.5（表 4）。

表 4　三种界面剂的吸水量

产品名称	24h 表面吸水量（mL）
A 粉体界面处理剂 XDD-700	0.7
B 乳液型墙体加固剂	0.6
圣戈班乳液型界面剂	0.5

1.5　浸水后拉伸粘结强度保持率

将制备 10 个刷涂界面剂的试件，将试件放入恒温恒湿箱内养护 7d，再将试件放入温度为(20±2)℃的水中 2d，取出并在标准试验条件下放置 18h，用砂纸磨去砂浆表面的浮浆，然后用适宜的高强胶粘剂将拉拔接头粘在试件的砂浆层上，放置 6h 后试验。测试方法 JG/T 468—2015，判定值≥80（表 5）。

表 5　三种界面剂浸水后拉伸粘结强度保持率

产品名称	浸水后拉伸粘结强度保持率（%）
A 粉体界面处理剂 XDD-700	90
B 乳液型墙体加固剂	114
圣戈班乳液型界面剂	134

2　界面剂在抹灰石膏中的应用实例

以下是我们在具体抹灰石膏施工中的具体应用。

（1）对墙体进行高压水枪喷水处理，保证墙面无油渍无水渍无浮尘情况下进行下一步处理。

（2）将水性界面剂按照比例稀释，稀释后用电动搅拌器彻底搅拌均匀。

（3）用滚涂或者刷涂的方式将界面剂在墙体上一横一竖的方式均匀涂布，避免有存在漏刷漏涂的墙面。

（4）等界面剂干燥后，手摸无湿润感即可抹灰石膏操作。

高性能界面剂的使用可以有效地避免石膏空鼓起泡，在粘结两个界面时，界面剂有效地抓接两个界面层，使得粘结性能大大的提高，也显著地提高了墙面的耐久性。

3　配套性效果展示

圣戈班乳液型界面剂 1∶3 兑水滚涂后，涂刷圣戈班抹灰石膏 160，墙石平整光滑，表面无空鼓起泡，基材面与石膏粘结度提升很大，附着力明显上升（图 1）。

图 1　青岛融创项目 2 标段界面剂＋圣戈班 160 抹灰石膏效果

4 结语

（1）由高分子聚合物与高性能助剂混合成的水性界面剂在解决石膏基的产品中有着至关重要的作用，有着使用方便（对比粉体类界面剂的使用方式）、涂布率高、渗透性强、环保等优点。

（2）合格的界面剂有着优异的耐水性和拉伸延伸率，对混凝土墙面起着渗透基材提高强度并且解决石膏面空鼓起泡等作用，保证工程质量，提高石膏基产品的耐久性。

作者简介

柳建峰，国家一级注册建造师，联系邮箱：aoboo@126.com。

瓷砖填缝剂泛碱原因及防治措施

李英丁[1] 宋子键[2]
1. 广东龙湖科技股份有限公司绵阳技术中心，四川绵阳，621010；
2. 绵阳职业技术学院材料工程系，四川绵阳，621000

摘 要 本文探讨了瓷砖填缝剂泛碱的原因，分析了水泥成分、防水剂和抗泛碱剂等添加剂对填缝剂泛碱性能的影响，并针对瓷砖泛碱的情况提出处理措施。结果表明水泥的碱含量是影响瓷砖填缝剂泛碱的重要因素，水泥品种和厂家的选择是改善填缝剂泛碱的有效方法，防水剂和抗泛碱剂均可以显著改善瓷砖填缝剂的泛碱现象。

关键词 填缝剂；泛碱；防治

Causes and Prevention Measures of the Crystalline Bloom of the Ceramic Tile Sealing Agent

Li Yingding[1], Song Zijian[2]
1. Guangdong Longhu Sci. and Tech. Company Limited Mianyang Technical Centre, Sichuan Mianyang, 621010
2. Mianyang Vocational and Technical College Department of Materials Engineering, Sichuan Mianyang, 621000

Abstract Discusses the cause of the crystalline bloom of ceramic tile sealing agent, the effects of additives such as cement composition, waterproofing agent and anti alkali agent on the properties of ceramic tile sealing agent. The treatment measures are put forward according to the situation of the ceramic tile's crystalline bloom. The results show that the alkali content of cement is an important factor affecting the efflorescence of ceramic tile sealing agent. The selection of cement varieties and manufacturers is an effective prevention to improve the flashing of crystalline bloom, waterproof agent and anti crystalline bloom agent can significantly improve the crystalline bloom of tile joint sealer.

Keywords sealing agent; crystalline bloom; prevention

瓷砖是建筑外墙装饰的主要材料，外墙瓷砖在色彩亮丽的填缝剂的搭配下更具有建筑美感，给人以眼前一亮。然而瓷砖填缝剂常在冬季低温、阴冷、潮湿气候条件下施工后表面出现白色的沉积物，通常称为“泛碱”。它是由于填缝剂等材料中的可溶性成分被水溶解后，伴随着填缝剂表面的水分蒸发，在硬化体表面析出或进而与空气中的 CO_2 等作用生成白色沉积物的结果。“泛碱”严重影响建筑外墙的美观，研究瓷砖填缝剂的“泛碱”原因进而杜绝“泛碱”对建筑物有着积极的意义。

1 “泛碱”产生的机理

瓷砖填缝剂大多采用硅酸盐水泥、砂石、添加剂等配置而成，其中硅酸盐水泥占填缝剂总量的

25%～40%，硅酸盐水泥水化过程中，硅酸钙水解生成溶于水的 $Ca(OH)_2$，当 $Ca(OH)_2$ 在溶液中达到饱和后，呈六方晶体析出。外墙瓷砖填缝剂施工完成后，填缝剂内的水泥水化反应仍在进行，大量的 $Ca(OH)_2$ 随水分的蒸发迁移到表面，与空气中的 CO_2 反应生成不溶于水的碳酸钙晶体，在填缝剂表面形成我们常见的白色结晶物，俗称“泛碱”。通常我们将水泥水化硬化过程中的泛碱称为一次泛碱。

另一种“泛碱”是因为瓷砖填缝剂中的可溶性添加剂，如 Na_2SO_4、Na_2CO_3 等溶解于拌合水中，在施工后随着水分的蒸发在瓷砖填缝剂表面沉积，形成白色结晶物。

水泥水化产物 $Ca(OH)_2$ 及可溶性盐的存在是填缝剂泛碱的前提，瓷砖填缝剂泛碱形成的另一个重要因素是水分，在雨水、雪、露等水分渗入填缝剂中，使填缝剂内部的可溶性盐随水分迁移到填缝剂表面，形成“泛碱”。

2 “泛碱”的防治

从瓷砖填缝剂泛碱的机理不难看出，填缝剂的泛碱要同时满足下面 3 个条件：

(1) 瓷砖填缝剂中存在硅酸钙的水化产物 $Ca(OH)_2$ 或可溶性盐；

(2) 瓷砖填缝剂硬化体存在大量的毛细孔，给水分的迁移提供了通道；

(3) 雪、露、雨水导致水分的渗入。

针对上述泛碱的条件，可以通过以下措施抑制泛碱。

2.1 水泥的选择

水泥是瓷砖填缝剂的主要胶凝材料，可供选择的水泥主要有普通硅酸盐水泥、白色硅酸盐水泥、硫铝酸盐水泥和铝酸盐水泥。不同水泥因原材料和生产工艺差异，导致其化学组成各不相同，采用 XRF 对不同水泥进行化学组成分析，结果见表 1。不同水泥除了必需的 CaO、SiO_2、Al_2O_3、Fe_2O_3 和 SO_3 外，还含有碱性 Na_2O 和 K_2O，极容易以 NaOH 和 KOH 形态在水泥浆体中存在，导致填缝剂泛碱。从表 1 中可以看出，普通硅酸盐中该类氧化物含量最高，因此通常采用普通硅酸盐为胶凝材料的填缝剂容易泛碱。通常不同厂家的普通硅酸盐水泥碱含量存在差异。也可选择碱含量低的白色硅酸盐水泥、铝酸盐水泥或硫铝酸盐水泥作为胶凝材料。

表 1 不同水泥的化学组成（%）

化学组成	CaO	SiO_2	Al_2O_3	Fe_2O_3	SO_3	MgO	Na_2O	K_2O	其他
普通硅酸盐水泥	52.58	29.46	5.22	2.93	3.83	2.44	0.82	0.75	1.97
白色硅酸盐水泥	76.15	15.26	2.95	0.30	3.40	1.36	0.05	0.33	0.20
铝酸盐水泥	34.33	7.63	50.95	2.25	1.04	0.64	0.05	0.45	2.66
硫铝酸盐水泥	44.38	10.13	24.89	4.33	12.44	1.72	0.18	0.43	1.50

另外，硅酸盐水泥等水化产生大量的可溶性 $Ca(OH)_2$，为“泛碱”提供了“物质”基础，选用低碱水泥能有效降低瓷砖填缝剂硬化过程中 $Ca(OH)_2$ 的含量，降低“泛碱”概率。常见得低碱水泥有高铝水泥、硫铝酸盐水泥。火山灰质硅酸盐水泥、矿渣水泥和复合水泥中的活性掺合料能与水泥熟料的水化产物 $Ca(OH)_2$ 发生化学反应，从而消耗部分 $Ca(OH)_2$ 而起到降低 $Ca(OH)_2$ 溶度的作用，降低“泛碱”概率。

2.2 功能添加剂的加入

瓷砖填缝剂的“泛碱”条件之一是可溶性物随水分的迁移，而瓷砖填缝剂的硬化体不饱满，存有大量孔洞，给可溶性物质的迁移提供了通道，在瓷砖填缝剂中添加一定量的防水剂和抗泛碱剂，如有机硅防水剂、渗透结晶防水剂等能有效堵塞瓷砖填缝剂硬化体的毛细孔，起到抑制“泛碱”的作用。

2.2.1 防水剂 NT10 对瓷砖填缝剂的作用

在黑色填缝剂中掺入 0.3%的有机硅防水剂，与未添加防水剂的黑色填缝剂同时批刮于硅钙板上，放置于 10℃恒温箱中（相对湿度 75%），养护 24h 观察表面“泛碱”情况，测试防水剂 NT10 对填缝剂“泛碱”的拟制作用，结果如图 1、图 2 所示。

从图片可以看出未添加防水剂 NT10 的黑色填缝剂表面出现白色斑点，即“泛碱”，添加有防水剂的黑色填缝剂表面光泽度较好，未出现“泛碱现象”。因为防水剂的加入能减缓填缝剂中水分的迁移，避免可溶性盐随水分迁移在填缝剂表面富集，从而降低“泛碱”的概率。

图 1　未添加防水剂填缝剂

图 2　添加防水剂 NT10 填缝剂

2.2.2 抗泛碱剂 KL-30 对瓷砖填缝剂的作用

在黑色填缝剂中掺入分别掺入 0%、0.15%、0.3%和 0.45%的抗泛碱剂，将黑色填缝剂批刮于硅钙板上，置于 10℃恒温箱中（相对湿度 75%），养护 24h 观察表面“泛碱”情况，测试防水剂抗泛碱剂 KL－30 对填缝剂“泛碱”的抑制作用，结果如图 3 所示。

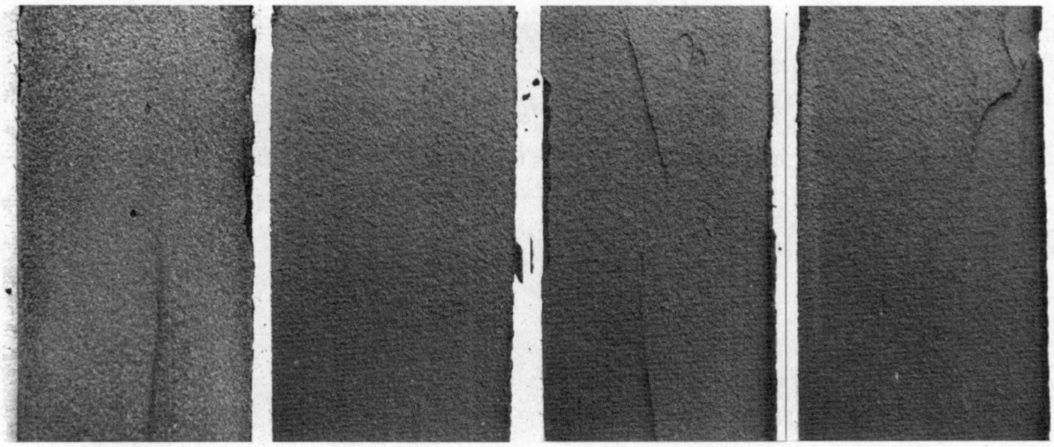

(a)　(b)　(c)　(d)

图 3　抗泛碱剂 KL-30 对填缝剂的作用

(a) 掺量 0%；(b) 掺量 0.15%；(c) 掺量 0.30%；(d) 掺量 0.45%

从测试结果可以看出，未添加抗泛碱剂的填缝剂表面泛白，出现了“泛碱”的现象，掺入 0.15%的抗泛碱剂填缝剂的表面未出现泛白，“泛碱”得到抑制。随着抗泛碱剂的掺量增加，填缝剂的颜色更均匀，抑制“泛碱”效果更好。

2.2.3 其他添加剂对填缝剂泛碱的影响探讨

瓷砖填缝剂需要加入 20%～30%的拌合水才能满足施工要求，大量水分的加入造成填缝剂硬化体内的大量孔洞，在瓷砖填缝剂中加入减水剂能有效降低拌合水的用量，从而减少填缝剂硬化体的孔洞，起到缓解可溶性物质迁移的目的，降低“泛碱”概率。

为了改善瓷砖填缝剂的施工性，通常加入一定量的纤维素醚、淀粉醚等高分子有机物，有些纤维素醚和淀粉醚大幅延长了水泥的凝结时间，降低水泥强度，使得填缝剂强度发展缓慢，硬化时间延长，不利于填缝剂密实度的快速提高，尤其在早期容易导致填缝剂的“泛碱”，因此宜选用对水泥凝结时间、强度影响小的高分子添加剂改善瓷砖填缝剂的施工性能。

在瓷砖填缝剂中掺入高分子聚合物有机粘结剂，如可再分散乳胶粉。可再分散乳胶粉在砂浆拌合水的作用下溶解形成聚合物乳液，随着水分的挥发，填缝剂的硬化，形成高分子有机膜包裹在水泥水化产物及砂石表面形成粘结力。一方面起到堵塞毛细孔的作用，减少了可溶性物质的迁移；另一方面可以降低填缝剂中水泥的掺入量，减少水泥水化产物 $Ca(OH)_2$ 的溶度，起到抑制“泛碱”的作用。

2.3 施工注意事项

传统的瓷砖填缝剂一般采用水泥与河砂按一定比例配置而成，施工工人为了施工方便，施工后瓷砖易于清理常采用半干法施工。因施工习惯难以更改，当采用干粉状的瓷砖填缝剂时工人仍然延用半干法进行填缝。已有的研究表明水泥的早期水化速率较快，当采用半干法施工时，填缝剂的拌合用水较少，加之墙体吸水和表面的蒸发作用，填缝剂中的水分很快失去，水泥的水化因缺少水分受到限制，而在施工后常因天气变化，受到雨水的浸透，水泥的水化条件得到满足，产生大量的可溶性 $Ca(OH)_2$，随着雨水的渗出迁移至填缝剂表面，与空气中的 CO_2 反应生产不溶于水的碳酸钙晶体，形成一次“泛碱”。

因此，瓷砖填缝剂的施工宜采用厂家推荐的加水量进行施工，以达到促进填缝剂的硬化，提高早期密实度，防止“泛碱”的发生。

避免在未硬化的抹灰墙面粘贴瓷砖并填缝，因此时墙面大多处于潮湿状态，墙体湿气大，水分的蒸发需要持续很长时间，填缝剂中的 $Ca(OH)_2$ 很容易持续迁移到表面，形成“泛碱”。

笔者发现，在实际工程中，因特种水泥和低碱水泥价格较高，瓷砖填缝剂大多采用普通水泥作为胶凝材料，因此瓷砖填缝剂的胶凝材料水化产物难以完全避免 $Ca(OH)_2$ 的存在。另外，防水剂、可再分散乳胶粉、减水剂等多功能添加剂的加入虽然能起到堵截毛细孔，但不能完全封闭气孔彻底杜绝泛碱。结合上述观点，瓷砖填缝剂在工程应用中选择合适的施工时间和方法，避免阴雨天施工、做好防雨、防雪工作，在瓷砖填缝剂的硬化初期避免雨水对抑制“泛碱”更具有实际意义。

3 “泛碱”的处理

前面讨论了泛碱的预防措施，虽然加以注意，难免不出现“泛碱”的现象。填缝剂的“泛碱”是能够消除的，当“泛碱”少量发生，且不影响美观时，自然状态下难溶物 $CaCO_3$ 与水及 CO_2 发生如下反应：

$$H_2O+2CO_2=H_2CO_3$$

$$CaCO_3+H_2CO_3=Ca(HCO_3)_2$$

反应生成的可溶物 $Ca(HCO_3)_2$，被雨水带走而消除。当“泛碱”大量集中出现时通常有物理和化学两种处理方法。

一种是采用物理的喷砂法，利用高压气体将细砂从专用喷枪中喷出冲击到泛碱的填缝剂上，磨损掉旧的表面，达到消除泛碱的目的。

另一种方法是采用稀释的弱酸，如醋酸、草酸等。在用弱酸清洗前先将墙面润湿，防止弱酸的渗入破坏瓷砖填缝剂内部的结构，再用稀释的弱酸进行快速清洗，酸与填缝剂表面的“碱”发生化学反应，生成溶于水的盐，再用大量清水清洗掉残留的弱酸，达到消除“泛碱”的目的。

4 结论

瓷砖填缝剂内的硅酸盐水泥的水化产物 $Ca(OH)_2$ 和可溶性盐在雨水、露、雪的作用下迁移到填缝剂表面形成可见的白色无机物，形成“泛碱”。通过选择低碱或无碱水泥，减少水泥熟料的水化产物 $Ca(OH)_2$ 能抑制泛碱，另外，在瓷砖填缝剂中添加功能性的防水剂、减水剂、可再分散乳胶粉，对填缝剂硬化体的毛细孔进行堵塞，防止水分的渗入和可溶物的迁移能抑制“泛碱”的发生概率。通过合理的施工时间和方法有利于瓷砖填缝剂强度的硬化和发展，硬化体密实，抑制可溶性物质的迁移，杜绝“泛碱”的发生。

作者简介

李英丁，男，高级工程师，广东龙湖科技股份有限公司绵阳技术中心主任，主要从事砂浆外加剂的应用研究，联系电话：0816-2200401。

渗透结晶型防水砂浆用于混凝土表面后的耐久性及微观结构的研究

国爱丽　冯秀艳　路瑞娟　刘 佳
北京建筑材料检验研究院有限公司，北京，100044

摘　要　本文通过对涂刷渗透结晶型防水砂浆混凝土的抗渗性、抗冻性、抗碳化性、抗氯离子渗透性、抗硫酸盐等耐久性能的试验，研究渗透结晶型防水砂浆对混凝土耐久性能的影响。通过实验可得到涂刷该种防水材料砂浆的混凝土与未涂刷的空白混凝土相比，在抗渗、抗冻性等方面的混凝土耐久性均有不同程度的提高。微观结构分析表明涂刷渗透结晶型防水砂浆对有利于混凝土耐久性的改善。

关键词　渗透结晶型防水砂浆；混凝土耐久性；混凝土抗渗性

Study of Capillary Crystalline Waterproofing Mortar Painted Surface of Concrete on Durability and Microstructure

Guo Aili，Feng Xiuyan，Lu Ruijuan，Liu Jia
Beijing Building Materials Testing Academy Co.，Ltd.，Beijing，100044

Abstract　To study influence of capillary crystalline waterproofing mortar（CCWM）on concrete durability，it was test of freezing and thawing，water pentraion，carbonization，sulphate attack and chloride penetration of conctrete brushing on CCWM. The test results show that resistance to freezing and thawing，carbonization and etc. of concrete brushed on CCWM are better than concrete without CCWM. The durability of concrete can be improved.

Keywords　capillary crystalline waterproofing mortar（CCWM）；performance of durability of concrete；resistanc of concrete to water penetration

0　引言

渗透结晶型防水砂浆（以下简称 CCWM）可作为水泥混凝土的刚性防水材料，其与水作用后，材料中含有的活性化学物质以水为载体在混凝土中渗透，与水泥水化物生成不溶于水的针状结晶体，堵塞毛细孔道和微细缝隙，从而提高混凝土致密性与防水性[1-2]。渗透结晶型防水砂浆涂刷施工方便，属于无机防水材料，不存在有机防水卷材老化问题，但对该材料涂刷混凝土后耐久性的研究数据很少。为扩大渗透结晶型防水砂浆的应用范围，对该材料涂刷混凝土后的抗冻性、抗碳化性等耐久性进行了研究，可为判断该材料对混凝土耐久性的影响提供科学依据。

1　试验

1.1　原材料

水泥：P·O 42.5；砂：ISO 标准砂；碎石：2～25mm 连续粒级碎石；CCWM：进口渗透结晶

型防水材料母料复配国内水泥和砂子，形成水泥基渗透结晶型防水砂浆。

1.2　试验配比

采用1.1所列原材料，配制C30强度等级混凝土，混凝土配合比见表1。

表1　C30混凝土配合比

编号	水胶比	混凝土材料用量（kg/m³）			
		水泥	砂	石子	CCWM
O	0.6	330	840	1030	0
A	0.6	330	840	1030	1.5kg/m²

1.3　试样制备及养护

根据《普通混凝土长期性和耐久性能试验方法标准》（GB/T 50082—2009）进行耐久性试验试件制作，其中O组为空白混凝土试件，A组为涂刷CCWM产品的混凝土试件。试件制作完毕后，均在温度（20±2）℃、湿度>95%养护到标准要求的龄期。

2　试验结果及分析

2.1　试验过程

2.1.1　碳化试验

将尺寸为100mm×100mm×400mm的3个O组试件和3个6面涂刷防水砂浆的A组试件，除试验面外的试件表面封蜡处理后放入碳化箱，各试件表面距离≥50mm。箱内的CO_2浓度保持在（20±3）%，箱内的相对湿度控制在（70±5）%，温度控制在（20±5）℃。第1、2天每隔2h测定1次CO_2浓度、温度、湿度，以后每隔4h测定1次，到28d时，取出各试件，在压力试验机上劈裂破型。刷去破型试件断面上残存的粉末，喷上浓度为1%的酚酞酒精溶液。约30s后，按标划的每10mm一个测量点用钢板尺测出各点碳化深度。当测点处的碳化分界线上刚好嵌有粗骨料颗粒，可取该颗粒两侧处碳化深度的算术平均值作为该点测出的碳化深度值[3-4]。

2.1.2　抗冻试验

采用《普通混凝土长期性和耐久性能试验方法标准》（GB/T 50082—2009）中快冻法，将尺寸为100mm×100mm×400mm的3个O组试件和3个6面涂刷A组试件按标准养护至龄期后，分别测量试件初始质量及初始横向基频。将试件放入试件盒，然后将试件盒放入冻融箱内的试件架，并向试件盒中注入清水，在整个试验过程中，盒内水位高度应始终保持至少高出试件顶面5mm。每次确保冻融循环的时长为4～6h。每隔25次冻融循环测量试件质量和横向基频。当冻融循环出现下列情况之一时，停止试验，记录试件的最终循环次数：

（1）试件的相对动弹性模量下降到60%；

（2）试件的质量损失率达5%。

2.1.3　抗水渗透试验

采用《普通混凝土长期性和耐久性能试验方法标准》（GB/T 50082—2009）中渗水高度法，将尺寸为ϕ175mm×ϕ185mm×150mm的圆台体6个O组试件和6个迎水面涂刷A组试件按标准养护至龄期后，采用石蜡密封，装入预热的试模中备用。将密封好的试件装入抗渗仪，开启6个阀门，使水压在24h内恒定控制在（1.2±0.05）MPa，达到稳定后记录起始时间，24h后停止试验，取出试件。将试件放在压力机上，将试件沿纵向劈裂为两半，试件劈开后，用防水笔标出水痕。用梯形板放在试件劈裂面上，并用钢尺沿水痕等间距测10个测点的渗水高度值。

2.1.4　抗氯离子渗透性试验

采用《普通混凝土长期性和耐久性能试验方法标准》（GB/T 50082—2009）中电通量法，将尺

寸为 ϕ100mm×50mm 圆柱体试件 3 个 O 组和 3 个上下面涂防水砂浆的 A 组按标准养护至龄期后，进行真空饱水并浸泡，确保试件达到饱和状态，然后将试件安装于试验槽，并采用螺杆将两试验槽和试件夹紧。试件安装好以后，确认试件与试验槽密封完好不漏水。将质量浓度为 30g/L 的 NaCl 溶液和物质的量浓度为 0.3mol/L 的 NaOH 溶液分别注入试件两侧的试验槽，注入 NaCl 溶液槽内的铜网连接电源负极，注入 NaOH 溶液槽内的铜网连接电源正极，外接入 60V 直流恒电压，记录初始读数 I_0。开始每隔 5min 记录一次电流值；当电流稳定时每隔 10min 记录一次电流值；当电流变化很小时，隔 30min 记录一次电流值。通电 6h 后，结束试验。

2.1.5 抗硫酸盐侵蚀试验

制备 100mm×100mm×100mm 立方体 15 个 O 组试件和 15 个六面全部涂刷防水砂浆的 A 组试件，每组 3 块，1 组用于强度试验，2 组用于干式循环试验；2 组用于对比试验。试件养护至标准要求龄期时，放入全自动混凝土硫酸盐干湿循环试验机进行试验，在 15 次和 30 次循环后分别计算抗压强度耐蚀系数。

2.1.6 微观结构

对表面涂刷 CCWM 的试样和空白试样制成可供扫描电镜进行观测的 5～10mm 的小块，采用双面胶水将试样粘贴在试样盘内，镀铂粉进行试样表面处理。

2.2 试验结果

试验 2.1.1 到 2.1.5 中的各项 O 组与 A 组的耐久性试验结果见表 2。在碳化试验中，表面未涂刷 CCWM 的空白混凝土 28d 的碳化深度为 12.7mm，表面涂刷 CCWM 的混凝土的 28d 碳化深度为 11.9mm，降低碳化深度−6%。

表 2　CCWM 对混凝土耐久性影响的实验结果

序号	试验项目	试验周期	O 组	A 组	对比结果
2.1.1	碳化深度（mm）	28d+28d	12.7	11.9	−6%
2.1.2	抗冻次数（次）	28d+45d	125	200	+75
2.1.3	渗透高度（mm）	28d+48h	130.1	78.8	−39%
2.1.4	电通量（C）	28d+6h	5461	4700	−16%
2.1.5	抗压强度耐蚀系数（30 个循环）（%）	28d+35d	97.8	98.7	+0.9%

在抗冻性试验中，不设定循环次数，O 组在冻融循环到 125 次时达到终止试验条件，而 A 组继续循环到 200 次才达到终止试验条件，在循环次数上提高 75 次。

采用渗透高度的方法进行抗渗性能试验，O 组的渗透高度为 130.1mm，而 A 组的渗透高度为 78.8mm，降低了 51.3mm 的抗渗高度，降低程度达到 39%。

对于抗氯离子渗透试验，A 组的电通量比 O 组降低了 16%，抗硫酸盐试验中 A 组的抗压强度耐蚀系数比 O 组提高了 0.9%。

水泥水化之后产生大量的 Ca^{2+} 或 $Ca(OH)_2$，是影响混凝土耐久性的重要原因之一。通过化学反应，减少 Ca^{2+} 的含量，使之转化为对混凝土的强度与密实度有利的物质，不仅能改善混凝土的抗裂防渗性能，而且可以提高混凝土的强度、密实度，从而改善混凝土的耐久性。CCWM 中的活性成分与 Ca^{2+} 反应，生成易溶于水、不稳定的螯合物，一旦遇到未水化的水泥或水泥凝胶体，活性物质就会被更稳定的硅酸根、铝酸根等离子取代，发生结晶、沉淀反应，从而将 Ca^{2+} 离子转移到稳定的具有一定强度的晶体化合物中，提高混凝土自身的密实度和强度[5,6]。

同时，CCWM 的活性成分与硬化混凝土孔隙中游离的 Ca^{2+} 和氧化物生成不溶于水的结晶体，堵塞混凝土中的毛细管网与微裂缝，可修复混凝土自身的微缺陷。从以上两点可以解释在表面涂刷 CCWM 的 A 组与空白混凝土相比，不同的耐久性具有不同程度的提高，尤其抗冻性和渗透高度与混凝土内部孔隙率及密实程度密切相关，从试验结果可明确证明 CCWM 对混凝土内部结构的改善作用。

混凝土的碳化、抗氯离子渗透及抗硫酸盐侵蚀的性能是更为复杂的一系列物理化学反应，不仅与混凝土自身的微结构、孔隙率等有关，也与水泥的水化产物、混凝土的碱度密切相关[7-8]。混凝土表面涂刷了 CCWM 后，抗碳化、抗氯离子渗透及抗硫酸盐侵蚀性能也有提高，部分原因可认为是改善了混凝土内部结构，但 CCWM 的活性成分如何参与其中的化学反应而改善其耐久性的原理仍需要深一步的混凝土成分分析及系统研究。

图 1 中空白混凝土由于水泥水化得不完全，水化后的凝胶材料存在蜂窝孔洞不密实的情况，这些微观结构会影响混凝土的强度及其耐久性。在图 2 中能观察到大量的柱状结晶体，证明 CCWM 中的活性成分与未水化的凝胶体发生化学反应，促进 Ca^{2+} 的结晶，提高了混凝土自身的密实度和强度[9]。

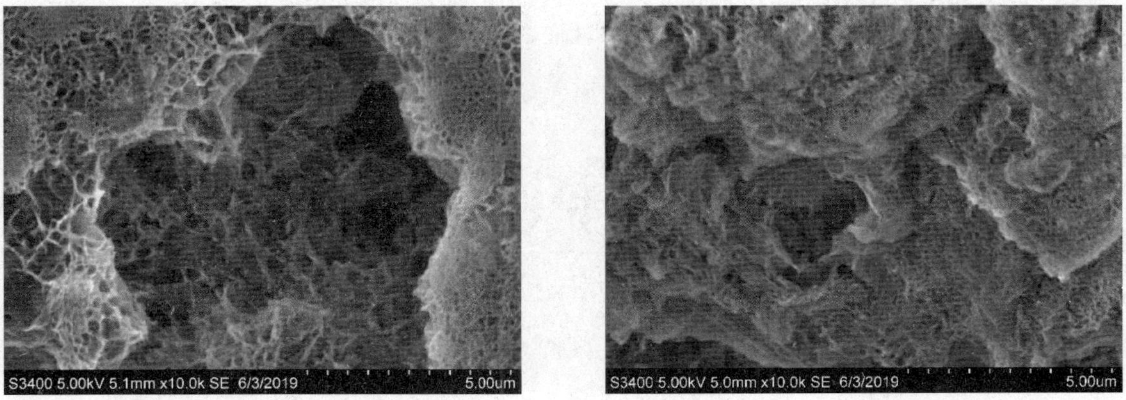

图 1　空白混凝土内部微观结构

图 2　表面涂刷 CCWM 后混凝土内部微观结构

3　结语

CCWM 是利用渗透结晶原理进行配制的具有防水功能的砂浆，与混凝土的结合性能较好，但对于使用该产品的混凝土的耐久性能的评价一直未有系统、重点研究。而混凝土的长期性及耐久性决定着建筑在使用年限内的结构的安全性和保持外观完整性的能力。试验表明 CCWM 具有提高混凝土耐久性的能力。应对 CCWM 的反应机理做进一步研究，为更准确地评价该防水材料的作用提供理论依据。

参考文献

[1] 黄洪胜，胡浩，张明强，等．水泥基渗透结晶型防水材料应用进展［J］．公路交通技术，2011（4）：18-21.

[2] 崔巩，刘建中，高秀利，等．水泥基渗透结晶型防水材料渗透性能评测方法研究现状［J］．中国建筑防水，2010（16）：36-38.

[3] 吴建华，邓少桢，张加运．水泥基渗透结晶型材料对提高混凝土抗碳化性能影响研究［J］．混凝土，2011（10）：85-98.

[4] 沈川越，黄佳健，汪群，等．渗透型防水材料对混凝土耐久性的影响研究［J］．施工技术，2016（9）：80-82.

[5] 陈光耀，吴笑梅，樊粤明．水泥基渗透结晶型防水材料的作用机理分析［J］．新型建筑材料，2009（8）：69-71.

[6] 王继业，王震环．论水泥基渗透结晶型防水材料的自我修复功能［J］．中国建筑防水，2011（8）：4-5.

[7] 中华人民共和国国家标准．GB 18445—2012 水泥基渗透结晶型防水材料［S］．北京：中国标准出版社，2013.

[8] 匡亚川．具有裂缝自修复功能的智能混凝土及其结构构件研究［D］．哈尔滨工业大学，2006.

[9] 杨晓华．渗透结晶型材料添加剂对水泥浆液性能影响试验［J］．中国公路学报，2019，32（7）：129-135，157.

作者简介

国爱丽，女，博士，高级工程师，工作单位：北京建筑材料检验研究院，联系地址：北京市石景山区实店镇亚新路15号，邮箱：guoaili@bmtbj.cn。

腻子标准以外的性能研究

李 燚
瓦克化学（中国）有限公司，北京，100028

摘　要　本文通过实验，研究了标准中没有要求，但是对腻子现场施工十分重要的两个性能（打磨性和上漆能力）的性能评估和测试方法。测试结果表明，通过打磨过程中的掉粉量能够定量地表征腻子的打磨性，并且通过适当添加可再分散乳胶粉，可以改善内墙腻子的打磨性。通过完全模拟工地现场的施工流程，对腻子的上漆能力进行了评估。测试结果表明，可再分散乳胶粉能够很好地提高腻子的上漆能力和改善在工地现场底漆被美纹纸粘掉的情况。

关键词　腻子；打磨性；上漆能力

Study on Properties of Skim Coat Out of the Standard

Li Yi
Wacker Chemistry（China）Co.，Ltd.，Beijing，100028

Abstract　Experiment researches the test methods of the sanding property and painting adhesion of the skim coat. These two properties are not required by the standard but are very important on the job site of the skim coat. The test results show that the sanding property of the skim coat can be quantitatively characterized by the amount of powder dropped during the sanding process，and the sanding property of the skim coat can be improved by adding the DPP（dispersible polymer powder）appropriately. The painting adhesion of the skim coat was evaluated in the lab by completely simulating the construction process of the job site. The test results showed that the DPP could improve the painting adhesion of the skim coat.

Keywords　skim coat；sanding property；paint adhesion

1　绪论

腻子作为一种用在涂料下的找平材料，在中国已有 30 多年的应用历史，无论是内墙饰面还是外墙饰面，腻子都是一种非常重要的找平材料。虽然建筑腻子只是一种基层处理材料，但它是量大面广，必须引起高度重视的一种建筑材料。

目前，无论是内墙腻子还是外墙腻子，都有相应的参考标准。标准明确要求腻子所需要满足的拉伸粘结强度、耐水后的强度、吸水量以及柔韧性等指标。然而，腻子在实际工程的施工过程中，存在很多应用方面的性能需求，比如施工性、打磨性等，相应的标准中没有定量的要求。

本文通过在实验室对工地现场的腻子施工的模拟测试，研究了腻子的打磨性和上漆能力两个标准中没有要求，但是对于腻子的实际施工非常重要的性能以及相关的测试方法。

2　实验原材料及基础配方

2.1　实验原材料

白水泥 32.5 级，市售产品；重钙（325 目），市售产品；内墙封闭底漆，市售产品；外墙真石漆用封闭底漆，市售产品；HPMC 100000（NDJ），山东一腾化工有限公司生产；可再分散乳胶粉 VINNAPAS® 4115N，瓦克化学（中国）有限公司生产；1788，市售产品。试验室标准条件：(23±2)℃，(50±10)%RH。

2.2 实验基础配方

本实验测试所采用的配方为内墙耐水腻子配方，配方的基本组成见表1。

表1 内墙耐水腻子基础配方

原材料	质量比（%）
白水泥	20
重钙325目	80
可再分散乳胶粉/聚乙烯醇	0～0.5
纤维素醚	0.4

3 内墙腻子打磨性测试

腻子的打磨性在实际应用中是非常重要的指标，目前的标准中对腻子打磨性要求为手工可打磨，并没有一个量化的标准。但是在实际应用过程中，工人是非常关注腻子的打磨性的，因为腻子打磨性的好坏直接影响工人的施工感受。首先，腻子要容易打磨，打磨过程中不能过于费力；其次，腻子在打磨过程中粉尘要尽量少；最后，腻子打磨完成后，表面要光滑平整，没有划痕。本实验从评估腻子打磨过程中的掉分量的角度出发，对不同的内墙腻子配方的打磨性进行了评估。

3.1 打磨性测试方法

本实验采用DM-Ⅲ型打磨性测定仪，如图1所示，测试腻子在打磨过程中的掉粉量。测试过程如下：

腻子在马口铁上成型，成型厚度为1～1.5mm，成型完成后在标准养护条件下养护1d。然后在打磨仪上进行打磨性测试。测试采用的砝码为300g，分别测试打磨10次和20次之后的腻子掉粉量。

图1 腻子打磨性测定仪

3.2 测试结果

对不同的腻子配方在打磨过程中的掉粉量进行了测试，测试结果如图2所示。无论是经过10次还是20次打磨，在配方中添加0.5%的4115N或者1788都能够明显降低腻子在打磨过程中的掉粉量。无论是可再分散乳胶粉还是聚乙烯醇都能够改善腻子的表面强度和内聚力，从而降低了腻子在打磨过程中的掉粉量。

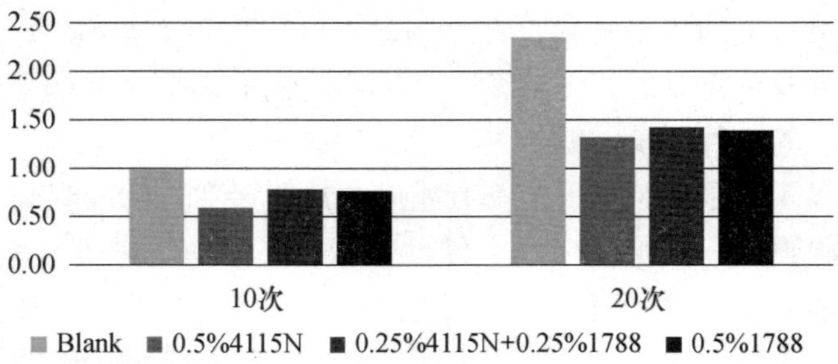

图2 腻子掉粉量对比

由不同的工人对同样的腻子配方在墙面上进行了实际施工的打磨性评估，测试结果发现，仅仅是0.5%掺量的4115N或者1788并没有增加打磨的难度，在打磨过程中工人并没有感觉到更加费力，但是相对于空白样，腻子的掉粉量有明显减少。这就说明了，随着可再分散乳胶粉或聚乙烯醇的添加，能够很好地改善腻子的打磨性。

4 腻子上漆能力测试

目前的腻子标准并没有对腻子的上漆能力有所要求，但是在实际涂料施工过程中，美纹纸的使用非常普遍，如果腻子本身上漆能力较差，会导致腻子层与涂料的附着力不够，甚至在揭掉美纹纸的同时会把涂料从腻子层上粘掉，不但造成涂料与腻子的粘结隐患，而且严重影响了涂料的施工效果。

4.1 腻子上漆能力测试方法

本实验采用完全模拟现场施工的方法，评价不同的腻子上漆能力。其具体方法如下：

（1）在硅酸钙板上刮涂腻子（白色），养护 1d 之后进行打磨平整并除去浮灰。腻子的养护条件包括标准养护条件、高温高湿养护条件（温度 35℃，湿度 80%）；

（2）在打磨平整之后的腻子表面涂刷内墙底漆；

（3）底漆标准条件干燥 24h 之后，在每个样块上粘贴 3 条美纹纸，粘贴力度保持一致；

（4）经过 40min 后揭开美纹纸，观察是否有底漆从腻子上粘掉的现象。

4.2 测试结果

分别测试可再分散乳胶粉 4115N 的掺量分别为 0%（空白样）、0.5%，聚乙烯醇掺量为 0.5% 的腻子的上漆能力。

首先，腻子在标准条件下养护 1d 之后的上漆能力，测试结果如图 3 所示，从测试结果可以明显看到，当腻子中没有添加可再分散乳胶粉或聚乙烯醇时，由于腻子本身的内聚力低，造成腻子表面强度低（有微弱起粉），揭掉美纹纸时，剥离力经底漆传到至腻子表面，随即造成粘结破坏。通过适当添加 4115N 和 1788 都可以增强腻子本身的内聚力，提高腻子的表面强度，进而提高了腻子的上漆能力。从测试照片可以看出，4115N 对于腻子上漆能力的提高要略优于 1788。

(a) (b) (c)

图 3 标养条件下腻子上漆能力

(a) 空白样；(b) 0.5% 4115N；(c) 0.5% 1788

其次，考虑到南方的高温高湿天气较多，同时测试了腻子在高温高湿条件下（温度 35℃，湿度 80%）养护 1d 后的上漆能力，测试结果如图 4 所示。从测试结果可以看到，在高温高湿条件下，4115N 对腻子上漆能力的改善要明显优于 1788。

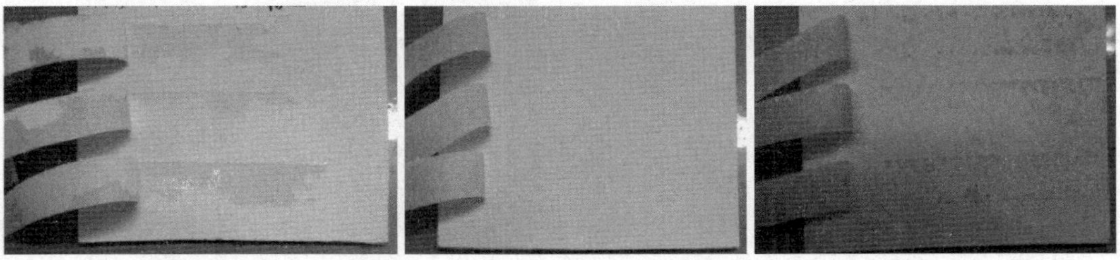

(a) (b) (c)

图 4 标养条件下腻子上漆能力

(a) 空白样；(b) 0.5% 4115N；(c) 0.5% 1788

5 结论

通过对腻子的磨耗值以及上漆能力的测试得到以下结论：

（1）无论是可再分散乳胶粉还是聚乙烯醇，在0.5%的添加量的情况下，都能够显著降低腻子在打磨过程中的掉粉量，同时不会增加腻子的打磨难度。可再分散乳胶粉和聚乙烯醇都可以改善腻子在实际施工过程中的打磨性。

（2）可再分散乳胶粉和聚乙烯醇可以改善腻子的上漆能力，提高腻子与涂料的结合力，可再分散乳胶粉对于上漆能力的改善要明显优于聚乙烯醇。

参考文献

[1] 李燚，段瑜芳．乳胶粉与纤维素醚对配套真石漆用外墙腻子性能的影响［J］．房地产导刊，2016（12）：108-110.

作者简介

李燚，男，高级工程师，联系地址：北京市朝阳区太阳宫中路12号太阳宫大厦1108室，邮编：100028，电话：15801445410。

二、砂浆原材料的研发与应用

Ⅱ. Development and Application of Mortar Raw Materials

HEMC 和 HPMC 对水泥基腻子性能影响对比

李 建

陶氏化学（中国）投资有限公司建筑用化学品部门，上海，201203

摘 要 选取 6 种陶氏化学在腻子应用中具有代表性的纤维素醚，在控制新拌砂浆黏度的条件下，研究了纤维素醚取代类型、高低两种掺量及其改性对水泥基腻子性能的影响。结果表明，掺有 Walocel™羟乙基甲基纤维素醚的腻子具有更长的可施工时间和稍高的湿密度，掺有羟丙基甲基纤维素醚的腻子则具有稍低的吸水量。掺入高掺量的纤维素醚时，腻子的加水量、可施工时间和拉伸粘结强度显著增加，湿密度和吸水量显著降低。与未改性产品相比，掺有改性纤维素醚的腻子的需水量和吸水量显著增高，拉伸粘结强度降低。高掺量和改性程度时，两者差距更为显著。

关键词 纤维素醚；腻子；掺量；取代类型；改性

Comparison of the Influence of HPMC and HEMC on the Properties of Cement-based Skim Coat

Li Jian

Dow Construction Chemical，Shanghai，201203

Abstract 6 typical grades of high-viscosity cellulose ether for skim coat application were evaluated in skim coat to study the influence of their dosage，substitution type and modification degree on the performance of cement-based skim coat viscosity of which was kept constant. Test results show that skim coats with Walocel™ hydroxyethyl methyl cellulose have longer pot life and slightly higher wet density while those with hydroxypropyl methyl cellulose tend to have lower water absorption. Higher dosage of cellulose ether in skim coats leads to significant increase in water demand，pot life and tensile adhesion，but decrease in wet density and water absorption on the other hand. Skim coats with modified cellulose ether have higher water demand，higher water absorption and lower tensile adhesion than with unmodified ones where higher cellulose ether dosage and modification degree strength the trend.

Keywords cellulose ether；skim coat；substitution type；modification

干粉水泥基腻子目前在国内已得到广泛的应用，其通常由白水泥、细集料和外加剂组成。纤维素醚和可再分散乳胶粉是其中最为常用的外加剂。相较于后者，纤维素醚在水泥基腻子中的作用更加重要。加入纤维素醚能够有效改善腻子的保水和施工性能，这一点已经得到普遍的认可[1]。水泥基腻子通常使用甲基纤维素醚（MC，下同），包括羟丙基甲基纤维素醚（HPMC，下同）和羟乙基甲基纤维素醚（HEMC，下同）。两者结构如图 1 所示。羟乙基链长较短，较羟丙基具有更好的亲水性。常温时，保水性主要受纤维素醚黏度和掺量的影响，通常认为两种类型的 MC 并无显著差别。而高温时，两者的表现具有显著差异。由于 MC 具有高温凝胶特性，温度升高以后其溶液开始凝胶，造成黏度下降，保水性能和气泡稳定性降低。与 HPMC 相比较，HEMC 具有更高的凝胶温度，这一点可以从《建筑干混砂浆用纤维素醚》（JC/T 2190—2013）中规定了 HEMC 具有较高的凝胶温度可以看出。以陶氏化学 Walocel™ 系列 HEMC 为例，其在高温下较 HPMC 产品表现出更好的保水性能。图 2 为不同温度时其与 HPMC 保水性能对比结果。从中可以看出，20℃和 30℃时两支产品的保水性能几乎没有区别。然而，温度升高至 40℃时两者产生明显的区别。Walocel HEMC 保水性能损失很少，仍然优异。HPMC 产品保水性能则损失显著。夏季和炎热地区气温高，墙面温度甚至更高，时常超过 40℃，此时，HEMC 能够更好地满足保水和施工要求。除保水和施工性外，纤维素醚掺量对腻子拉伸粘结强度和表干时间等其他性能的研究也有一些报道[2-3]。然而总体而言，关于 HEMC 和 HPMC 在腻子中对其性能影响区别的研究有限。研究理解 HEMC 和 HPMC 两种不同类型 MC 以及他们的改性产品对腻子总体性能的不同影响显得十分必要。

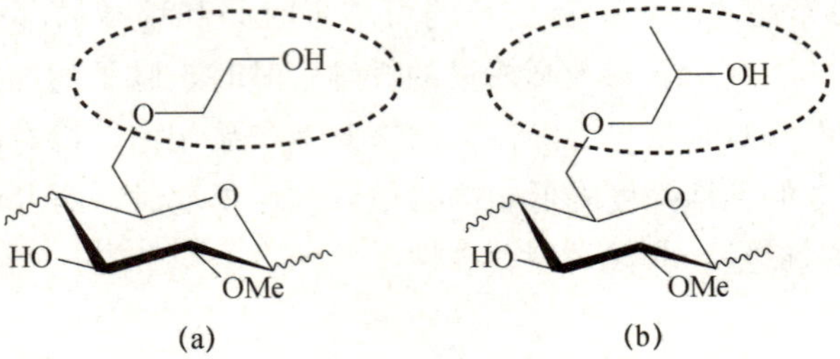

图 1　MC 分子结构示意图

（a）HEMC；（b）HPMC

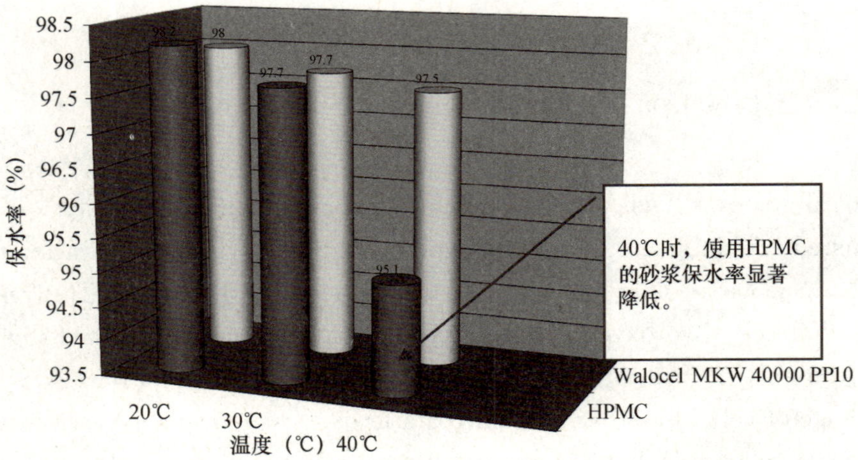

图 2　HEMC 和 HPMC 在不同温度时的保水性能

本文通过选取陶氏化学在腻子应用中具有代表性的 HPMC（Methocel™）和 HEMC（Walocel 系列）两类共 6 支 MC 产品，基于高低两种掺量条件，对掺有这些 MC 的腻子进行应用性能测试，探讨了 MC 化学取代类型的不同、掺量的高低以及改性与否对这些应用性能的影响。

1　试验

1.1　原材料

水泥：白水泥 OPC 42.5R，上海水泥厂；

碳酸钙：200 目，市售；

砂：石英砂，0.1～0.2mm，市售；

胶粉：乙烯一醋酸乙烯共聚物，T_g 为 20℃，市售；

纤维素醚：中高黏度的纤维素醚，具体见表 1。

表1 纤维素醚产品基本信息

产品编号	化学结构	黏度（mPa·s）	改性	生产商	品牌	配方编号
MC-1	HPMC	41，000	中低	陶氏化学	Methocel	1，7
MC-2	HPMC	55，000	否	陶氏化学	Methocel	2，8
MC-3	HPMC	55，000	否	陶氏化学	Methocel	3，9
MC-4	HEMC	40，000	否	陶氏化学	Walocel	4，10
MC-5	HEMC	45，000	中度	陶氏化学	Walocel	5，11
MC-6	HEMC	40，000	否	陶氏化学	Walocel	6，12

1.2 试验过程

采用基础的外墙腻子配方，见表2。试验中，改变纤维素醚的种类和掺量。种类为表1中所列出产品，它们均为市场上在腻子中有较多应用的MC产品。选取0.2%和0.5%高低两种掺量。调整配方的加水量使得不同的配方具有相似且合适施工的稠度。对腻子的湿密度、浆体黏度随时间的变化、拉伸粘结强度和吸水量进行测试。具体测试方法如下：控制稠度时，测试浆体黏度进行表征。采用带有升降台的Brookfield RVDV III＋型黏度计，使用96号T型转子，转速为5r/min. 所有配方黏度控制在（400±50）Pa·s。监控浆体黏度在60min时的变化。拉伸粘结强度的样品成型参照《建筑外墙用腻子》（JG/T 157—2009）进行，在（23±2)℃和50%±5% RH标准条件下养护14d后测试。吸水量参照《建筑外墙用腻子》（JG/T 157—2009）制样和测试。

表2 试验中使用的腻子配方

组　分	掺　量
白色普通硅酸盐泥42.5R	28
碳酸钙，200目	平衡至100
石英砂，0.1～0.2mm	25
可再分散乳胶粉	2
纤维素醚	0.2/0.5
总量	100

2 结果与讨论

2.1 需水量

需水量是为得到合适黏度的腻子浆体所需加入水的比例。MC对腻子需水量影响如图3所示。叉表示未改性的HEMC，点表示未改性的HPMC，方框表示改性MC，配方1～6为0.2%掺量，7～12为对应产品的0.5%掺量，下同。从图3（a）中可以看出，MC的掺量极大地影响了配方的需水量。当掺量从0.2%增加到0.5%时，需水量平均约增加了5%。而改性的产品增加得更多。以MC1为例，需水量增加了6%。在相同的掺量时，改性产品的需水量显著大于非改性产品。以0.5%掺量为例，MC1的需水量比MC4高5%。更高的需水量通常使改性产品能够获得更好的施工性。MC黏度对加水量的影响则较小，未改性MC之间差别仅为1%～2%。图3（b）为两种取代类型的影响比较。总体而言，取代类型不同对加水量并无显著影响。图中配方1和7的加水量偏高，这主要是由于MC1的改性而非取代类型所致。

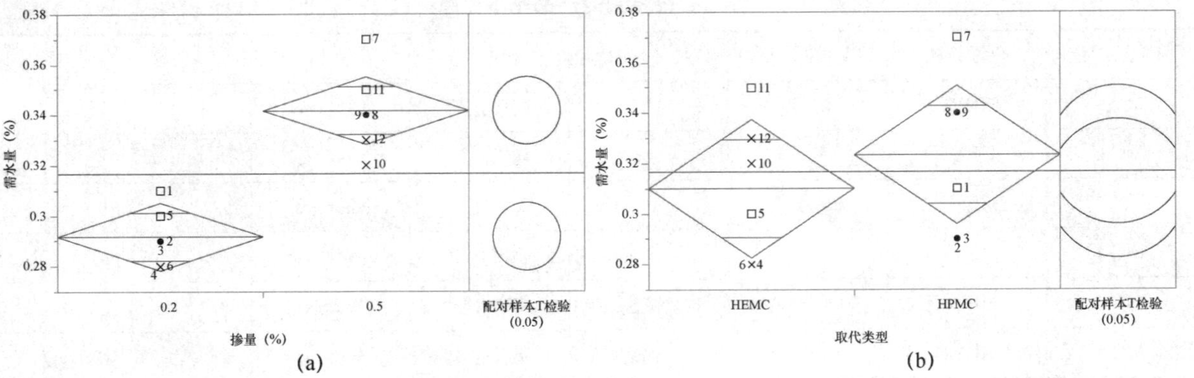

图 3 纤维素醚对腻子需水量的影响

（a）掺量；（b）取代类型

2.2 湿密度

砂浆湿密度与产品的施工性和得率（即单位质量砂浆能够施工的面积）存在一定的相关性，且直接影响砂浆的最终密度。湿密度较低时，砂浆通常具有较好的施工性和较高的得率。MC 的分子结构同时含有的亲水和疏水基团，具有表面活性。水的表面张力为 72mN/m，典型表面活性剂的表面张力为 30mN/m，MC 的表面张力则介于其间，为 42～64mN/m[4]。因此，加入 MC 对砂浆湿密度产生显著的影响。从图 4（a）中可以看出，当掺量从 0.2%增加到 0.5%时，浆体平均湿密度约降低了 9%。这是由于高掺量的 MC 可以带来以下结果：

（1）更多的微小气泡；

（2）更高的加水量。

另图 4（b）显示，不同取代类型对湿密度产生一定影响。掺有 HPMC 腻子的湿密度较 HEMC 稍低，这是由于两种产品的不同表面活性。羟乙基较羟丙基更为亲水，因此 HPMC 的表面活性更强，搅拌中能够引入更多的气泡，从而使砂浆具有更低的湿密度。总体而言，两者差异并不显著。

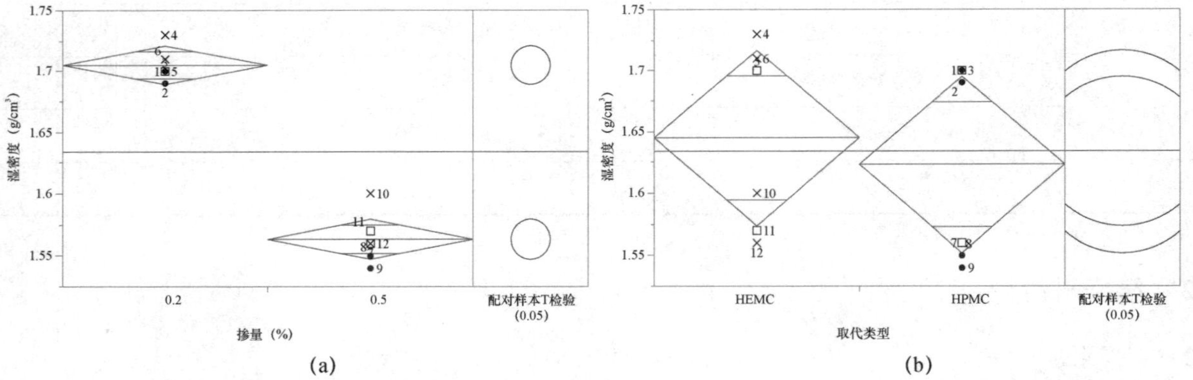

图 4 纤维素醚对湿砂浆密度的影响

（a）掺量；（b）取代类型

2.3 黏度随时间变化

可施工时间是指腻子粉在加水搅拌以后到失去施工性以前所能够经历的最长时间，是一项重要的性能指标。腻子产品中使用白水泥较灰水泥颗粒更细，并且使用细集料，两者均不利于腻子获得较长的可施工时间。当腻子的可施工时间较短时，在施工现场通常存在几个选择：

（1）二次加更多的水使得腻子重新具有施工性；

（2）扔掉已经失去施工性的产品，重新取粉状腻子加水搅拌；

（3）每次选择搅拌较少的腻子产品，施工完以后重新搅拌。

这几种选择都有各自的问题。第一种会影响腻子硬化后的性能，导致后期的收缩、开裂等问题。第二种会造成产品的浪费。第三种缺点在于工人可能需要不停地重复搅拌，降低施工效率。因此，腻子产品必须具有足够的可施工时间。

腻子粉与水搅拌以后立即测试浆体黏度，然后将其静置。一段时间后再次测试其黏度，通过两次黏度值的变化来判定腻子浆体是否仍然可用。试验中监测 60min 时的结果（实际使用中可能长至 2h 或更多）。图 5 为 MC 对腻子浆体黏度增长率的影响。从图 5（a）中看出，0.2%掺量时，无论掺加何种 MC，腻子浆体的黏度增长率均超过 50%，这表明此时腻子浆体的施工性较搅拌刚完成时已经变差很多，实际使用中可能无法满足施工要求。而 MC 掺量为 0.5%时，腻子浆体黏度增长率较低。掺有 MC1 的腻子浆体黏度增长率最高，约 27%。掺有其他 MC 的腻子浆体的黏度增长率更小或几乎没有变化，这意味着即使经过 60min 的放置，腻子的施工性仍然能够很好地保持。从图 5（b）中可以看出，掺有 HEMC 的腻子浆体黏度变化更小，0.2%掺量时更为显著。这意味着 HEMC 用于腻子时有更好的可施工时间，掺量较低时优势更为明显。

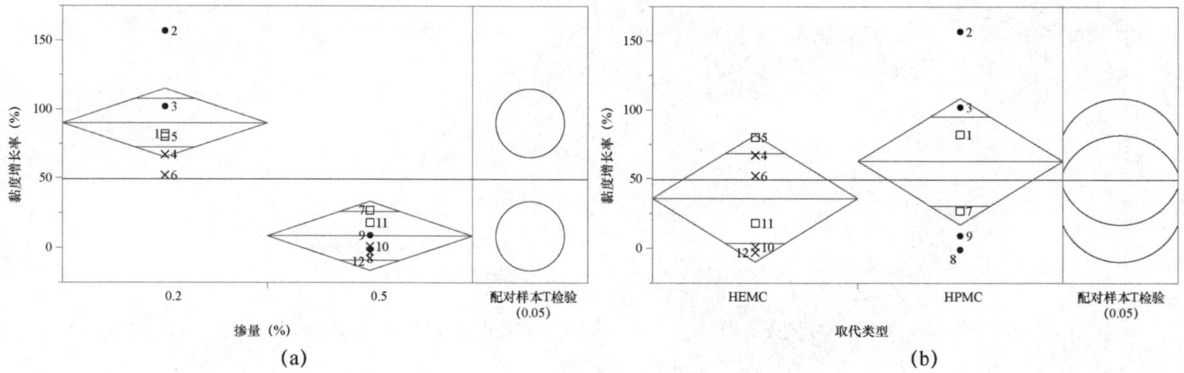

图 5　纤维素醚对腻子黏度随时间变化的影响

（a）掺量；（b）取代类型

2.4　拉伸粘结强度

MC 对拉伸粘结强度的影响如图 6 所示。从图 6（a）可以看出，MC 的掺量对拉伸粘结强度有显著影响。0.5%掺量时的均值为 0.69MPa，较 0.2%掺量时的 0.58MPa 约提高了 19%。这主要是因为纤维素醚掺量较高时能够提供更好的保水性，保证了腻子产品中水泥的水化。同时，高 MC 掺量的腻子对基材具有更好的润湿性。改性的 MC5 具有最低的拉伸粘结强度，而改性产品 MC1 则影响较小。这一点表面改性程度的高低和改性方法会对该性能产生重要影响，高改性的产品会导致该性能的降低。从图 6（b）中可以看出，不同的取代类型并未对腻子的拉伸粘结强度产生明显影响。HPMC 和 HEMC 改性的腻子的均值趋于相同，均为 0.64MPa 左右。

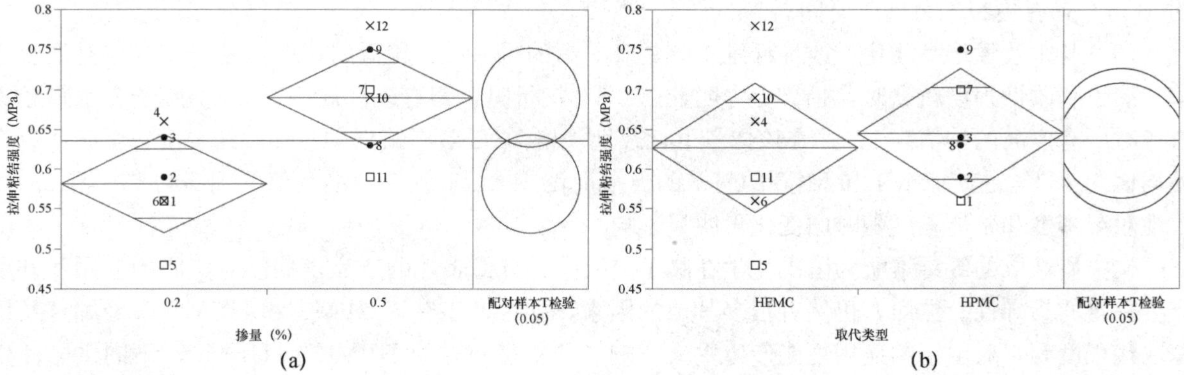

图 6　纤维素醚对拉伸粘结强度的影响

（a）掺量；（b）取代类型

2.5 吸水量

图7为MC对腻子10min吸水量的影响。图7（a）表明，提高MC的掺量可以使腻子10min的吸水量降低，这可能与MC对孔结构的改善有一定的关系。Pourchez等[5]研究同样发现纤维素醚的加入会导致砂浆具有更低的毛细孔吸水率和水渗透性，作者认为可能是加入纤维素醚后引入的50～250μm的孔起到截断传输通路的作用，因而降低了水渗透性。从图中同时可以观察到，高MC掺量时，测试结果的范围较低掺量时明显变宽。配方7和11的吸水量明显高于0.5%掺量时其他产品的值，这同样可能是与它们的高需水量相关，水分蒸发后留下较多的孔隙。图7（b）表明HEMC和HPMC对该性能的影响的差别总体并不显著。对两个掺量分别对比可以发现，测试中的掺有HPMC的腻子的吸水量低于掺有HEMC的配方，但其影响较掺量的影响小很多。当然，实际配方开发时，胶粉和水泥的选择和掺量，集料的选择，其他助剂对该性能均会产生重要影响。

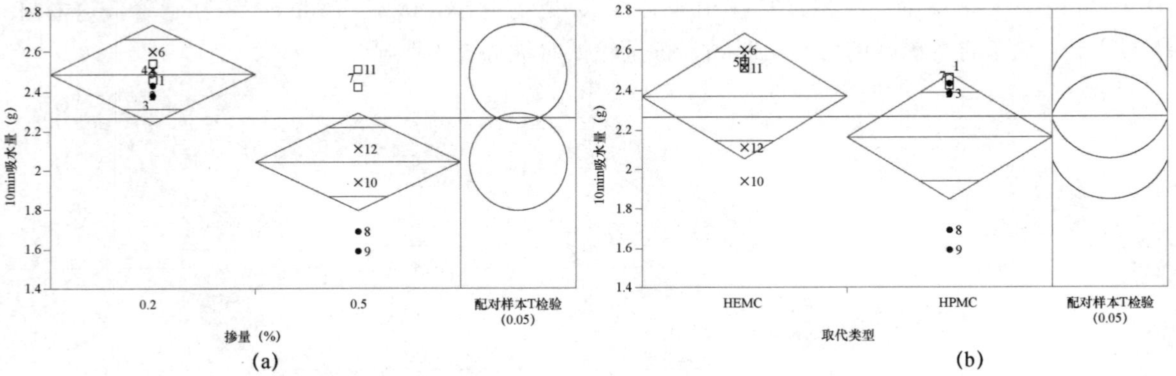

图7　纤维素醚腻子10min吸水量的影响

（a）掺量；（b）取代类型

3　结论

本文研究了高低两种掺量时羟乙基甲基纤维素醚和羟丙基甲基纤维素醚及它们的改性对水泥基腻子的需水量、黏度随时间变化、湿密度、拉伸粘结强度的影响。主要结论如下：

（1）掺有Walocel系列HEMC的腻子湿密度稍高。黏度随时间变化更小，60min时黏度增加均值较掺HPMC时低约27%，具有更长的可施工时间。掺有HPMC的腻子则具有稍低的吸水量，均值较掺HEMC时低约8%。取代类型的不同对需水量和拉伸粘结强度无明显影响。

（2）纤维素醚的掺量对腻子性能具有重要影响。与0.2%掺量相比，掺有0.5%纤维素醚的腻子的需水量均值提高4%、湿密度均值降低约9%、拉伸粘结强度均值提高约19%，吸水量均值降低约18%。掺有0.5%纤维素醚的腻子浆体黏度在60min时几乎没有变化，均值较0.2%掺量时低约81%，具有更长的可施工时间。

（3）与未改性产品相比，改性纤维素醚具有更高的需水量、较低的拉伸粘结强度和较高的吸水量。掺量和改性程度较高时，趋势更为明显。0.5%掺量时，掺有改性规格MC1的腻子需水量较该掺量时所有产品的均值高3%。在该掺量下，改性规格MC5具有最低的拉伸粘结强度，低于所有产品均值约15%。掺有MC1和MC5的腻子的吸水量较该掺量时所有产品均值分别高约19%和23%。改性对湿密度和浆体黏度随时间变化无明显影响。

文中所选取的纤维素醚为陶氏化学在腻子应用中具有代表性的产品，期望对实际的应用和开发产生一定的指导性。然而，仍然有很多其他的因素，如生产工艺，HPMC和HEMC中羟烷基及甲基取代程度等，对腻子的应用性能产生重大影响。即使是同样的HPMC或HEMC，不同供应商生产的产品性能上也可能存在很大区别，如国内外品牌生产产品的品质区别。同时，MC对腻子的其他性能，如保水性、施工性等的影响本文并未做研究和讨论，但这并不表示这些性能对腻子不重要，事实恰恰相反。未来在这些领域的进一步深入研究将有助于找出最为合适水泥基腻子使用的纤维素醚，开发出更好的腻子产品。

参考文献

[1] Roland Bayer，Hermanan Lutz. Dry mortars，Ullmann's Encylospedia of Industrial Chemistry [M]. 2003：7-8. DOI：https：//oloi. org//0. 1002/14356007. f16 fol.

[2] 夏正斌，张燕红，涂伟荡．单组分水泥基聚合物胶粉改性耐水腻子的研制 [J]. 新型建筑材料，2003 (9)：1-5.

[3] 陆文雄，杨瑞海，大掺量粉煤灰干粉外墙腻子的配制与性能 [J]. 建筑材料学报，2007，10 (6)：717-723.

[4] Methocel technical handbook，Dow Chemical，1997：3.

[5] J. Pourchez，B. Ruot，J. Debayle，et. al. Some aspects of cellulose ethers influence on water transport and porous structure of cement-based materials [J]. Cement and Concrete Research，2010 (40)：242-252.

作者简介

李建，男，陶氏化学建筑用化学品部门高级技术经理，主要从事聚合物添加剂在建筑材料中的应用研究和开发工作。联系电话：021-38513142，邮箱：jli@dow. com。

不同纤维素醚在轻质抹灰石膏中应用对比

张伶俐　罗　慧　夏伟军
广东龙湖科技股份有限公司武汉技术中心，湖北武汉，430040

摘　要　本文研究了4种不同纤维素醚对轻质抹灰石膏凝结时间、抗折强度、抗压强度、拉伸粘结强度和保水率的影响。结果表明：在一定掺量范围内，纤维素醚对凝结时间影响较小，对保水率影响较大。在相同用水量条件下，纤维素醚对抗折、抗压强度、拉伸粘结强度的影响较小。通过不同类型石膏为原料的轻质抹灰石膏基本性能研究，对比施工性、强度、凝结时间、保水率，推荐G3型纤维素醚用于轻质抹灰石膏。

关键词　轻质抹灰石膏；纤维素醚；抗折抗压强度；保水率

Comparison of Application of Different Cellulose Ethers in Lightweight Gypsum Plaster

Zhang Lingli, Luo Hui, Xia Weijun
Wuhan Technology Center of Guangdong Longhu Science and Technology Company Limited, Hubei Wuhan, 430040

Abstract　In this paper, the effects of 4 kinds of hypromellose on setting time, bending strength, compressive strength, tensile bonding strength and the water retentivity value of lightweight gypsum plaster were studied. In a certain range, the research results showed that the content of hypromellose has little effect on setting time but great on water retention. When the amount of water consumption is not affected by hypromellose, the influence of hypromellose on flexural compressive strength and tensile bonding strength is small. Based on the study of the basic properties of lightweight gypsum plaster with different types of gypsum, and after comparison of workability, strength, setting time and water retentivity value, G3 is recommended as a special hypromellose for lightweight gypsum plaster.

Keywords　lightweight gypsum plaster; hypromellose; flexural and compressive strength; water retentivity value

0　引言

近年来，在建材行业中，石膏抹灰的应用越来越普遍，对轻质抹灰石膏的研究也越来越多。[1−5]。纤维素醚是一种水溶性高分子材料，是由天然纤维素经过碱溶、接枝反应（醚化）、水洗、干燥、研磨等工序加工而成的。纤维素醚由于对砂浆具有良好的保水和增稠效果，能够显著改善砂浆的施工性能，因此纤维素醚在抹灰石膏砂浆中是非常重要的添加剂[6−7]。脱硫石膏和磷石膏作为两种不同来源的工业副产石膏，其区别有哪些，在抹灰石膏中应用时，纤维素醚的掺量和黏度对轻质抹灰石膏物理性能的影响是我们本次研究的方向。

本文选取了市场上不同黏度的石膏专用纤维素醚，研究其对轻质抹灰石膏凝结时间、保水率、抗折抗压强度、拉伸粘结强度的影响，选择出最适合的纤维素醚种类及掺量。

1 试验

1.1 试验原料

① 脱硫石膏：湖北武汉。② 磷石膏：湖北宜昌。③ 轻骨料：Ⅲ类玻化微珠，粒径 20～90 目，堆积密度 120kg/m^3。④ 重钙：325 目，湖北武汉。⑤ 砂：70～140 目。⑥ 纤维素醚：市售，厂家 X，黏度 10 万 mPa・s，代号 H10；市售，厂家 Y，黏度 4 万 mPa・s，代号 H4；市售，厂家 Z，黏度 7.5 万 mPa・s，代号 H7.5；G30000，广东龙湖科技股份有限公司，黏度 3 万 mPa・s，代号 G3。⑦ 缓凝剂 XCP，意大利 SICIT2000 公司，降解聚酰胺钙盐。

1.2 石膏原料分析

脱硫石膏和磷石膏化学成分分析采用 X 荧光光谱仪测试，具体数据见表 1。

表 1 脱硫石膏和磷石膏化学成分（质量分数%）

样品	CaO	SiO_2	Al_2O_3	SO_3	Fe_2O_3	MgO	P_2O_5	K_2O	F
脱硫石膏	47.19	5.69	2.25	42.86	0.420	0.519	—	0.28	0.31
磷石膏	44.75	9.37	0.727	42.00	0.559	0.1	1.39	0.43	0.33

对比可知，脱硫石膏化学成分与磷石膏化学成分相差不大，只是脱硫石膏硫酸钙纯度较高，氧化铝含量较高，二氧化硅含量较低，且不含五氧化二磷等。

脱硫石膏与磷石膏的标准稠度用水量、凝结时间和力学性能见表 2。

表 2 脱硫石膏和磷石膏物理性能

样品	标准稠度用水量（%）	初凝时间（min）	终凝时间（min）	2h 强度（MPa）		绝干强度（MPa）	
				抗折	抗压	抗折	抗压
脱硫石膏	65	8	11	3.5	7.8	6.7	20.8
磷石膏	73	7	21	2.0	4.2	4.7	11.2

对比可知，磷石膏的标准稠度用水量比脱硫石膏要高，其初终凝间隔时间较脱硫石膏长。磷石膏净浆试块分别在 2h 常温养护、40℃烘箱中养护条件下，其物理性能均比脱硫石膏要低。不同的石膏对标准稠度、强度、凝结时间影响不同。

磷石膏与脱硫石膏的 SEM 图片，如图 1 所示。

(a) (b)

图 1 脱硫石膏和磷石膏 SEM 图

(a) 磷石膏电镜图；(b) 脱硫石膏电镜图

由图 1（a)、图 1（b）的对比可知，脱硫石膏颗粒形态呈棱柱状规则结构，晶型比较完整，杂质较少；而磷石膏形态各异，颗粒边缘参差不齐，多为层片状结构，杂质较多。

由图 2、图 3 的对比可知，脱硫石膏和磷石膏粒径中位数分布相差不大，基本在 20μm，但是脱硫石膏大小较为平均，其分布带很窄，颗粒主要集中在 10～100μm；而磷石膏粒径大小分布较宽，颗粒大小从 0.3～200μm 均有。

总之，根据上文图表进行分析，石膏的化学成分、粒径分布、颗粒大小、形态均为影响石膏标准稠度用水量和强度的因素。

比表面积: 0.423 m^2/g　　表面积平均粒径 $D[3,2]$: 6.174 μm　　体积平均粒径 $D[4,3]$: 30.974 μm

$d(0.1)$: 2.354 μm　　$d(0.5)$: 21.161 μm　　$d(0.9)$: 74937 μm

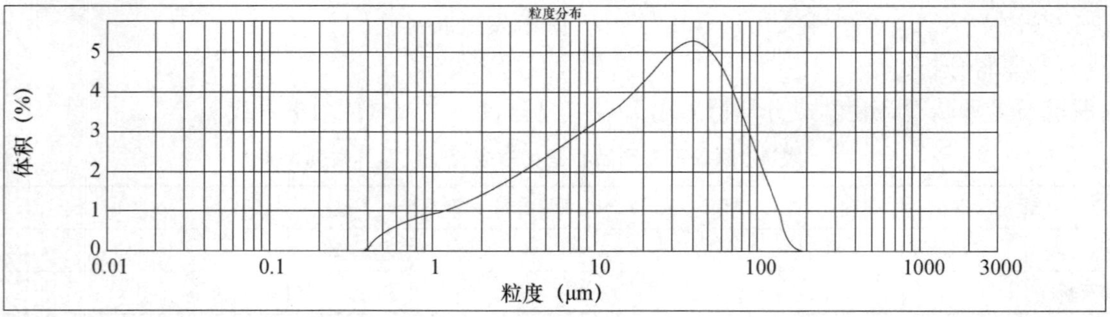

图 2　磷石膏粒径分布图

比表面积: 0.488 m^2/g　　表面积平均粒径 $D[3,2]$: 5.347 μm　　体积平均粒径 $D[4,3]$: 29.580 μm

$d(0.1)$: 1.753 μm　　$d(0.5)$: 26.621 μm　　$d(0.9)$: 62.437 μm

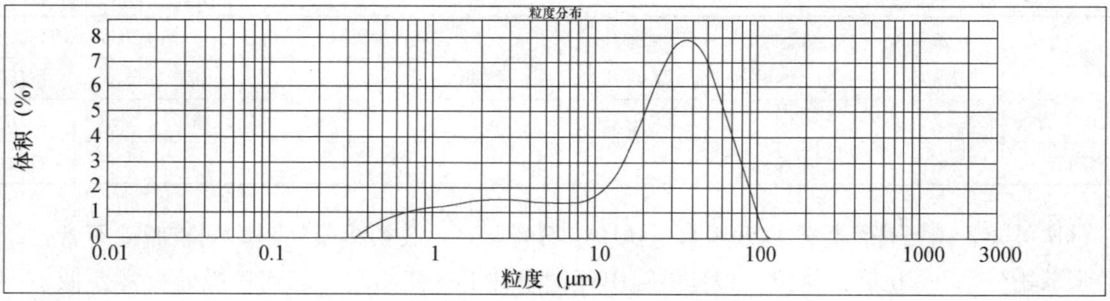

图 3　脱硫石膏粒径分布图

1.3　试验方法

轻质抹灰石膏配方见表 3。

表 3　轻质抹灰石膏配方

原材料		石膏	水泥	玻化微珠	重钙	砂	MC	缓凝剂 XCP
（脱硫石膏）	掺量	600	—	60	240	100	1.5/2.0/2.5	0.3
（磷石膏）	掺量	700	20	60	120	100	1.5/2.0/2.5	0.5

参照国家标准《抹灰石膏》（GB/T 28627—2012）进行试验和养护，然后按规定龄期测抗折抗压强度、凝结时间、保水率、粘结强度，同时进行施工性的简单评估，讨论纤维素醚在脱硫石膏和磷石膏中应用时的区别，以及合适的种类及掺量范围。

2 结果与分析

2.1 纤维素醚对凝结时间的影响

不同种类纤维素醚和不同掺量对脱硫石膏抹灰和磷石膏抹灰的凝结时间的影响，见表 4。

表 4 纤维素醚对凝结时间的影响

添加剂	掺量（%）	脱硫石膏			磷石膏		
		用水量	初凝时间（min）	终凝时间（min）	用水量	初凝时间（min）	终凝时间（min）
H10	1.5	0.65	82	85	0.73	105	150
	2.0	0.65	85	87	0.73	104	148
	2.5	0.65	85	90	0.73	100	145
H4	1.5	0.62	77	80	0.7	103	150
	2.0	0.62	67	70	0.7	105	151
	2.5	0.62	72	75	0.7	108	155
H7.5	1.5	0.64	85	90	0.71	108	150
	2.0	0.64	85	90	0.71	107	148
	2.5	0.64	87	93	0.71	108	148
G3	1.5	0.62	80	83	0.7	110	150
	2.0	0.62	80	82	0.7	106	150
	2.5	0.62	82	85	0.7	108	150

由表 4 可知：

（1）从凝结时间来看，纤维素不同掺量对抹灰石膏的凝结时间影响不大，掺量从低到高，凝结时间仅有 3～5min 的差距。

（2）纤维素醚的黏度对凝结时间的影响稍大，其中 H7.5 和 H10 的凝结时间比 H4 和 G3 凝结时间更长。但是，由于黏度不同，导致标准稠度用水量也略有不同，用水量多的凝结时间更长。

（3）脱硫石膏抹灰凝结时间和磷石膏抹灰凝结时间相差较大，这主要是两者缓凝剂掺量不一样。

（4）从初凝和终凝时间间隔来看，磷石膏抹灰的初终凝间隔时间较长，一般有 30min 左右；而脱硫石膏的初终凝间隔时间很短，一般只有 2～5min。这一方面是石膏自身性质决定的，磷石膏杂质多，水化速率慢；脱硫石膏杂质少，水化速率快。另一方面初终凝间隔时间随凝结时间的延长而延长，由于磷石膏缓凝剂掺量更高，凝结时间更长，因此初终凝时间间隔也随之延长。

由上可知，纤维素醚掺量对凝结时间影响不大，但黏度对凝结时间影响略大。抹灰石膏的初终凝时间和缓凝剂掺量密切相关。

2.2 纤维素醚对石膏强度的影响

纤维素醚不同种类和掺量对脱硫石膏抹灰和磷石膏抹灰抗折抗压强度的影响见表 5。

表 5 纤维素醚对强度的影响

添加剂	掺量（%）	脱硫石膏强度（MPa）			磷石膏强度（MPa）		
		用水量	抗折	抗压	用水量	抗折	抗压
H10	1.5	0.65	2.17	4.97	0.73	1.28	2.81
	2.0	0.65	2.41	5.01	0.73	1.25	2.82
	2.5	0.65	2.72	5.32	0.73	1.16	2.52

续表

添加剂	掺量（%）	脱硫石膏强度（MPa）			磷石膏强度（MPa）		
		用水量	抗折	抗压	用水量	抗折	抗压
H4	1.5	0.62	2.48	5.09	0.7	1.30	3.02
	2.0	0.62	2.68	5.17	0.7	1.60	3.68
	2.5	0.62	2.79	5.39	0.7	1.46	3.47
H7.5	1.5	0.64	2.63	4.13	0.71	1.45	3.07
	2.0	0.64	2.11	4.89	0.71	1.54	3.05
	2.5	0.64	2.13	4.67	0.71	1.54	2.82
G3	1.5	0.62	2.57	5.07	0.7	1.38	3.22
	2.0	0.62	2.71	5.42	0.7	1.53	3.51
	2.5	0.62	2.85	5.75	0.7	1.76	3.69

由表 5 可知：

（1）从纤维素醚的掺量来看，其强度和掺量没有线性关系，因此，我们认为纤维素醚的掺量对强度影响不大。

（2）从纤维素醚的黏度来看，G3 强度略高于 H4，且 G3 和 H4 强度高于 H7.5 和 H10，H7.5 和 H10 强度差不多。结合用水量来看，抗折抗压强度最主要的影响因素是用水量。用水量增大，轻质抹灰石膏孔隙率增大，抗折抗压强度随之降低，反之，抗折抗压强度升高。

（3）总体而言，H10、H7.5、H4 和 G3 纤维素醚的轻质抹灰石膏试块强度差别不大，因此纤维素醚掺量和种类在相同用水量的前提下，对抗折抗压强度影响不大。

（4）脱硫石膏抹灰和磷石膏抹灰对比，脱硫石膏抹灰强度明显高于磷石膏抹灰。结合表 4 缓凝时间来分析，磷石膏抹灰凝结时间远远长于脱硫石膏抹灰，所以轻质抹灰石膏的凝结时间长短严重影响抗折抗压强度。

（5）在进行轻质抹灰石膏配方研发或调整时，首先应当确定石膏缓凝剂的掺量，保证合适的施工时间，尽可能缩短凝结时间，凝结时间的长短直接影响产品的最终强度。

2.3 纤维素醚对保水率的影响

纤维素醚不同种类和掺量对脱硫石膏抹灰和磷石膏抹灰保水率的影响如图 4 所示。

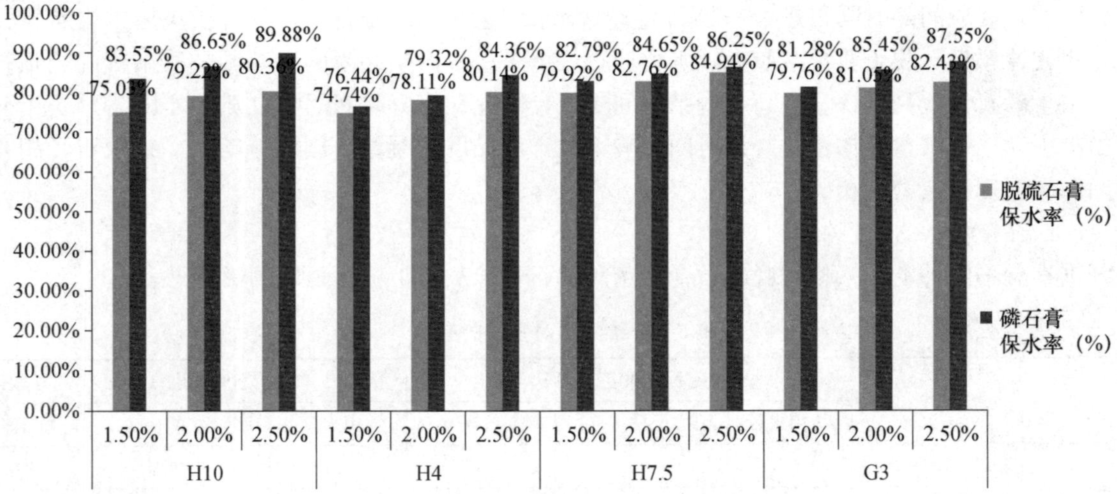

图 4 纤维素醚对保水率的影响

由图 4 可知：

（1）随着纤维素醚掺量的提高，保水率也随之增大。

（2）从纤维素醚的黏度来看，脱硫石膏保水率从好到差依次为 H7.5＞G3＞H10＞H4，磷石膏保水率从好到差依次为 H10＞G3＞H7.5＞H4。因此，H7.5 和 H10 在两种石膏抹灰中适应性不一致，G3 则在两种石膏抹灰中表现比较均衡，保水率最差的是 H4。

（3）磷石膏抹灰比脱硫石膏抹灰保水率更高，这可能与石膏浆料的黏稠度有关，磷石膏体系黏稠度更高，因此保水性磷石膏体系更好。

总体而言，纤维素醚掺量增加，保水率明显增大，纤维素醚的黏度和保水率有一定关系，基本上黏度越大，保水率越大，但该两种样品在不同体系适应性有所差别。这可能是由于我们选取了不同厂家的纤维素醚进行对比的缘故，不同厂家纤维素醚的保水性有所差别，所以，在产品配方优化和生产中，一定要选择优质的纤维素醚，才能达到很好的保水效果。

2.4　纤维素醚对粘结拉伸强度的影响

纤维素醚不同种类和掺量对脱硫石膏抹灰和磷石膏抹灰拉伸粘结强度的影响如图 5 所示。

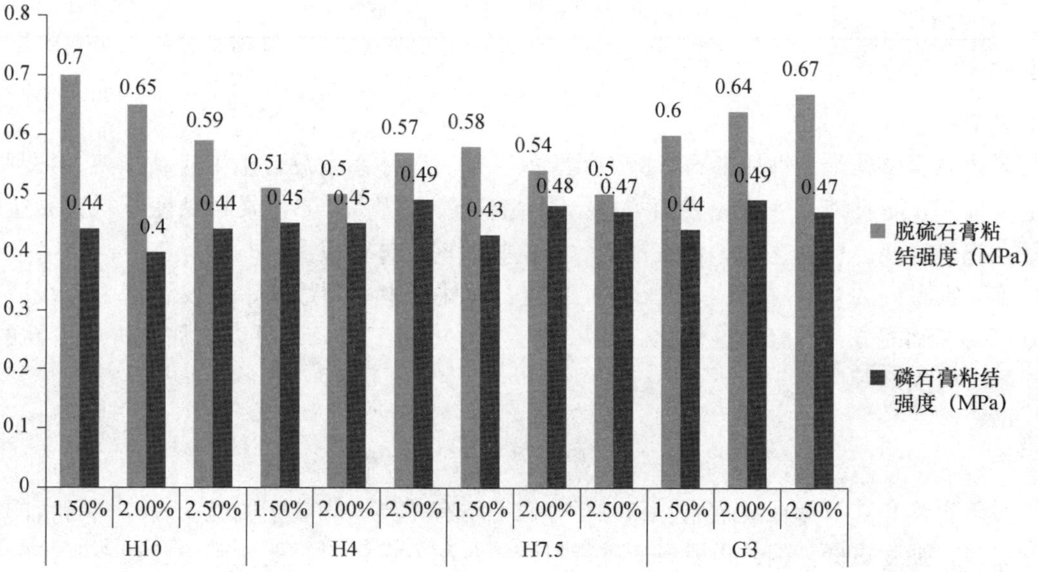

图 5　纤维素醚对粘结强度的影响

由图 5 可知：

（1）脱硫石膏粘结强度 H10 和 H7.5 随纤维素醚掺量的增加而降低，H4 和 G3 随纤维素醚掺量的增加而增高。

（2）磷石膏粘结强度没有脱硫石膏强度高，但数值基本平均，纤维素掺量和种类对粘结强度的影响较小。

2.5　纤维素对施工性的影响

表 6 为不同种类纤维素醚和不同掺量对脱硫石膏抹灰和磷石膏抹灰的施工性评估。

表 6　纤维素醚对施工性的影响

添加剂	掺量	脱硫石膏	磷石膏
		施工性	施工性
H10	1.5	2 级	1 级
	2.0	3 级	2 级
	2.5	3 级	3 级

续表

添加剂	掺量	脱硫石膏	磷石膏
		施工性	施工性
H4	1.5	1级	1级
	2.0	2级	2级
	2.5	3级	3级
H7.5	1.5	2级	1级
	2.0	2级	2级
	2.5	3级	2级
G3	1.5	2级	1级
	2.0	3级	2级
	2.5	3级	3级

注：施工性从低到高依次为1级、2级、3级、4级、5级。

由上可知：

（1）脱硫石膏整体施工性比磷石膏施工性更好。磷石膏体系发黏，施工时粘抹刀、粘刮尺；脱硫石膏触变性好，不粘刀，施工完表面平整，刀痕不重。特别是G3，浆料黏度低，和易性好，保水效果好，施工轻便。H10次之，施工滑爽，但高掺量时，体系发黏。

（2）施工性最好的G3，掺量0.25%时在脱硫石膏抹灰中达到最佳，但仅评估为4级，这是因为该配方仅为基础配方，没有经过优化。如果需要更好的施工性，则可以添加改进施工性的助剂，例如淀粉醚、引气剂等。

3 总结

（1）脱硫石膏和磷石膏在组成成分和粒径分布上均有差异。相较于脱硫石膏，磷石膏的标准稠度用水量更多，强度更低。因此用磷石膏进行石膏抹灰配方设计时，要达到与脱硫石膏抹灰相同的强度指标，磷石膏掺量应大于脱硫石膏掺量。

（2）轻质抹灰石膏的强度受凝结时间的影响最大，凝结时间过长，则强度降低明显。因此，在抹灰石膏配方设计时，一定要控制好石膏凝结时间。

（3）纤维素醚的掺量和黏度在相同水灰比条件下，对凝结时间、抗折抗压强度和粘结强度的影响不大。但是纤维素醚的掺量和黏度容易影响轻质抹灰石膏的水灰比，进而影响其凝结时间和强度，特别是抗折、抗压强度。

（4）综合对比，在石膏抹灰中，G3性能表现最好。加入G3的石膏抹灰具有更优良的触变性，更优异的施工性能。当添加量为0.25%时，施工性达到最佳，且物理性能指标也满足标准要求。

参考文献

[1] 林如涛．轻质抹灰石膏砂浆的研制及性能研究［J］．福建建材，2018（5）：8-10.

[2] 吴开胜，张传顺．轻质高强抹灰石膏的配制与性能研究［J］．砖瓦，2018（4）：27-29.

[3] 屠炜炜，范树景．纤维素醚的种类和黏度对面层抹灰石膏性能的影响［G］//第七届全国商品砂浆学术交流会论文集［C］，2018.

[4] 来勇，王培铭，张国防，等．纤维素醚和引气剂对脱硫石膏基保温砂浆新拌性能的影响［J］．商品砂浆的科

学与技术，2011.
[5] 朱东坡，王培铭，张国防．纤维素醚黏度对水泥砂浆压折比及粘结强度的影响 [J]. 绿色建筑，2013（2）：61-63.
[6] 张发爱．纤维素醚及其应用 [J]. 化工新型材料，2001（11）：23-25.
[7] 曹政，谢海峰，钟世云．纤维素醚掺量对石膏砂浆性能的影响 [J]. 粉煤灰综合利用，2014（6）：33-35，39.

作者简介

张伶俐，女，工程师。联系地址：湖北省武汉市东西湖区东吴大道永盛工业园6栋1单元2楼龙湖科技，电话：027-65608803。

水泥类型和掺量对石膏基自流平砂浆影响的研究

田玉军[1,2]
1. 河北匠工新型建筑材料有限公司，河北，071000
2. 壁贝科技（北京）有限公司，北京，100068

摘　要　本文研究了硫铝酸盐水泥和普通硅酸盐水泥的不同掺量对石膏基自流平胶凝体系的工作性能、力学性能（抗折强度、抗拉强度、28d 拉伸粘结强度）、收缩性能的影响。结果表明：水泥掺量会影响石膏基自流平砂浆的流动度、30min 流动度损失和凝结时间，水泥掺量≤9％时，28d 石膏基自流平砂浆的抗折强度、抗压强度和 28d 拉伸粘结强度随着掺量的增加而增大；当水泥掺量≥9％时自流平砂浆因膨胀开裂 28d 龄期的力学性能随着水泥掺量呈下降趋势。随着龄期的增加，水泥掺加的石膏基自流平砂浆各龄期的收缩值由正变负，即由膨胀变为收缩。

关键词　石膏基；自流平砂浆；性能；收缩性

Study on the Influence of Cement Type and Content on Gypsum Based Self Leveling Mortar

Tian YuJun[1,2]
1. Hebei Craftsman New Building Materials Co., Ltd, Hebei, 071000
2. Bibei Technology (Beijing) Co., Ltd, Beijing, 100068

Abstract　The effects of different content of sulphoaluminate cement and ordinary portland cement on the working performance, mechanical properties (flexural strength, tensile strength, 28d tensile bond strength) and shrinkage performance of gypsum based self leveling cementitious system were studied. The results show that the fluidity, 30min fluidity loss and setting time of gypsum based self leveling mortar will be affected by the cement content. When the cement content is less than 9％, the flexural strength, compressive strength and 28d tensile bond strength of 28d gypsum based self leveling mortar will increase with the increase of the content. When the cement content is more than 9％, the mechanical properties of self leveling mortar due to expansion cracking in 28d age will be lower with the cement content Downward trend. With the increase of age, the shrinkage value of cement-based gypsum self leveling mortar changes from positive to negative, that is, from expansion to shrinkage.

Keywords　gypsum base; self leveling mortar; performance; shrinkage

0　引言

石膏基自流平砂浆是以石膏（α-半水石膏、β-半水石膏、天然无水石膏等）为基材，加入骨料、填料以及各种改性助剂用于地面自找平的新型地面材料。其具有良好的流动性和稳定性、施工方便等特点，是建筑物地面找平的理想材料。

我国石膏基自流平砂浆研究起步较晚，发展速度较慢，至 2007 年才发布首个关于石膏基自流平砂浆的标准。国内关于自流平石膏研究主要有黎良元等[1]在碱性环境下，用碱激发石膏矿渣胶凝材料研究材料的力学性能和耐水性。张翔等[2]研究了脱硫石膏、硅酸盐水泥和粉煤灰水化形成的水化硅酸钙和钙矾石对砂浆力学性能和耐水性能影响。刘文斌等[3]以脱硫建筑石膏制备自流平砂浆，在 24h 时强度可以达到《石膏自流平砂浆》（JC/T 1023—2007）的要求。中国专利 CN102190470A[4]公布了一种二水脱硫 α 高强石膏基自流平砂浆及其生产方法。卢斯文等[5]采用水热合成法制备磷高强石膏并用于配制自流平材料，以外加剂及超细掺合料优化其工作性能。在此基础上，本试验通过将 α-半水石膏作为主要胶凝材料，配以骨料、填料以及各种外加剂配制石膏基自流平材料，研究自流平材料在硅酸盐水泥以及硫铝酸盐水泥不同掺量情况下的工作性能、力学性能、收缩性的变化。

1 试验

1.1 试验原材料

（1）脱硫石膏：试验用故城县石羽新型建材科技有限公司生产的脱硫石膏，化学组成见表 1，α-半水石膏（$CaSO_4 \cdot 1/2H_2O$）作为原料。

（2）水泥：选用北京金隅通用 42.5 级普通硅酸盐水泥（PC）和硫铝酸盐水泥（CSA），基本性能指标见表 2。

（3）骨料：主要为市售石英砂，粒径分布为 40～70 目和 70～ 140 目，400 目重钙粉。

（4）外加剂：北京博润佳科技有限公司生产的可再分散性乳胶粉做胶粘剂；山东天盛纤维素股份有限公司生产的 HPMC 纤维素保水剂，其指标参数见表 3；PC-1016 聚羧酸减水剂；P823 消泡剂；蛋白质类缓凝剂。

表 1 脱硫石膏的化学组成（wt%）

CaO	SO_3	SiO_2	CO_2	Al_2O_3	Fe_2O_3	MgO	K_2O	Na_2O	H_2O	总体
31.76	43.87	2.00	0.82	0.25	0.10	0.03	0.03	<0.01	19.74	98.60

表 2 水泥的基本性能

名称	标准稠度（%）	凝结时间（min）		抗折强度（MPa）				抗压强度（MPa）			
		初凝	终凝	1d	3d	7d	28d	1d	3d	7d	28d
PC	27.6	160	240	—	6.6	7.8	9.3	—	28.6	38.5	49.2
CSA	26.6	33	62	6.2	7.4	—	7.6	36.9	43.1	—	51.8

表 3 HPMC 部分性能指标参数

灰分（%）	80 目过筛率（%）	碳化温度（℃）	密度（g/cm^3）	黏度（mPa·s）
5	≥98.5	280 ～ 300	1.26～1.31	400

1.2 试验方法

按国家建材行业标准《石膏基自流平砂浆》（JC/T 1023—2007）[6]中的性能要求制备拌合物，并测试材料技术性能的流动度、凝结时间、抗折强度、抗压强度、28d 拉伸粘结强度、收缩率。在满足流动度的要求时，还应考虑泌水带来的影响，确定该石膏基自流平砂浆的性能。

1.3 试验配比

石膏基自流平胶材占比分别为胶凝材料（58%）、40～70 目石英砂（12%）、70～140 目石英砂（18%）、重钙（12%），胶凝体系配比见表 4。外加剂按胶凝材料的总质量进行外掺，可再分散乳胶粉（2%）、减水剂（0.7%）、消泡剂（0.6%）、HPMC（0.03%）、缓凝剂（0.15%），水料比为0.23。

表4 自流平砂浆胶凝体系配比（%）

试样序号	CSA	PC	α-半水石膏
A0	—	—	58
B1	—	3	55
B2	—	6	52
B3	—	9	49
B4	—	12	46
C1	3	—	55
C2	6	—	52
C3	9	—	49
C4	12	—	46

2 结果和讨论

2.1 水泥掺量对石膏基自流平砂浆工作性能的影响

硅酸盐水泥和铝酸盐水泥的掺量（0、3%、6%、9%、12%）对石膏基自流平砂浆流动度、凝结时间和开裂情况的影响结果如图1所示。

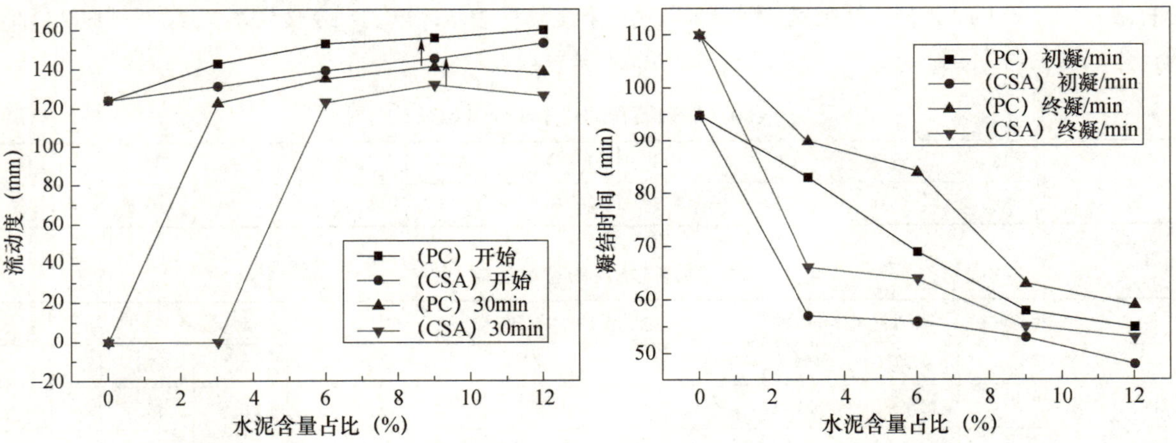

图1 水泥掺量对石膏基自流平砂浆工作性能的影响

由图1可以看出水泥掺量为0和CSA含量占比3%的试样在30min后丧失流动性，随着硅酸盐水泥（PC）和铝酸盐水泥（CSA）替代石膏量的增多，砂浆初始流动度逐渐增大，30min流动度先增后减，30min流动度损失先减小后增大，当CSA和PC水泥掺量达9%的试样其30min流动度损失达最小。随着水泥的加入，促使砂浆初始流动度增大，流动度变大的原因是水泥遇水后会迅速生成氢氧化钙，氢氧化钙微溶于水，在石膏浆体中会形成氢氧化钙胶体结构，这种胶体结构的表面会吸附一层较厚的水膜，可吸附大量的水[7]，使整个石膏浆体的保水性好，流动性提高。30min流动度先增加后减小，这是因为水泥达到一定量水化形成钙矾石而出现快速凝结。凝结时间随着水泥掺量的增加逐渐缩短。

对比硅酸盐水泥和铝酸盐水泥对石膏基自流平砂浆的流动度和凝结时间的影响可知：铝酸盐水泥比硅酸盐水泥早期反应快，在相同掺量条件下，要达到相同的初始流动度，铝酸盐水泥需水量比硅酸盐水泥多，硅酸盐水泥在较低掺量下就可达到《石膏基自流平砂浆》（JC/T 1023—2007）中流动度的要求。

2.2 水泥掺量对石膏基自流平砂浆力学性能的影响

如图 2～图 4 所示为硅酸盐水泥和铝酸盐水泥的掺量（0、3%、6%、9%、12%）对石膏基自流平砂浆各龄期的抗折强度、抗压强度和 28d 拉伸粘结强度的影响。

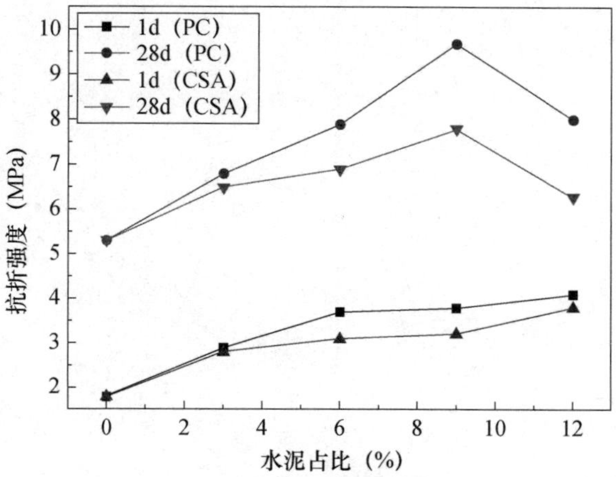

图 2 水泥掺量对自流平砂浆抗折强度影响

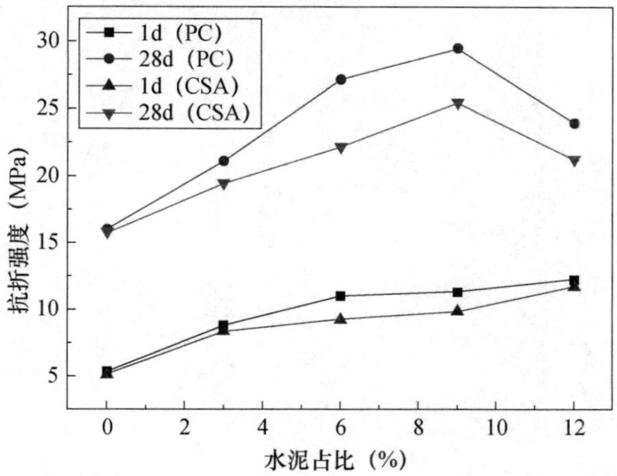

图 3 水泥掺量对自流平砂浆抗压强度影响

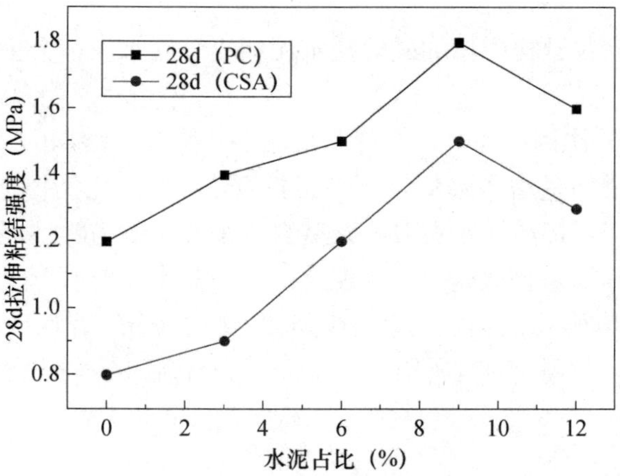

图 4 水泥掺量对自流平砂浆 28d 拉伸粘结强度影响

由图 2～图 4 可以看出石膏基自流平砂浆 1d 龄期的抗折强度、抗压强度随着水泥掺量的增加而增加。当水泥掺量≤9%时，石膏基自流平砂浆各龄期的抗折强度、抗压强度和 28d 拉伸粘结强度随着水泥掺量的增加而增大，水泥掺量为 12%时，28d 抗折强度、28d 抗压强度和 28d 拉伸粘结强度反而低于石膏掺量为 9%时的各强度值。这主要是由于水泥掺量增加引起更多的水解反应，大量钙矾石生产，钙矾石在更多或更大孔隙中形成，形成的钙矾石总体积增大，产生较大压力引起膨胀[7]，从而造成自流平砂浆 28d 龄期的抗折强度、抗压强度和 28d 拉伸粘结强度降低，会引起自流平砂浆面开裂。硅酸盐水泥相对铝酸盐水泥对石膏基自流平砂浆的力学性能的影响波动较大。

2.3 水泥对自流平砂浆收缩性能的影响

试验选 9%掺量普通硅酸盐水泥（PC）和硫铝酸盐水泥（CSA）自流平砂浆试样研究了在不同龄期的收缩性能，采用收缩测定仪测试掺加两种水泥试样在龄期（1d、3d、7d、14d、28d）对石膏基自流平砂浆收缩性能的影响，其结果见图 5。

由图 5 可见，石膏基自流平砂浆的收缩值由正变负，即由膨胀变为收缩。随着龄期的增长，自流平砂浆的收缩值也逐渐增大。在3d龄期前，9%掺量时普通硅酸盐水泥比硫铝酸盐水泥对石膏基自流平砂浆膨胀性影响更大，7d龄期后，对自流平砂浆的收缩值影响反而相对较小，水泥掺加为9%普通硅酸盐水泥时，自流平砂浆28d的收缩值达到6.3mm，砂浆掺加为9%硫铝酸盐水泥时，自流平砂浆28d的收缩值为5mm。

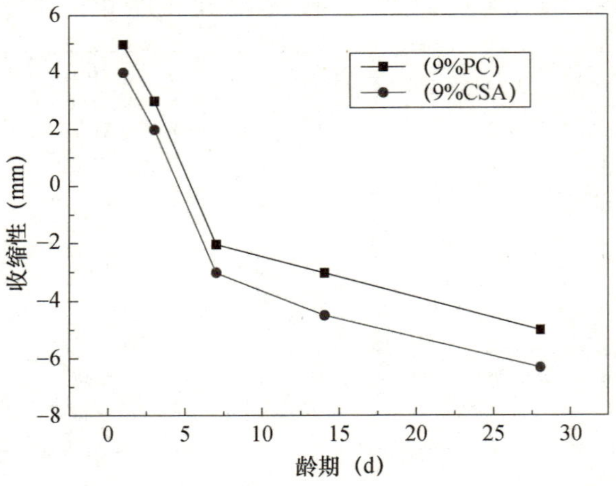

图5　水泥种类和龄期对石膏基自流平砂浆收缩性影响

3　结论

（1）在石膏基自流平砂浆试样中掺加硅酸盐水泥和铝酸盐水泥都会提高流动度和减少30min流动度损失，缩短凝结时间。

（2）当水泥按0%～9%比例掺加时，石膏基自流平砂浆28d龄期的抗折强度、抗压强度和拉伸粘结强度随着水泥掺量的增加呈增大趋势，当掺量按9%～12%比例掺加时，28d龄期的力学性能呈下降趋势；硅酸盐水泥相对铝酸盐水泥对石膏基自流平砂浆的力学性能的影响波动更大。

（3）在3d龄期前，9%掺量普通硅酸盐水泥比硫铝酸盐水泥对石膏基自流平砂浆膨胀性影响更大，7d龄期后，对其收缩值影响反而相对较小，水泥掺加为9%普通硅酸盐水泥时，自流平砂浆28d的收缩值达到6.3mm，掺量为9%硫铝酸盐水泥时，自流平砂浆28d的收缩值为5mm。

参考文献

[1]　黎良元，石宗利，艾永平．石膏-矿渣胶凝材料的碱性激发作用［J］．硅酸盐学报，2008，36（3）：405.

[2]　张翔，何廷树，何娟．硅酸盐-粉煤灰脱硫石膏复合材料的性能研究［J］．硅酸盐通报，2014，33（4）：796.

[3]　刘文斌，高淑娟．脱硫建筑石膏粉制备自流平砂浆的技术研究［J］硅酸盐通报，2013，32（9）：1927-1931.

[4]　马振义．二水脱硫α高强石膏基自流平砂浆及其生产方法［P］中国专利：201010122767.3，2011-09-21.

[5]　卢斯文．磷石膏基自流平材料的研究与应用［D］武汉理工大学，2014.

[6]　中华人民共和国行业标准．JC/T 1023—2007 石膏基自流平砂浆［S］．北京：中国建材工业出版社，2007.

[7]　袁润章．胶凝材料学［M］．武汉：武汉理工大学出版社，1996.

作者简介

田玉军，男，工程师，联系地址：河北省保定市经济开发区京港澳高速引线6号，电话：18611893956。

可再分散乳胶粉在轻质抹灰石膏中的应用

胡 乾　段瑜芳

瓦克化学（中国）有限公司，上海，200233

摘　要　本文研究了可再分散乳胶粉对石膏、轻质抹灰石膏性能的影响。研究发现，可再分散乳胶粉能够降低石膏的标准稠度需水量，适当地延长其初、终凝时间及初终凝时间差，提高抗折、抗压强度。可再分散乳胶粉对轻质抹灰石膏性能的改善主要表现在：改善新拌砂浆的施工性能，增加涂布率，同时保水性更加突出（苛刻环境下的抗开裂）；提升了抹灰砂浆硬化后的表面强度、抗压、抗折及粘结强度。当可再分散乳胶粉的掺量为0.5%时，轻质抹灰石膏的综合性能达到最佳。

关键词　可再分散乳胶粉；轻质抹灰石膏；施工性；涂布率；强度

Application of Dispersible Polymer Powder in Light Plaster Gypsum

Hu Qian，Duan Yufang

Wacker Chemicals（China）Co.，Ltd.，Shanghai，200233

Abstract　The effect of dispersible polymer powder on the performance of gypsum and light plaster gypsum was studied. The study found that dispersible polymer powder can reduce the water requirement of gypsum standard consistency，prolong its initial and final setting time and the difference between initial and final setting time properly，and improve the flexural and compressive strength. The improvement of the performance of light plaster gypsum is mainly to improve the construction performance of the performance of freshly mixed mortar，increase the coating rate，and at the same time，the water retention is more prominent（anti-cracking in harsh environments）；the surface strength，compressive，flexural and adhesive strength of the plaster mortar after hardening is improved. When the content of the dispersible polymer powder is 0.5%，the comprehensive performance of the light plaster gypsum reaches the best.

Keywords　dispersible polymer powder；light plastered plaster；workability；coating rate；strength

0　引言

脱硫石膏又称烟气脱硫石膏、硫石膏，是对含硫燃料（煤、油等）燃烧后产生的烟气进行脱硫净化处理而得到的工业副产石膏。脱硫石膏作为一种建筑材料，引领着很多趋势。作为胶凝材料，脱硫石膏相对于水泥具有凝结时间快、工期短，硬化后的石膏孔隙率高，隔声效果好，质轻、保温、具有调湿功能、人体亲和性等特性。并且它不含有甲醛，可循环利用，是一种绿色健康环保的建筑材料[1]。

近年来，石膏基轻质抹灰的高速发展，其优越的性能，在内墙抹灰方面取代水泥基抹灰趋势更加明显[2]。但是，石膏作为主要的胶凝材料，具有多孔、质脆、抗折强度低、对苛刻基材的粘结力低等缺陷。然而，在市面上追求高涂布率下的轻质抹灰石膏，这些缺陷会进一步的被放大。可再分散乳胶粉作为建筑添加剂被广泛的应用[3-4]，将其添加到轻质抹灰石膏中作为聚合物改性剂，是提升轻质抹灰石膏性能的重要技术方案。

本文主要研究了添加可再分散乳胶粉对石膏基本性能的影响，以及对轻质抹灰石膏施工性、力学性能的影响。

1 原材料与测试方法

1.1 原材料

脱硫石膏：江西天宏石膏；玻化微珠：河南信阳（70～90 目）；缓凝剂：Retardan 200P；纤维素醚：天普；淀粉醚：EXCELCON 100；引气剂：亚什兰；可再分散乳胶粉：瓦克化学 VINNAPAS® 5010N。

1.2 测试方法

（1）脱硫石膏的标准稠度用水量和凝结时间的测试，参考《建筑石膏 净浆物理性能的测定》（GB/T 17669.4—1999）。

（2）脱硫石膏的力学性能的测试，参考《建筑石膏 力学性能测定》（GB/T 17669.3—1999）。

（3）轻质抹灰石膏的性能测试，参考《抹灰石膏》（GB/T 28627—2012）标准要求。

（4）石膏的保水率滤纸法测试，参考无机胶凝材料砂浆检验方法（DIN 1855—7），保水率为新拌砂浆经滤纸吸水 5min 后保留的水量与吸水前含水量的比值。

（5）涂布率测试方法：首先测试轻质抹灰石膏的湿密度，然后根据湿密度算出 1t 轻质抹灰湿砂浆的体积，那么批刮 1cm 厚的面积就是涂布率。

（6）本实验评估硬化后的轻质抹灰石膏的表面硬度、掉粉现象。具体测试方法如下：

① 裁剪大小合适的黑色棉麻布；

② 将黑色棉麻布放在已养护 7d 的轻质抹灰石膏面上，用中间的 3 个手指按住黑布，然后慢慢的往后面擦；

③ 观察残留在黑色布上的粉的多少，来评价掉粉现象；

④为保证结果的一致性，每一次实验应有同一个实验者来完成。

2 实验结果与讨论

2.1 可再分散乳胶粉对脱硫石膏性能的影响

可再分散乳胶粉对脱硫石膏物理性能的影响，主要表现在石膏标准稠度需水量、凝结时间、抗压强度及抗折强度等方面。

图 1 表明了随着可再分散乳胶粉掺量的增大能够有效地减少石膏标准稠度需水量，主要是因为可再分散乳胶粉在干粉搅拌混合的过程中，吸附在脱硫石膏的表面。加水搅拌时，使得石膏更容易润湿、分散，从而减少了石膏标准稠度的用水量，起到了润湿分散的作用。

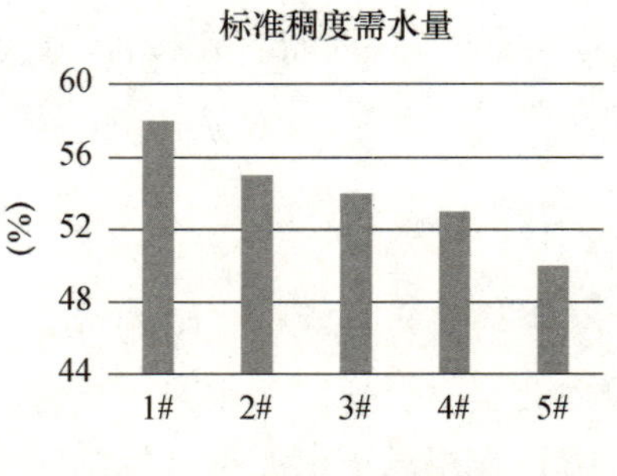

图 1 可再分散乳胶粉掺量对石膏标准稠度需水量的影响

表 1 表明了随着可再分散乳胶粉掺加量的提高，脱硫石膏的初凝、终凝时间会稍微延长，对于脱硫石膏的初、终凝的时间间隔也会适当延长。当脱硫石膏遇水水化的过程中，首先是半水石膏的水解过程，可再分散乳胶粉对水解过程有一定程度的影响，即表现在初凝时间的稍微延长。其次，半水石膏水化

成二水石膏，在二水石膏的结晶过程中，可再分散乳胶粉的参与，使得脱硫石膏的气化过程减慢，即终凝时间延长。最后，终凝与初凝之间的间隔的延长，主要是大分子链的可再分散乳胶粉对于二水石膏迁移、结晶过程的阻碍。在低掺量的情况下，可再分散乳胶粉对于石膏的凝结时间影响不大。但是后期的数据表明对于石膏制品的施工性有所改善，批刮不粘刀、更爽滑，对后期的硬化、粘结强度并没有影响。

表 1　可再分散乳胶粉对石膏凝结时间的影响

	1#	2#	3#	4#	5#
VINNAPAS® 5010N 掺量（%）	0	0.3	0.5	1	2
初凝时间（min）	7	7.3	7.9	9	9.8
终凝时间（min）	13	13.6	15	16.5	18
终凝初凝时间差（min）	6	6.3	7.1	7.5	8.2

图 2 表明了可再分散乳胶粉能够有效地增加湿拌石膏砂浆的保水率，并且随着可再分散乳胶粉掺量的增加，湿砂浆的保水率增加。主要是因为加水搅拌时，吸附在石膏表面的可再分散乳胶粉能够形成聚合物膜，进而阻止了湿砂浆中水分的流失。

2.2　可再分散乳胶粉对轻质抹灰石膏性能的影响

2.2.1　可再分散乳胶粉对轻质抹灰石膏施工性的影响

可再分散乳胶粉对轻质抹灰石膏施工性能的影响，主要表现在施工时，抹灰石膏的状态、施工过程中批刮的手感（爽滑性）、抗流挂状态以及涂布率等。对于抹灰施工性没有统一量化的标准，所以对于轻质抹灰石膏的评价标准主观性较强。为了客观、公平、公正地评价，下面的实验测试采用盲测，并且由用一个实验员同一批次完成。

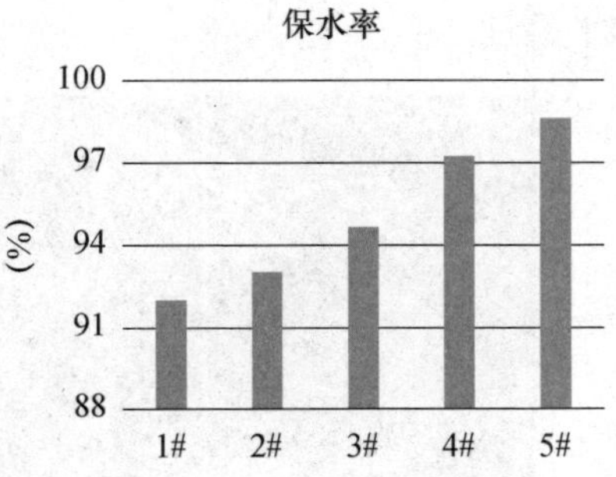

图 2　可再分散乳胶粉掺量对石膏保水率的影响

表 2 表明：可再分散乳胶粉的掺入对于轻质抹灰石膏的施工状态、批刮的爽滑性，以及抗流挂状态等都有一定程度的改善。随着可再分散乳胶粉掺量的增加，效果改善更加明显。主要原因是可再分散乳胶粉在湿拌石膏砂浆中具有较好的润湿分散性，粉料不团聚、不结块、高保水，为施工提供了保证，即便是在苛刻环境（实验室模拟大风、干燥、高温、高湿环境下）施工，抹灰砂浆依旧保持得非常好。可再分散乳胶粉的加入，给湿拌砂浆适当的引气，因此批刮时爽滑顺畅，不粘刀、不流挂。

表 2　可再分散乳胶粉对轻质抹灰石膏施工性的影响

	1#	2#	3#	4#	5#
VINNAPAS© 5010N 掺量（%）	0	0.3	0.5	1	2
施工状态	2	2	3	3	4
施工手感	2	2	3	4	5
流挂状态	不流挂（2）	不流挂（2）	不流挂（3）	不流挂（4）	不流挂（4）

1=差；5=非常好

涂布率是评价轻质抹灰石膏的一个重要指标。较高的涂布率意味着用同样的材料可以涂布更大的面积，材料可以卖更高的价格。现在市面上，为了追求较高的涂布率，在轻质抹灰石膏中添加玻化微珠、膨胀珍珠岩，或者添加引气剂来提高涂布率。但是，通过这些方法获得的高涂布率，后续问题不断。因为较高的涂布率需要较多的浆料来填充，在脱硫石膏浆料不变的前提下，涂布率增加，势必会造成浆料不能连续地包裹玻化微珠、珍珠岩或者气孔，导致硬化后的石膏不能形成连续的结构，从而使得轻质抹灰石膏的抹面硬度低、抗折及抗压强度低，进一步会导致抹面掉粉、空鼓、开裂等现象。

图 3 表明可再分散乳胶粉的掺入可以提高轻质抹灰石膏的涂布率，主要通过可再分散乳胶粉自身在石膏砂浆中的引气来实现的，但是不会像引气剂一样，单纯地靠引气增加涂布率。可再分散乳胶粉除了引气，还会增加砂浆的润湿性，增加与基材的亲和力，增加粘结强度。同时会形成聚合物膜，增加抹灰砂浆的内聚力和表面强度，避免后期出现的起泡、开裂等问题。

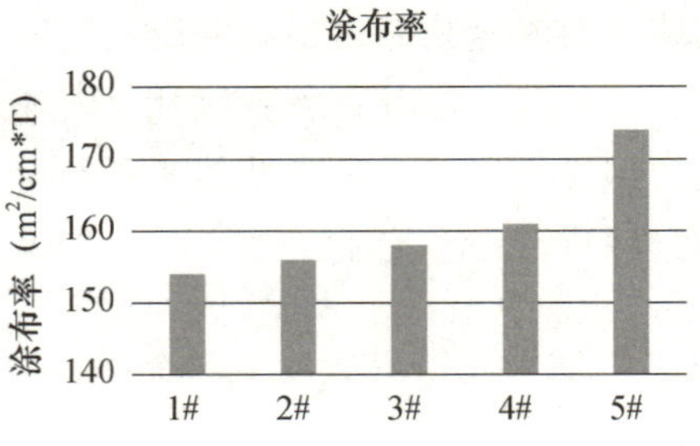

图 3　可再分散性乳胶粉对轻质抹灰石膏涂布率的影响

2.2.2　可再分散乳胶粉对轻质抹灰石膏强度的影响

为了量化轻质抹灰石膏抹面硬化后的表面状态，采用了黑色棉麻布擦拭的方法。图 4 展示了擦拭后黑色棉麻布上残留粉体的量，以此来量化表面状态。随着可再分散乳胶粉添加量的提高，棉麻布上残留的粉体越来越少，抹灰石膏表面掉粉的现象得到改善。主要在于可再分散乳胶粉掺量的提高，石膏砂浆中的浆料的润湿性大大改善，在批刮的过程中溢于表面的浆料增多，里面的可再分散性乳胶粉在硬化后的石膏中形成聚合物膜，增加了抹面的内聚力，所以掉粉会大大减少，同时提高了表面的硬度。除此之外，在这种高涂布率下还能保持抹面的平整性。

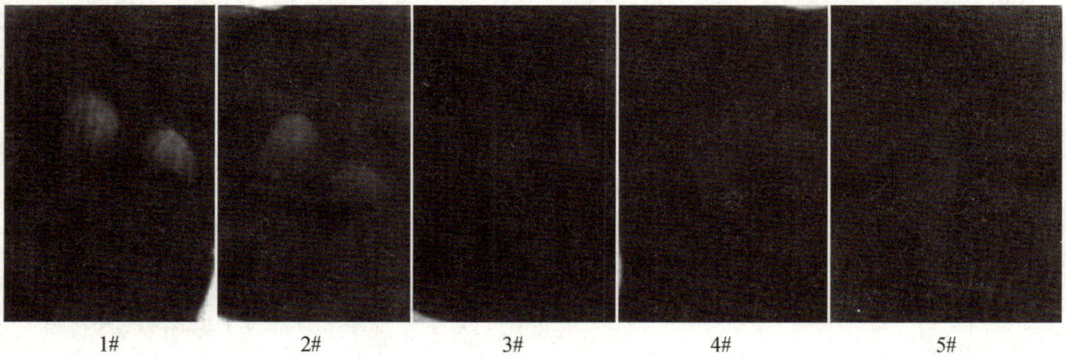

图 4　可再分散乳胶粉对轻质抹灰石膏表面状态的影响

对于抹灰材料，抗折、抗压强度更能表征材料上墙后的稳定性。可再分散乳胶粉对脱硫石膏强度的影响主要表现在抗折、抗压强度。图 5 表明随着乳胶粉掺量的增加，石膏抗折、抗压强度均出现先增加后减小的情况。首先，对于硬化后的石膏质脆、多孔、柔性不好，可再分散乳胶粉的加入，抗折、抗压强度会得到明显的改善。掺加量在 1%处出现的拐点，主要是因为可再分散乳胶粉的加入，有引气的作用，但是随着掺量的增加引气量增加，由可再分散乳胶粉在湿拌砂浆中形成的聚合物膜被引入的气孔隔断，形成不连续的膜。在掺量 1%处出现抗折、抗压强度同时降低的情况。

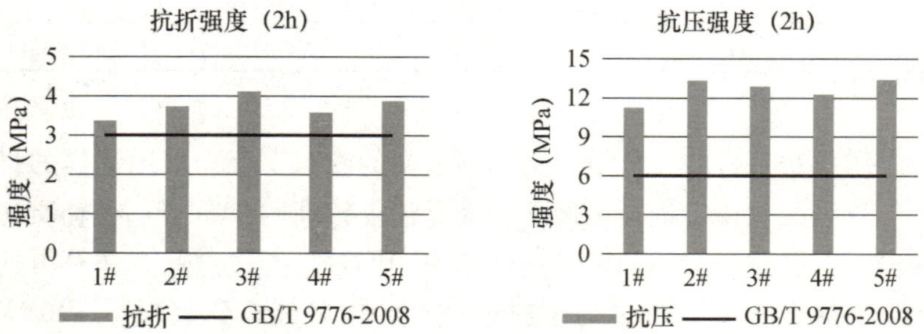

图 5　可再分散乳胶粉对石膏抗折、抗压强度的影响

图 6 数据表明：可再分散乳胶粉在低掺量下，轻质抹灰石膏的抗折、抗压强度均随着可再分散乳胶粉的增加而提高。主要在于可再分散乳胶粉的加入，增加了材料柔韧性部分，使得抹灰石膏硬化后多孔更加紧密、有机地连接起来；在高掺量下，可再分散乳胶粉的加入，对轻质抹灰石膏的作用机理和对石膏的影响是一致的。所以，抗折、抗压强度在一定程度上下降。同时图 6 表明了，在高掺量下导致轻质抹灰石膏抗折、抗压强度的降低，但还是能够满足国标的要求。由以上数据表明：可再分散乳胶粉在此配方体系下的最佳掺量为 0.5%。

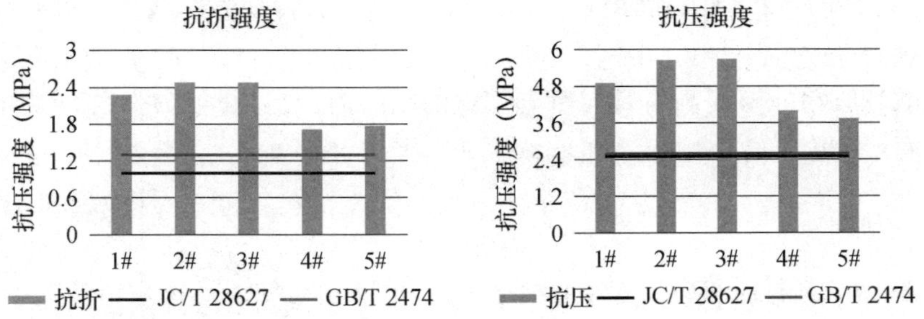

图 6　可再分散乳胶粉对轻质抹灰石膏抗折、抗压强度的影响

一般来说，石膏基建筑材料的粘结强度是没有问题的，所以导致市面上对于石膏基建材的粘结强度的关注越来越少。近年来，随着建筑工艺的更新，抹灰石膏的基材也发生了变化，基材变得苛刻（表面光滑、残留脱模剂等），使得轻质抹灰石膏的粘结强度受到巨大的挑战。由石膏抹灰对苛刻基材的粘结力差引发的一系列问题层出不穷，比如墙体的开裂、空鼓等。本实验中，为了改善轻质抹灰石膏的粘结强度，选择水泥混凝土板、水泥纤维板以及 EPS 板作为基材。

图 7 表明：可再分散乳胶粉的掺入能够改善轻质抹灰石膏的粘结强度。可再分散乳胶粉，有较好的润湿分散性，能够使湿砂浆润湿基材；硬化后能够形成连接抹灰与基材的聚合物纽带。首先，对于水泥混凝土板，可再分散乳胶粉的掺入对于改善粘结力的意义不大，因为石膏基建材粘结普通水泥砂浆板，强度没有问题。但是，在增加较高的涂布率下，能够保持较好的粘结力，可再分散乳胶粉起到主要作用。掺量 1%和 2%时粘结强度下降，拉拔测试破坏发生在抹灰内部，主要是因为在这种添加量下，由可再分散乳胶粉带来的高涂布率，使得抹灰内部气孔较多，抹灰的内聚力小于与基材的粘结力，所以其粘结力就是抹灰的内聚力。其次，对于高吸水的水泥纤维板、表面光滑的 EPS 板，可再分散乳胶粉对于基材的粘接力有明显的改善。可再分散乳胶粉的添加改善了轻质抹灰石膏与特殊基材的粘结强度。

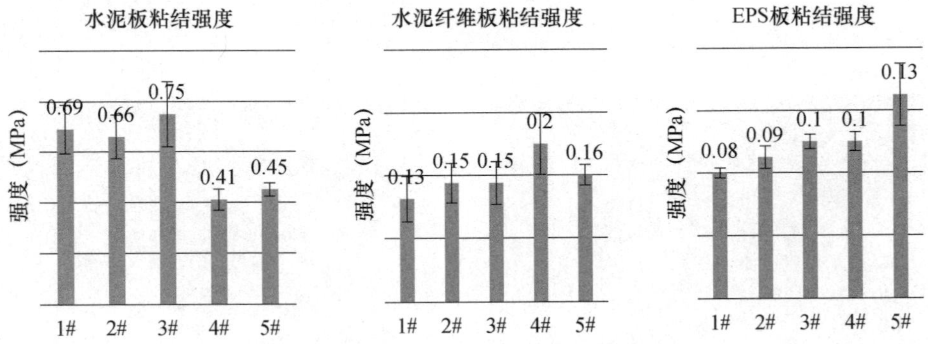

图 7　可再分散乳胶粉对轻质抹灰石膏粘结强度的影响

总的来讲，可再分散乳胶粉不论是对石膏，还是对轻质抹灰石膏的抗折、抗压强度的影响都是一致的：随可再分散乳胶粉掺量的增加，其抗折、抗压强度先增加后降低。较高掺量的再分散乳胶粉虽然导致抗折、抗压强度有所降低，但是依然能够满足国标的要求，与此同时还提升了与特殊基材的粘结，扩展了轻质抹灰石膏的应用领域。

3 结论

可再分散乳胶粉对石膏基本性能的改善，使石膏标准稠度需水量降低、强度增加；使轻质抹灰石膏施工性更好，更容易施工、涂布率增加、表面状态增强、力学性能提高。

（1）可再分散乳胶粉能够增加石膏材料润湿分散性、减少标准稠度需水量、适当的引气，改善材料的施工性，增加涂布率。

（2）掺加量0.5%的可再分散乳胶粉，可以使轻质抹灰石膏在高涂布率下具有较好的表面强度，黑布擦拭不掉粉。

（3）可再分散乳胶粉能够提高石膏与苛刻基材的粘结力，在光滑基材表面粘结力随可再分散乳胶粉掺量的增加而增加。

参考文献

[1] 向才旺．建筑石膏及其制品［M］．北京：中国建材工业出版社，1998.

[2] 李永鑫，朱海霞，杨福成，等．抹灰石膏的市场发展与技术进展［J］．新型建筑材料，2016（04）：49-54.

[3] 郭金敏，曹恒慧．可再分散性乳胶粉水泥砂浆力学性能的试验研究［J］．公路，2008（1）：160-165.

[4] Etsuo Sakai，Jun Sugita. Composite mechanism of polymer modified cement［J］. Cement and concrete research，1995（1）.

作者简介

胡乾，男，瓦克化学（中国）有限公司技术工程师，主要从事可再分散乳胶粉的新应用。联系电话：021-61302558。

石灰石尾矿砂石粉提取与利用技术

齐兴波　宋素亚　李　倩
唐山盾石干粉建材有限责任公司，河北唐山，064009

摘　要　本文研究了利用烘干系统除尘器提取石灰石尾矿砂中石粉的工艺参数，确定了能用于生产使用的石灰石尾矿砂采购指标。试验表明，设备的提取能力有一定限度，当入烘干机石灰石尾矿砂石粉总量小于设备提取能力时，随着负压增大，石粉提取量逐渐增多，当达到设备提取能力时，提取石粉量达到最大，不再增多；当负压一定时，随着石粉含量增多，石粉提取量逐渐增多；当石灰石尾矿砂中石粉量较高时，可通过降低烘干机产量，达到干砂石粉控制指标。试验确定了提取石粉最大负压为设备最高负压 2000Pa，正常台时为 40t/h，当石灰石尾矿砂中石粉含量高于 20%时，烘砂台时控制在 25t/h 以下，烘干砂石粉含量控制在 10%以下；石灰石尾矿砂采购指标为：石粉含量≤20%，水分含量≤3%。通过石粉提取，普通砂浆的质量稳定性提高，特种砂浆中用自提石粉代替采购石粉，采购成本大大降低。

关键词　石灰石尾矿砂；除尘器；石粉提取；负压

Extraction and Utilization of the Sand Powder of Limestone Tailings

Qi Xingbo, Song Suya, Li Qian
Tangshan Dunshi Dry-mixed Building Materials Co., Ltd., Hebei Tangshan, 064009

Abstract　This paper studies the technological parameters of extracting rock powder from limestone tailings with the dust collector of the drying system, and determines the purchasing index of limestone tailings that can be used for production. The test shows that the extraction capacity of the equipment has a certain limit. When the total amount of limestone tailings rock powder in the dryer is less than the extraction capacity of the equipment, the extraction amount of rock powder gradually increases with increase of negative pressure. When the equipment reaches the extraction capacity, the amount of extracted rock powder reaches the maximum and no longer increases; when the negative pressure is constant, the amount of rock powder extraction gradually increases with the increase of rock powder; when the amount of rock powder in limestone tailings is high, the index control of dry rock powder can be achieved by reducing the output of the dryer. The experiment determines that the highest negative pressure of the extracted rock powder is 2000 Pa, the highest negative pressure of the equipment, and the normal output per set of equipment is 40t/h. When the content of the powder in the limestone tailings is higher than 20%, the output of drying rock powder per set of equipment is controlled below 25t/h. The content of dried rock powder should be controlled below 10%; the purchase index of limestone tailings is: the content of rock powder ≤20%, the content of moisture ≤3%. Through the extraction of rock powder, the quality stability of the ordinary mortar is improved. In the special mortar, the purchase of rock powder is replaced with self-extracting rock powder, and the purchase cost is greatly reduced.

Keywords limestone tailings; dust collector; extraction of rock powder; negative pressure

0 引言

随着禁限政策的推进，砂浆需求量大幅度增加，而天然砂资源匮乏，不能满足砂浆企业需求，砂浆企业逐渐利用石灰石尾矿中粒径在5mm以下含有大量石粉的部分作为中粗砂生产砂浆，但其在使用过程中存在两个问题：一方面，如果直接使用，会因石粉含量太高导致产品可操作时间短、产品施工后出现开裂而影响质量；另一方面，如果利用传统筛分工艺将细粉分级储存，存在筛分不充分、石粉含量波动、可用砂级配差的情况，同样影响产品质量。石粉提取，将解决石灰石尾矿砂利用的难题。在石灰石尾矿砂烘干时，收尘器收集的细粉不再回流到尾矿砂中，而是单独存储，实现了尾矿粗细部分的分离，从而实现了优化砂级配、制取石粉原料、降低采购成本的三重效果。石灰石尾矿砂石粉提取技术应用将放宽尾矿采矿指标，扩大采购范围，保证供应量充足，降低采购成本。

1 石灰石尾矿砂石粉提取方案

1.1 工艺流程

此工艺路线是利用烘干系统的除尘器收集石粉并单独储存。在除尘器卸灰阀和回料螺旋输送机入料口间添加螺旋输送机、旋振筛、石粉提升机、缓冲仓、石粉压力罐（带气力输送）空气压缩机。除尘器收集的石粉经螺旋输送机输送至旋振筛，筛孔有效尺寸ϕ0.8mm，筛除大于ϕ0.8mm的砂粒经原收尘回料螺旋输送机回到烘干砂中，筛下石粉经石粉提升机依次送至石粉缓冲仓、石粉压力罐，石粉压力罐计量装置提示料满后，使用气力提升系统输送到生产线石粉仓（图1）。

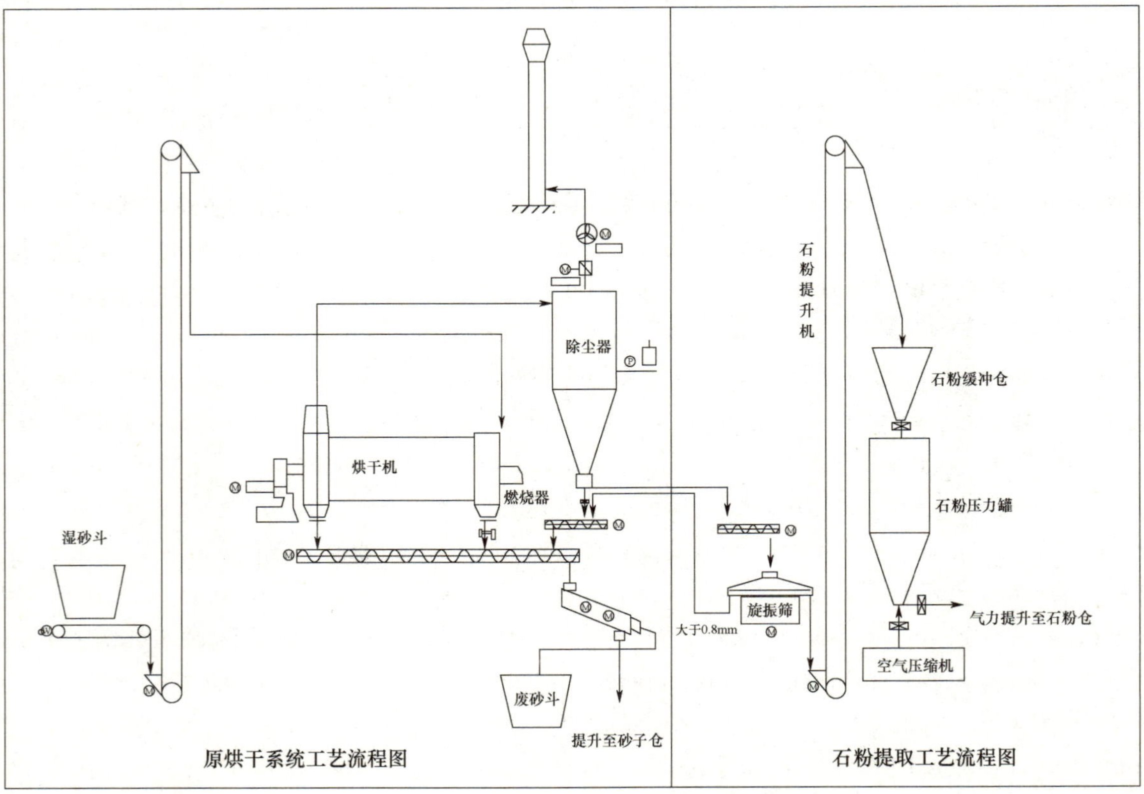

图1 石灰石尾矿砂石粉提取工艺流程图

旋振筛筛网孔径选用0.8mm原因：特种砂浆粒径一般控制在0.8mm以下，筛孔尺寸大于0.8mm时提取的石粉不能用于特种砂浆使用，孔径过小筛网容易堵，影响设备运行。

石粉缓冲仓作用：石粉压力罐使用时带压密闭运行，在石粉压力罐输送石粉过程中临时存储提取石粉，保证烘干机连续运行。石粉缓冲仓的容量需和石粉压力罐的容量相匹配。

1.2 试验方案

首先保证烘干砂台时产量前提下，测试不同风压对石粉提取的影响，待测石灰石尾矿砂要求水分和石粉含量体现进厂的整体水平并保持实验过程的一致性，通过实验确定合理提取石粉的负压值；其次，固定负压在合理值，测试石灰石尾矿砂石粉含量对石粉提取的影响，以确定进厂石灰石尾矿砂石粉含量指标；最后，固定负压在合理值，选取高石粉含量石灰石尾矿砂样品，测试台时产量对石粉提取的影响，以便在石灰石尾矿砂石粉含量偏高时通过适当降低烘砂产量达到生产指标要求。

2 石粉提取试验

2.1 试验参数

根据生产设备运行经验，产品保质期，生产台时等情况，确定提取石粉的工艺参数：

入烘干机水分≤3%；

出烘机干砂水分≤0.5%；

烘干机台时产量：40t/h；

除尘器最大处理风量：20700m^3/h；

烘干机系统风压1700～2000Pa；

提取石粉后砂中石粉含量≤10%。

2.2 试验过程

（1）烘干系统台时产量40t/h，控制干砂水分≤0.5%，湿砂石粉含量和水分相对稳定，不同负压环境下石粉提取试验结果见表1。

表1 不同负压环境下石粉提取试验结果

样品号	1	2	3	4
系统负压（Pa）	1700	1800	1900	2000
湿砂石粉含量（%）	18.92	18.75	18.65	18.76
湿砂水分（%）	2.8	2.85	3	2.95
干砂水分（%）	0.45	0.5	0.49	0.45
烘干机台时（t/h）	40	40	40	40
干砂石粉含量（%）	15.01	13.34	11.61	9.52
石粉提取量（t/h）	1.812	2.531	3.214	4.113

从表1中测试数据可以看出：在保持烘砂产量、干砂水分、湿砂石粉含量和水分相对稳定不变时，石粉的提取与系统负压成正比，系统负压越高石粉提取效果越好，因此确定最合理负压值为2000Pa。

（2）烘干系统台时产量40t/h，控制干砂水分≤0.5%，湿砂水分相对稳定，系统负压在2000Pa，不同石粉含量的石灰石尾矿砂提取石粉试验结果见表2。

表2 不同石粉含量的石灰石尾矿砂提取石粉试验结果

样品号	1	2	3	4	5	6	7	8
湿砂石粉含量（%）	12.03	15.46	17.35	18.72	19.26	20.13	22.53	24.67
湿砂水分（%）	2.8	2.85	3	2.95	3	2.90	2.75	2.7
干砂水分（%）	0.45	0.5	0.49	0.45	0.48	0.47	0.49	0.46

续表

样品号	1	2	3	4	5	6	7	8
系统风压（Pa）	2000	2000	2000	2000	2000	2000	2000	2000
烘干机台时（t/h）	40	40	40	40	40	40	40	40
干砂石粉含量（%）	3.35	5.79	7.94	9.38	9.92	10.82	13.59	15.64
石粉提取量（t/h）	3.604	4.112	4.124	4.152	4.148	4.176	4.139	4.201

从表2中数据可以看出：烘砂产量低时，石粉提取量随着尾矿砂石粉含量的增多而增加，但随着尾矿砂石粉含量增加，石粉提取量维持在4.1t/h不再增加，说明除尘器达到了最大提取能力。从试验结果可以看出，当尾矿砂石粉含量超出20%以后，石粉提取后干砂石粉含量超出10%的控制指标。因此确定进厂石灰石尾矿砂石粉含量≤20%。

（3）干砂水分≤0.5%，湿砂水分相对稳定，石粉含量24%左右，系统负压在2000Pa，烘干机不同台时提取石粉试验结果见表3。

表3　烘干机不同台时提取石粉试验结果

样品号	1	2	3	4	5
湿砂石粉含量（%）	24.01	24.20	24.45	24.67	24.63
湿砂水分（%）	3.0	2.75	2.98	2.85	2.68
干砂水分（%）	0.5	0.49	0.45	0.42	0.48
烘干机台时（t/h）	15	20	25	30	35
系统风压（Pa）	2000	2000	2000	2000	2000
干砂石粉含量（%）	1.44	4.53	9.53	12.57	14.43
石粉提取量（t/h）	3.442	4.118	4.126	4.153	4.148

从表3中测试数据可以看出：尾矿砂中石粉含量在24%左右时，随着烘砂台时提高，石粉提取量先增大后维持在最大值不变。提取石粉后的砂中石粉含量随着烘干台时的提高而增加，当烘砂台时产量为25t/h时，石粉含量超过10%，当尾矿砂中石粉含量超标时，可通过降低烘砂产量满足生产需求，最大烘砂台时不得超过25t/h。

3　自提石粉的利用

石粉是砂浆普遍使用的一种原材料，石粉在干混砂浆中作为填料使用，适量石粉可以填充骨料空隙，增加砂浆密实度，提高砂浆保水性和强度；可以包裹骨料，减少骨料间摩擦，增加砂浆的连贯性，提高施工润滑度；增加砂浆黏稠度，提高与基材的润湿性和接触面积，从而提高与基材的粘结强度。此外，石粉可以代替部分水泥达到降低成本的目的；但当石粉含量过高时，将会导致产品的需水量增加、黏度过大，影响砂浆施工性和降低产品强度，因此石粉用量必须适当。

3.1　石粉组成

自提石粉颗粒组成见表4。

表4　自提石粉颗粒组成

样品号	0.6mm筛余	0.3mm筛余	0.15mm筛余	0.075mm筛余	0.075mm以下
1	0	1.20	4.10	9.30	85.40
2	0	1.55	4.61	10.02	83.82
3	0	1.85	4.26	10.12	83.78
4	0	1.60	4.90	9.70	83.81
5	0	2.30	4.95	10.70	82.05

从表4中数据可以看出，自提石粉最大粒径不超过0.6mm，绝大部分在0.3mm粒径以下，0.075mm以下达到80%以上，石粉细腻，可作为填料使用。普通砂浆的最大粒径为4.75mm，一般情况下特种砂浆粒径在0.8mm以下，自提石粉粒径未超出砂浆颗粒允许范围，可以在普通和特种砂浆中应用。

石粉化学成分见表5。

表5 石粉化学成分

成分	LOSS (%)	CaO (%)	SiO_2 (%)	Al_2O_3 (%)	Fe_2O_3 (%)	MgO (%)	K_2O (%)	Na_2O (%)	R_2O (%)
含量	30.72	36.55	18.75	2.09	2.66	6.77	2.87	0.11	2.0

通过对化学组成分析，石粉中主要成分为钙、镁、硅化合物，矿物成分由石英、碳酸钙、碳酸镁组成，黏土含量较少，适合砂浆使用。

3.2 石粉的应用

提取石粉后的石灰石尾矿砂主要用于普通砂浆的生产，当普通砂浆中细粉含量少于规定用量时，利用提取的石粉进行补充，实现产品中细粉含量的稳定；在生产特种砂浆时，自提石粉可全部替代外购石粉。我公司每年石粉用量为3000多吨，以市售石粉150元/t、自提石粉50元/t计算，每年可节省采购成本30万元。

4 结论

（1）利用烘干机系统提取石灰石尾矿砂中石粉，石粉的提取能力是有一定限量的，当烘干机石灰石尾矿砂石粉总量少于设备提取能力时，在石灰石尾矿砂石粉量一定时，随着负压增大，石粉提取量逐渐增多；当负压一定时，随着石粉含量增多，石粉提取量逐渐增多；当石灰石尾矿砂中石粉量较高时，可通过降低烘干机台时产量，达到干砂石粉控制指标。

（2）通过试验确定了提取石粉的技术参数：进厂石灰石尾矿砂石粉含量在20%以下，水分含量在3%以下，提取负压为设备最高负压2000Pa，正常台时为40t/h，当石灰石尾矿砂中石粉含量较高时，烘砂台时控制在25t/h以下。

（3）自提石粉可以满足干混砂浆的应用，并可降低产品成本。

作者简介

齐兴波，男，助理工程师。联系地址：河北省唐山市丰润区王官营镇，邮编：064009，联系电话：13582596040。

石粉、粉煤灰对机制砂抹灰砂浆性能的影响

周熠　罗慧　严煌

广东龙湖科技股份有限公司武汉技术中心，湖北武汉，430000

摘　要　本文通过改变石粉、粉煤灰与机制砂的添加量，研究了石粉与粉煤灰的比例、石粉与机制砂的比例对机制砂砌筑抹灰砂浆的和易性、施工性和强度的影响。结果表明：石粉和粉煤灰在一定比例下双掺效果比单掺效果好，在抗压强度、和易性上均有明显促进作用，推荐石粉与粉煤灰比例为25%；石粉在砂浆中起到改善砂浆黏聚性及保水性的作用，能明显改善砂浆施工性，同时可以促进水泥水化，提高抗压强度，但石粉掺量过高会导致砂浆施工性及抗压强度的下降。当石粉占机制砂比例在12%左右时，综合性能达到最优。

关键词　石粉；粉煤灰；机制砂；施工性；和易性；强度

Influence of Ground Limestone and Fly Ash on Performance of Mechanical Sand Plastering Mortar

Zhou Yi, Luo Hui, Yan Huang

Guangdong Longhu Sci. & Tech Co., Ltd., Hubei Wuhan, 430000

Abstract　In this paper, by changing the addition amount of ground limestone, fly ash and mechanical sand, the effects of the ratio of ground limestone to fly ash, the ratio of ground limestone to mechanical sand on the workability and strength of mechanical sand masonry plaster. The results show that the double mixing effect of ground limestone and fly ash is better than the single mixing effect at a certain ratio, and it has a significant promotion effect on compressive strength and workability. It is recommended that the ratio of ground limestone to fly ash is 25%; ground limestone in mortar plays the role of improving the cohesion and water retention of mortar, it can improve the construction of mortar significantly, and at the same time can promote the hydration of cement and improve the compressive strength. However, if the amount of ground limestone is too high, the workability and compressive strength of the mortar will be reduced. When the proportion of ground limestone in the mechanical sand is about 12%, the comprehensive performance will be optimal.

Keywords　ground limestone; fly ash; machanical sand; workability; strength

0　引言

建筑砂浆在建筑工程中是一项用量大、用途广泛的建筑材料。商品砂浆是建筑业发展到一定阶段的必然产物，干混砂浆是商品砂浆中一项重要产品。干混砂浆中砂占总质量的70%~80%，降低砂的成本是降低砂浆原材料成本的关键。由于质量合格的天然河砂资源逐渐枯竭，机制砂用作干混砂浆的骨料是必然趋势。与天然河砂相比，机制砂在制备过程产生一定量的石灰石粉。石粉由于其

细度较小，比表面积较大，因而会显著影响机制砂的堆积性、需水性，因而机制砂中的石粉受到了非常广泛的关注，如果能将部分石灰石粉掺入砂浆，并且满足砂浆的性能要求，砂浆原材料成本将大幅度降低，并且不产生二次污染。大量的试验研究表明：适量的石粉含量对机制砂砂浆的施工性和强度无不利影响，甚至还可以在一定程度上改善砂浆的性能。本文通过使用不同比例的石粉替代砌筑抹灰砂浆中部分粉煤灰及机制砂，来观察石粉对砌筑抹灰砂浆的施工性、和易性、抗压强度、尺寸变化等的影响。

1　原材料及试验方法

1.1　试验原材料

P·O42.5级水泥，来自华新水泥股份有限公司。机制砂与石粉来自河南某干混砂浆企业，主要成分均为碳酸钙，机制砂细度模数2.6；石粉颗粒粒径小于0.075mm，成分分析见表1。粉煤灰来自山东广厦节能材料科技有限公司，成分分析同见表1。外加剂母料来自广东龙湖科技股份有限公司。

表1　粉煤灰与石粉的主要成分分析

成分	CaO	SO_3	SiO_2	Al_2O_3	MgO	Fe_2O_3	Na_2O	K_2O
粉煤灰（%）	3.59	0.50	66.29	16.37	1.2	2.97	4.38	3.82
石粉（%）	13.95	1.15	48.09	27.67	1.65	3.96	0.651	1.27

1.2　试验方法

研究石粉替代粉煤灰对砌筑抹灰砂浆性能的影响。

粉煤灰是砌筑抹灰砂浆常见矿物掺合料，在砂浆中起到提高和易性、施工性，以及降低生产成本的重要作用。而石粉为机制砂副产物，本身不具有活性，其量大且成本低，许多企业也在开展石粉的废物利用研究。

本实验配方见表2。其中1＃～6＃试样，研究在传统砌筑抹灰砂浆配方中，使用部分石粉替代粉煤灰对砂浆各性能的影响。7＃～14＃试样，研究在传统砌筑抹灰砂浆配方中，使用部分石粉替代机制砂对砂浆各性能的影响，石粉占机制砂比率分别为3%、6%、9%、…、21%。

表2　石粉替代部分粉煤灰及机制砂对抹灰砂浆性能影响

<table>
<tr><th>序号</th><th>水泥</th><th>机制砂</th><th>粉煤灰</th><th>石粉</th><th>添加剂母料</th></tr>
<tr><td>1＃</td><td rowspan="6">130</td><td rowspan="6">720</td><td>150</td><td>0</td><td rowspan="6">0.2</td></tr>
<tr><td>2＃</td><td>120</td><td>30</td></tr>
<tr><td>3＃</td><td>90</td><td>60</td></tr>
<tr><td>4＃</td><td>60</td><td>90</td></tr>
<tr><td>5＃</td><td>30</td><td>120</td></tr>
<tr><td>6＃</td><td>0</td><td>150</td></tr>
<tr><td>7＃</td><td rowspan="2">130</td><td>870</td><td></td><td>0</td><td rowspan="8">0.2</td></tr>
<tr><td>8＃</td><td>843.9</td><td></td><td>26.1</td></tr>
<tr><td>9＃</td><td rowspan="6">130</td><td>817.8</td><td></td><td>52.2</td></tr>
<tr><td>10＃</td><td>791.7</td><td></td><td>78.3</td></tr>
<tr><td>11＃</td><td>765.6</td><td></td><td>104.4</td></tr>
<tr><td>12＃</td><td>739.5</td><td></td><td>130.5</td></tr>
<tr><td>13＃</td><td>713.4</td><td></td><td>156.6</td></tr>
<tr><td>14＃</td><td>687.3</td><td></td><td>182.7</td></tr>
</table>

具体操作步骤按照《建筑砂浆基本性能试验方法标准》（JGJ/T 70—2009）的规定进行。

2　试验结果及分析

2.1　石粉替代粉煤灰对砌筑抹灰砂浆性能的影响

施工性、湿密度及抗压强度比较

根据表 3 数据，将砂浆稠度控制为 90～100mm，随着石粉比例的逐渐提高，砂浆水灰比会有一定增长，可能是由于石粉的比表面积较大且易吸水所导致。随着石粉比例逐渐提高，浆料施工性及和易性呈现先提高后降低的趋势，反映了粉煤灰和石粉双掺效果比单独使用效果更好。

表 3　石粉替代部分粉煤灰对抹灰砂浆性能影响

序号	1	2	3	4	5	6
水灰比（%）	16	16	16	16	17	17
稠度（mm）	97	96	95	92	97	93
保水性（%）	91.5	92.1	92.5	91.4	91.3	90.9
和易性	偏黏	偏黏	较好	好	偏黏	黏
施工性	偏黏	好	好	偏黏	较黏	黏

图 1 和图 2 分别是石粉和粉煤灰的扫描电镜图片。对比可知，粉煤灰大多呈球形颗粒，对砂浆中的气孔填充性较好，掺量较高时容易导致砂浆湿密度增高，黏度升高，影响施工手感，因此添加一部分颗粒形状不规则的石粉，可以引入微气泡，提高砂浆气孔率，降低砂浆湿密度，进一步提高砂浆施工性。随着石粉掺量的逐渐提高，浆料稠度及黏度增高，反而会降低施工手感。因此，粉煤灰与石粉在一定比例下双掺使用能提供砂浆更好的和易性及施工性，其最佳比例范围为 25%～60%。在保水性方面，其数据波动较大，规律性不强，除去添加剂母料起到主要保水效果之外，浆料的保水能力与其细粉料占比有着较大关系，因此在粉料比例固定不变的情况下，浆料保水率波动也较小。

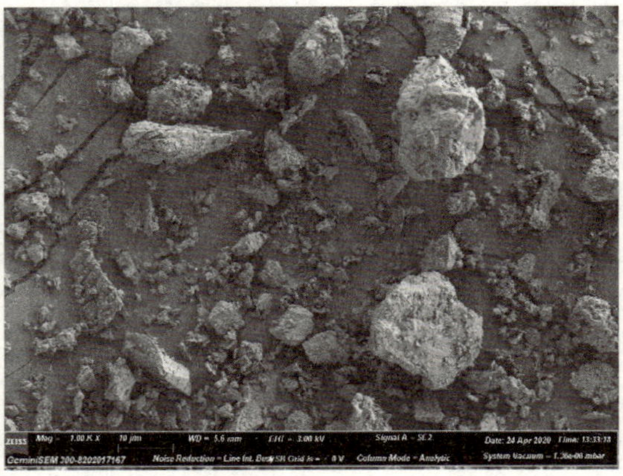

图 1　石粉 SEM 图

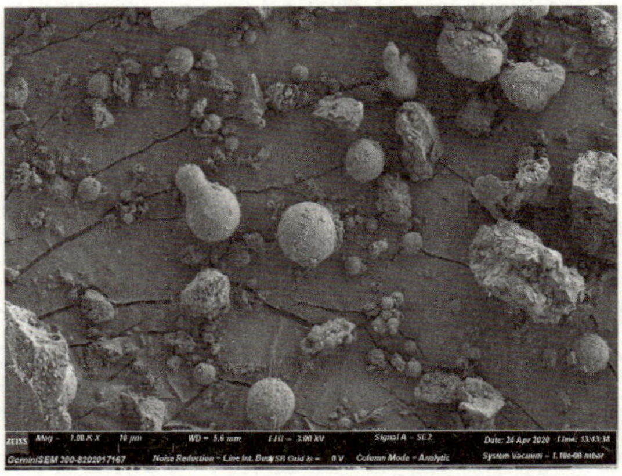

图 2　粉煤灰 SEM 图

石粉部分取代粉煤灰后抹灰砂浆湿密度的变化情况如图 3 所示。对比可知，随着石粉替代粉煤灰的比例增大，砂浆密度也逐渐下降，一定掺量的石粉对砂浆引气性有积极作用。由图 4 可知，石粉占粉煤灰的比率在 25%左右时，其强度达到最大值，为 14.7MPa。结合前文施工性对比，综合推断出，石粉占粉煤灰的比率为 25%～30%时，砂浆性能达到最好。

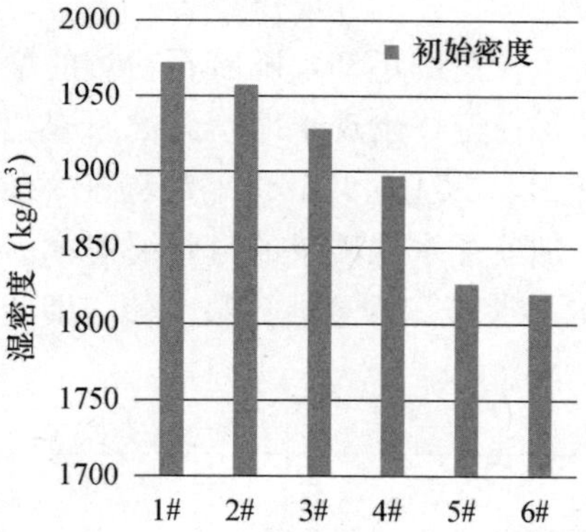

图 3　砂浆湿密度变化

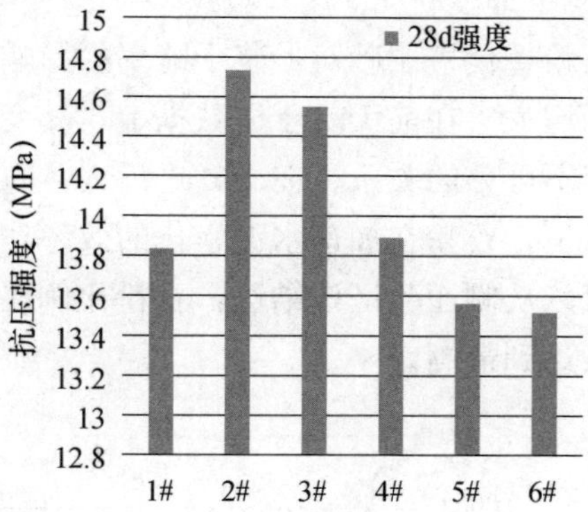

图 4　砂浆抗压强度变化

2.2　石粉替代部分机制砂对砂浆性能的影响

2.2.1　施工性、湿密度及抗压强度比较

石粉替代部分机制砂对抹灰砂浆性能的影响见表 4。由表可知，将砂浆稠度控制为 90～100mm，砂浆加水量随着石粉掺加量的增加有明显增长。同时，砂浆的保水率也有轻微增长趋势，和易性也有一个由涩变润的过程，这也证明了石粉可以起到改善砂浆黏聚性及保水性的作用。但随着石粉掺量的逐渐提高，砂浆黏度增高，起到负面作用，砂浆施工性会有下降。当石粉占机制砂 9%～12%时，砂浆的施工性能达到最优。

表 4　石粉替代部分机制砂对抹灰砂浆性能影响

序号	7	8	9	10	11	12	13	14
加水量（%）	15	15	15	15	16	16	17	17
稠度（mm）	97	97	95	93	97	95	96	92
保水性（%）	90.5	91.5	91.7	91.7	92.4	92.8	92.1	92.6
和易性	涩	偏涩	较好	好	好	偏黏	偏黏	偏黏
施工性	涩	好	好	较好	较黏	好	较黏	黏

石粉部分取代机制砂对抹灰砂浆湿密度和抗压强度的影响如图 5 及图 6 所示。由图 5 可知，石粉的添加量对砂浆湿密度呈现不规律的影响，且变化幅度较小，但总体密度趋势是逐渐增高，推测是石粉的添加填补了砂浆中的部分缝隙所导致。由图 6 可知，石粉的添加确实促进了砂浆强度的提高。石粉作为一种细粉料填补了砂浆部分空隙，使得砂浆密实度提高，抗压强度也随之增高。在石粉与机制砂比例在 12%时，28d 抗压强度最高，为 14.3MPa。

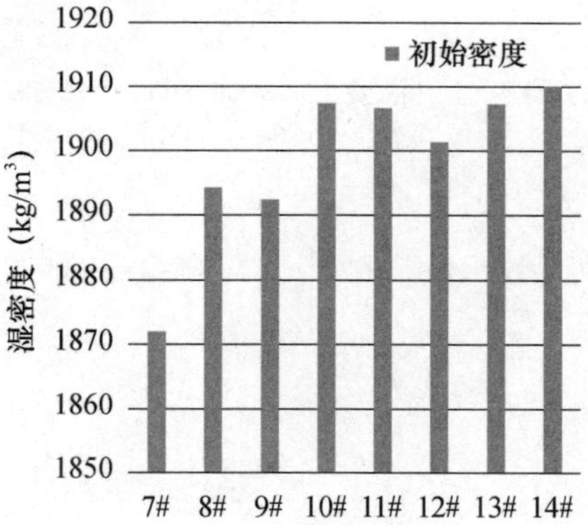

图 5　砂浆湿密度变化

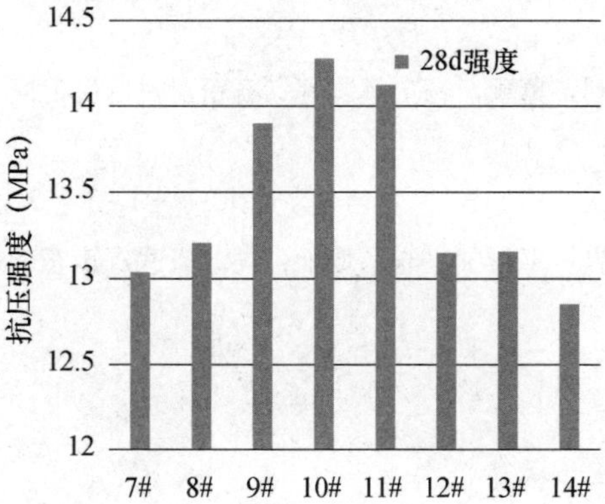

图 6　砂浆抗压强度变化

2.2.2 砂浆干缩变化

部分石粉替代机制砂对砂浆干缩率的影响如图7所示。由图可知，随着石粉量的增加，砂浆干缩率也逐渐增大。在前14d干缩数据上，其变化趋势非常稳定，出现干缩增大的原因与砂浆加水量的增加有密不可分的关系。在14d之后，且石粉比例在12%以上时，其干缩趋势进一步扩大，推测是在该掺量下，石粉在加速水泥水化的效率达到最大，加速了水泥砂浆的自收缩速率。从28d强度数据上也可以从侧面验证该结论：石粉比例在12%时，砂浆抗压强度达到最大值，即此时砂浆中水泥水化程度达到最高。

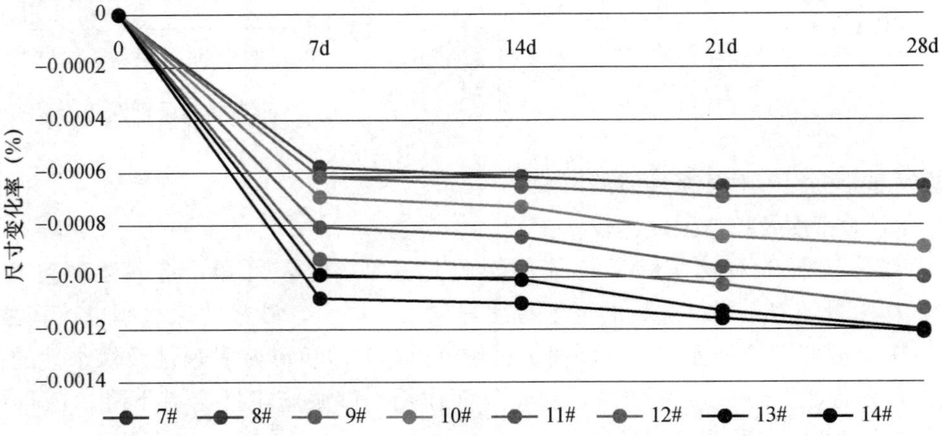

图7　砂浆干缩率

3　结论

在砌筑抹灰砂浆中，石粉和粉煤灰双掺效果比单掺效果更好。结合砂浆施工性及抗压强度进行考虑，石粉占粉煤灰比例在25%左右时，其各性能达到最优。

石粉具有增黏性及保水性，在替代一定比例的机制砂后，可以明显改善砂浆的施工性及抗压强度。替代机制砂的推荐比例在12%左右。

参考文献

[1]　田建平，周明凯，蔡基伟，等．高强机制砂混凝土中石粉与粉煤灰的复合效应[J]．武汉理工大学学报，2006（03）：55-57.

[2]　郑娟荣，谷迪．石灰石粉对机制砂干混抹灰砂浆性能影响的试验研究[J]．混凝土，2015（05）：122-127.

[3]　蒋赣猷，青志刚，梁德兴．机制砂及石粉特性研究[J]．公路，2019（06）：242-244.

[4]　杨彬，潘菲，姜观荣．机制砂中石粉粒径及颗粒分布对胶砂性能的影响[J]．粉煤灰综合利用，2017（01）：15-19.

[5]　王雨利，董颖，杨玉辉，等．石粉对机制砂混凝土性能的影响[J]．混凝土，2006（11）：44-49.

作者简介

周熠，男，工程师。联系地址：湖北省武汉市东西湖区新城十路永盛工业园6-1-2，邮编：430000，联系电话：027-65608803。

再生骨料制干混抹灰砂浆的性能研究

沈池清

浙江正昶新型材料股份有限公司，浙江嘉兴，200062

摘　要　建筑业的快速发展一方面消耗了大量的建筑材料，包括水泥、砂石等，另一方面也产生了数量惊人的建筑垃圾。为了合理处理建筑垃圾，使之成为有用的建筑材料，实现建筑业的可持续发展，再生骨料的研究孕育而生。国外利用旧房改造及施工过程中产生的废弃混凝土破碎加工而成循环再生骨料，主要应用在道路垫层方面。我国学者利用再生粗骨料制作混凝土，对其工作性能、力学性能和耐久性等做了广泛研究，但对于再生细骨料的应用研究相对较少，因此，本课题研究再生细骨料取代天然砂对干混砂浆的物理力学性能的影响，试验结论对预拌砂浆生产行业实际生产应用具有一定参考意义。

关键词　抹灰砂浆；再生骨料；物理性能；应用；

Research on Performance of Drymix Plastering Mortar Made From Recycled Aggregate

Shen Chiqing

Zhejiang Zhengchang New Material Co.，Ltd.，Zhejiang Jiaxing，200062

Abstract　On one hand，the rapid development of the construction industry consumes a lot of construction materials，including cement，sand，etc. On the other hand，it also produces an alarming amount of construction waste. The disorderly mining of natural sand has seriously damaged the ecological environment. In order to reasonably dispose of construction waste and turn it into useful construction material，and realize the sustainable development of the construction industry，and thus research on recycled aggregate was born. In foreign countries waste concrete produced in the renovation and construction of old houses is smashed into recycled aggregate，which are mainly used in road cushions. Chinese scholars have made extensive research on the use of recycled coarse aggregate to make concrete，on its performance，mechanical properties and durability，but there is relatively little research on the application of recycled fine aggregate. Therefore，the topic on the influence of recycled fine aggregate replacing natural sand on the physical mechanical properties of drymix mortar，and the test conclusion has certain reference to the actual production and application of the ready-mixed mortar production industry.

Keywords　plastering mortar；recycled aggregate；physical performance；application

2019年第一季度，浙江正昶新型材料股份有限公司（以下简称本公司）基于公司在用的抹灰砂浆配比，通过三组细骨料掺量配比试验：（1）细骨料为100％天然砂；（2）细骨料为50％天然砂＋50％再生骨料砂；（3）细骨料为100％再生骨料砂，研究再生骨料应用于干混砂浆以及其掺量对干混砂浆各项性能的影响。

建筑业的快速发展一方面消耗了大量的建筑材料，包括水泥、砂石等，另一方面也产生了数量惊人的建筑垃圾。为了合理处理建筑垃圾，使之成为有用的建筑材料，实现建筑业的可持续发展，再生骨料的研究应运而生。国外利用旧房改造及施工过程中产生的废弃混凝土破碎加工成循环再生骨料，主要应用在道路垫层方面。我国学者利用再生粗骨料制作混凝土，对其工作性能、力学性能和耐久性等做了广泛研究，但对于再生细骨料的应用研究相对较少，因此，本课题研究再生细骨料取代天然砂对干混砂浆的物理力学性能的影响，对预拌砂浆生产行业实际生产应用具有一定参考意义。

再生细骨料表面包裹着相当数量的硬化水泥浆体，表面粗糙、棱角较多，加上在解体、破碎过程中形成的骨料，由于损伤积累，其内部存在大量微裂缝，从而导致与天然细骨料相比，其表观密度低、吸水率高、吸水速率快。将再生细骨料配制成预拌干混砂浆，在加水拌和过程中，再生骨料会快速吸收浆体中的自由水，从而影响浆体的和易性，如果再生细骨料的掺量大，会一定程度上影响灰水比，从而影响砂浆的28d抗压强度。另外，由于骨料内部存在大量微裂缝，再生骨料砂浆的抗冻性也会受到影响。

具体研究内容如下：

（1）研究再生细骨料对干混抹灰砂浆保水率的影响；

（2）研究再生细骨料对干混抹灰砂浆14d、28d拉伸粘结强度的影响；

（3）研究再生细骨料对干混抹灰砂浆28d、56d抗压强度的影响；

（4）研究再生细骨料对干混抹灰砂浆28d、56d收缩率的影响；

（5）研究再生细骨料对干混抹灰砂浆抗冻性能的影响。

1 试验配合比

本次试验中所用的水泥、粉煤灰、稠化粉、天然砂、再生细骨料砂均取自本公司实验室，砂浆拌合用水为本公司实验室自来水。

1.1 原材料

水泥：P·O 42.5普通硅酸盐水泥；细骨料检测依据为《建设用砂》（GB/T 14684—2011）。

天然砂：桐乡正昶天然河砂，细度模数为2.33，颗粒级配筛余百分率见表1，级配为3区。

表1 天然砂颗粒级配筛余百分率

方孔筛（mm）	4.75	2.36	1.18	0.600	0.300	0.150
分计筛余百分率（%）	0	6.0	6.0	19.6	54.0	11.4
累计筛余百分率/%	0	6	12	32	86	97

再生骨料砂：采用桐乡正昶的再生骨料，细度模数为3.23，颗粒级配筛余百分率见表2，级配为1区。

表2 再生骨料砂颗粒级配筛余百分率

方孔筛（mm）	4.75	2.36	1.18	0.600	0.300	0.150
分计筛余百分率（%）	7.2	34.8	15.2	10.0	14.0	7.0
累计筛余百分率（%）	7	42	57	67	81	88

50%天然砂+50%再生骨料砂：细度模数为2.46，砂颗粒级筛余百分率见表3，级配为2区。

表 3　50%天然砂+50%再生骨料砂颗粒级配筛余百分率

方孔筛（mm）	4.75	2.36	1.18	0.600	0.300	0.150
分计筛余百分率（%）	1.8	14.2	9.7	14.4	38.7	11.5
累计筛余百分率（%）	2	16	26	40	79	90

天然砂和再生骨料砂物理指标见表 4。

表 4　天然砂和再生骨料砂物理指标

砂种类	表观密度（kg/m^3）	松堆密度（kg/m^3）	松堆空隙率（%）
天然砂	2650	1479	44.2
再生骨料砂	2450	1339	45.3
50%天然砂+50%再生骨料砂	2560	1399	45.4

1.2　试验方法

试验配合比由本公司提供（表 5），每组试样的加水量以砂浆拌和后稠度为 90～100mm 的需水量为标准，并记录各组试样的用水量及相应的砂浆拌合稠度、砂浆的保水率、14d 和 28d 拉伸粘结强度、28d 和 56d 抗压强度、28d 和 56d 收缩率及抗冻性试验均按照《建筑砂浆基本性能试验方法标准》（JGJ/T 70—2009）进行。

表 5　各强度等级干混抹灰砂浆配合比

试件编号	砂浆各组分（kg）				
	水泥	粉煤灰	天然砂	再生骨料砂	稠化粉
M5-1901	90	84	820	0	0.4
M5-1902	90	84	410	410	0.4
M5-1903	90	84	0	820	0.4
M10-1904	130	55	810	0	0.4
M10-1905	130	55	405	405	0.4
M10-1906	130	55	0	810	0.4

2　试验结果

2.1　再生细骨料对干混抹灰砂浆保水率的影响

干混抹灰砂浆 DP M5、DP M10 的保水率均随着再生细骨料掺量的提高而下降，但各组试样的保水率均符合《预拌砂浆》（GB/T 25181—2019）对干混抹灰砂浆保水率的要求。

再生细骨料对干混抹灰砂浆保水率的影响见表 6。

表 6　再生细骨料对干混抹灰砂浆保水率的影响

试件编号	用水量（砂浆：水）	初始稠度（mm）	砂浆保水率（%）
M5-1901	1：0.115	90	91.0
M5-1902	1：0.138	90	89.4
M5-1903	1：0.162	90	88.8
M10-1904	1：0.117	91	92.0
M10-1905	1：0.139	90	90.6
M10-1906	1：0.164	92	89.8

再生细骨料对干混抹灰砂浆保水率的影响如图 1 所示。

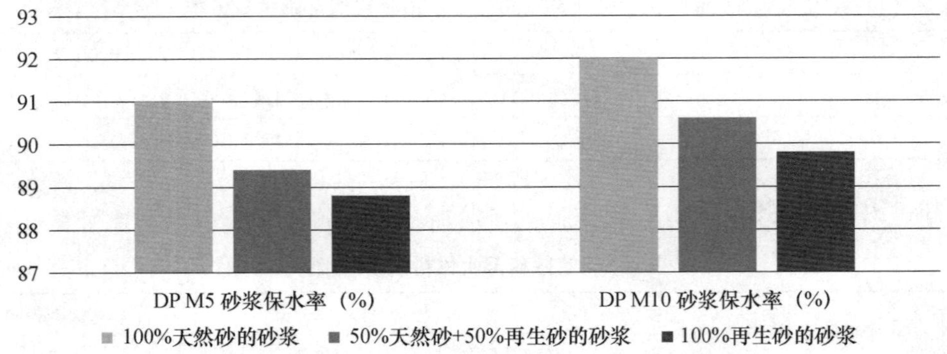

图 1　再生细骨料对干混抹灰砂浆保水率的影响

2.2　再生细骨料对干混抹灰砂浆 14d 和 28d 拉伸粘结强度的影响

再生细骨料掺量的提高对干混抹灰砂浆 DP M5、DP M10 的 14d 和 28d 拉伸粘结强度的影响不明显，使用 100％天然砂的砂浆与使用 100％再生细骨料的砂浆，所测得的拉伸粘结强度差值均在 10％以内（表 7、图 2、图 3）。

表 7　再生细骨料对干混抹灰砂浆 14d 和 28d 拉伸粘结强度的影响

试件编号	用水量（砂浆：水）	初始稠度（mm）	14d 拉伸粘结强度（MPa）	28d 拉伸粘结强度（MPa）
M5-1901	1：0.115	90	0.230	0.351
M5-1902	1：0.138	90	0.227	0.336
M5-1903	1：0.162	90	0.220	0.323
M10-1904	1：0.117	91	0.272	0.368
M10-1905	1：0.139	90	0.265	0.345
M10-1906	1：0.164	92	0.250	0.332

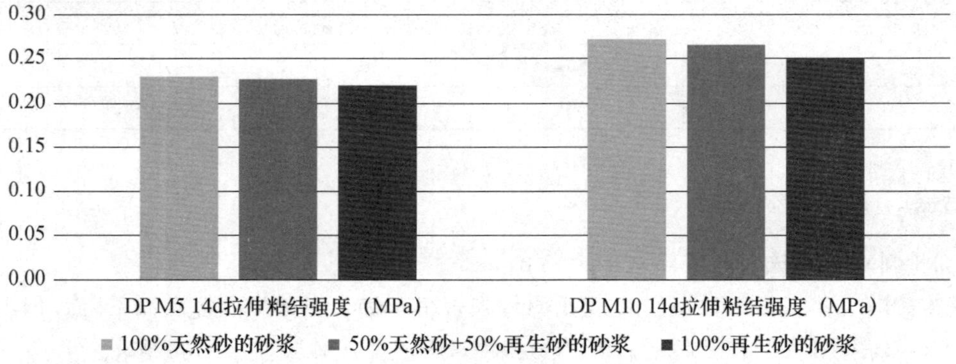

图 2　再生细骨料对干混抹灰砂浆 14d 拉伸粘结强度的影响

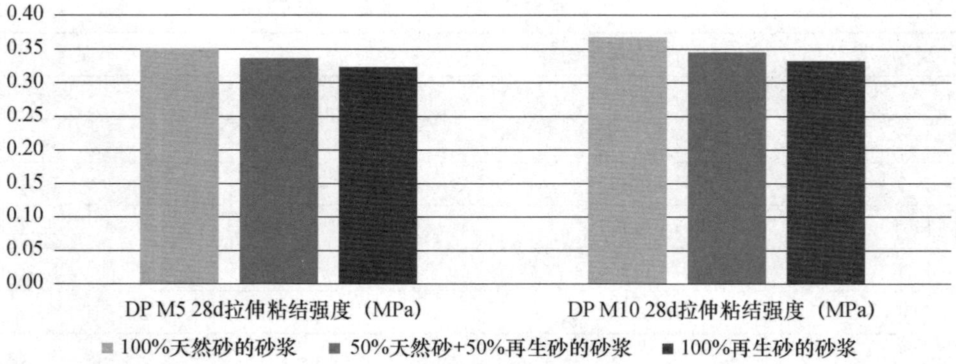

图 3　再生细骨料对干混抹灰砂浆 28d 拉伸粘结强度的影响

2.3　再生细骨料对干混抹灰砂浆 28d 和 56d 抗压强度的影响

随着再生细骨料掺量的增加，干混抹灰砂浆的 28d 和 56d 抗压强度均有不同程度的下降。因为再生细骨料表面粗糙、棱角较多，其表观密度低、吸水率高，再生细骨料的掺量大，达到相应稠度时的砂浆用水量增大，从而影响砂浆的 28d 抗压强度。

掺再生细骨料的砂浆后期强度增长率明显高于基准砂浆，并且随着再生细骨料掺量的增加，其后期强度增长率均有不同程度提高。根据文献资料上分析，再生细骨料中含有部分未水化的水泥可以继续水化，从而提高再生砂浆的强度，且对于掺粉煤灰再生砂浆而言，其生成的氢氧化钙有利于激发粉煤灰的活性，对再生砂浆强度提高起到一定的贡献作用（表 8、图 4、图 5）。

表 8　再生细骨料对干混抹灰砂浆 28d 和 56d 抗压强度的影响

试件编号	用水量（砂浆：水）	初始稠度（mm）	28d 抗压强度（MPa）	56d 抗压强度（MPa）	强度增长率（%）
M5-1901	1∶0.115	90	10.9	12.6	15.6
M5-1902	1∶0.138	90	9.8	12.0	22.4
M5-1903	1∶0.162	90	7.2	9.4	30.6
M10-1904	1∶0.117	91	11.8	13.0	10.2
M10-1905	1∶0.139	90	10.5	12.3	17.1
M10-1906	1∶0.164	92	9.2	11.6	26.1

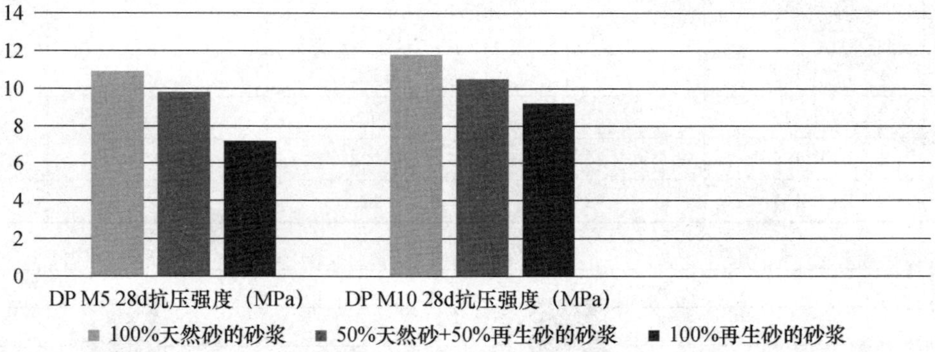

图 4　再生细骨料对干混抹灰砂浆 28d 抗压强度的影响

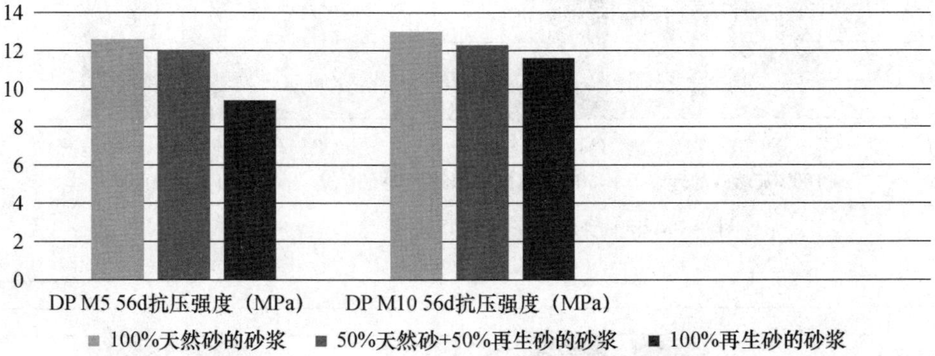

图 5　再生细骨料对干混抹灰砂浆 56d 抗压强度的影响

2.4　再生细骨料对干混抹灰砂浆 28d 和 56d 收缩率的影响

随着再生细骨料掺量的增加，干混抹灰砂浆的 28d 和 56d 收缩率明显增大，再生细骨料的掺量对干混抹灰砂浆 28d 和 56d 收缩率的影响极大。

M5-1901、M5-1902 及 M5-1903 这三组砂浆的 28d 收缩率分别为 0.062%、0.072% 及 0.125%。与掺 100%天然砂的 M5-1901 相比，掺 50%再生细骨料的 M5-1902 及掺 100%再生细骨料的 M5-1903 的 28d 收缩率分别增长 0.010%及 0.063%。

M5-1901、M5-1902 及 M5-1903 这三组砂浆的 56d 收缩率分别为 0.083%、0.153% 及 0.163%。与掺 100%天然砂的 M5-1901 相比，掺 50%再生细骨料的 M5-1902 及掺 100%再生细骨料的 M5-1903 的 56d 收缩率分别增长 0.070%及 0.080%。三组砂浆的 56d 收缩率与 28d 收缩率相比，分别增长 0.021%、0.081%及 0.038%。

M10-1904、M10-1905 及 M10-1906 这三组砂浆的 28d 收缩率分别为 0.060%、0.082% 及 0.125%。与掺 100%天然砂的 M10-1904 相比，掺 50%再生细骨料的 M10-1905 及掺 100%再生细骨料的 M10-1906 的 28d 收缩率分别增长 0.022%及 0.043%。

M10-1904、M10-1905 及 M10-1906 这三组砂浆的 56d 收缩率分别为 0.110%、0.155% 及 0.186%。与掺 100%天然砂的 M10-1904 相比，掺 50%再生细骨料的 M10-1905 及掺 100%再生细骨料的 M10-1906 的 56d 收缩率分别增长 0.045%及 0.076%。三组砂浆的 56d 收缩率与 28d 收缩率相比，分别增长 0.050%、0.073%及 0.061%（表 9、图 6、图 7）。

笔者曾研究掺废混凝土细料水泥砂浆的干燥收缩：水化 28d 掺废混凝土细料＜20%的再生水泥砂浆收缩低于基准砂浆，掺废混凝土细料＞30%的再生水泥砂浆收缩达到略超基准砂浆（具有一定的参考意义）。

表 9　再生细骨料对干混抹灰砂浆 28d 和 56d 收缩率的影响

试件编号	用水量（砂浆：水）	初始稠度（mm）	28d 收缩率（%）	56d 收缩率（%）	后期收缩增长（%）
M5-1901	1：0.115	90	0.062	0.083	0.021
M5-1902	1：0.138	90	0.072	0.153	0.081
M5-1903	1：0.162	90	0.125	0.163	0.038
M10-1904	1：0.117	91	0.060	0.110	0.050
M10-1905	1：0.139	90	0.082	0.155	0.073
M10-1906	1：0.164	92	0.125	0.186	0.061

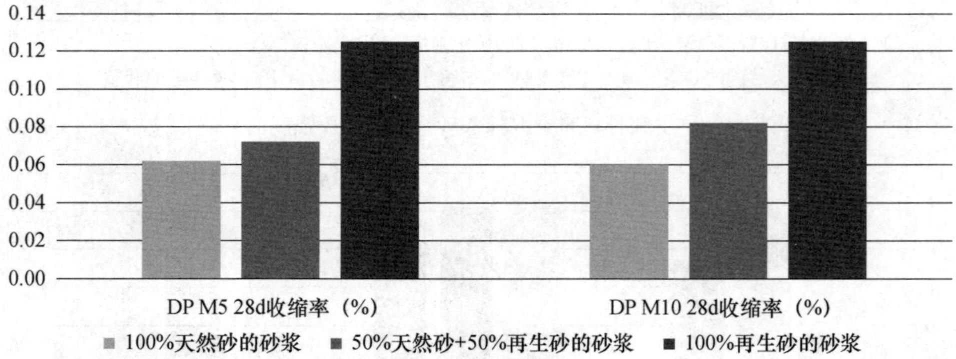

图 6　再生细骨料对干混抹灰砂浆 28d 收缩率的影响

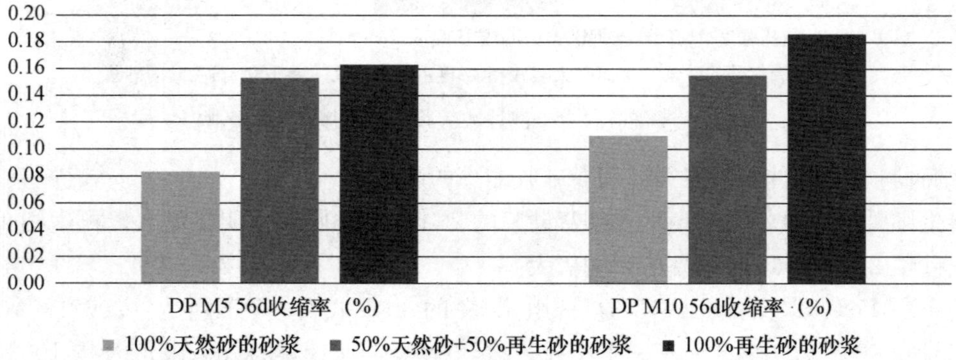

图 7　再生细骨料对干混抹灰砂浆 56d 收缩率的影响

2.5 再生细骨料对干混抹灰砂浆抗冻性能的影响

由于骨料内部存在大量微裂缝，干混抹灰砂浆25次冻融循环强度损失率随着再生细骨料掺量的增加而明显增大，但是对干混抹灰砂浆25次冻融循环质量损失率的影响较小。

M5-1901、M5-1902及M5-1903这三组砂浆的25次冻融循环强度损失率分别为4.3%、10.5%及12.2%。与掺100%天然砂的M5-1901相比，掺50%再生细骨料的M5-1902及掺100%再生细骨料的M5-1903的25次冻融循环强度损失率分别增长6.2%及7.9%。

M10-1904、M10-1905及M10-1906这三组砂浆的25次冻融循环强度损失率分别为4.3%、9.5%及10.3%。与掺100%天然砂的M10-1904相比，掺50%再生细骨料的M10-1905及掺100%再生细骨料的M10-1906的25次冻融循环强度损失率分别增长5.2%及6.0%（表10、图8、图9）。

表10 再生细骨料对干混抹灰砂浆25次冻融循环强度损失率、质量损失率的影响

试件编号	用水量（砂浆：水）	初始稠度（mm）	强度损失率（%）	质量损失率（%）
M5-1901	1：0.115	90	4.3	0.2
M5-1902	1：0.138	90	10.5	0.3
M5-1903	1：0.162	90	12.2	0.5
M10-1904	1：0.117	91	4.3	0.1
M10-1905	1：0.139	90	9.5	0.2
M10-1906	1：0.164	92	10.3	0.3

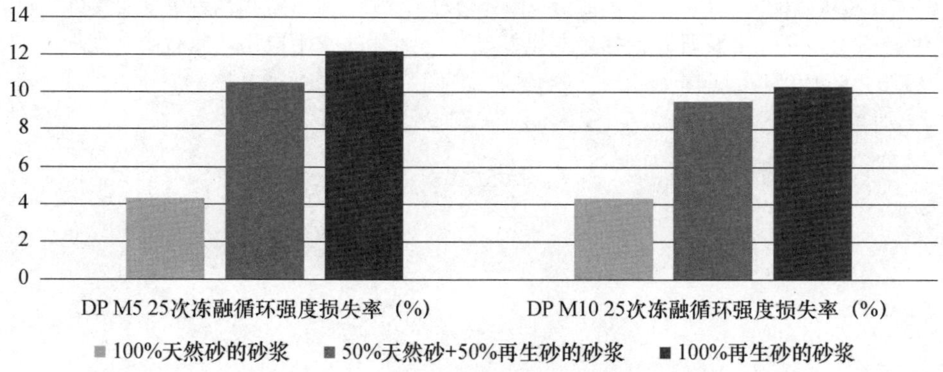

图8 再生细骨料对干混抹灰砂浆25次冻融循环强度损失率的影响

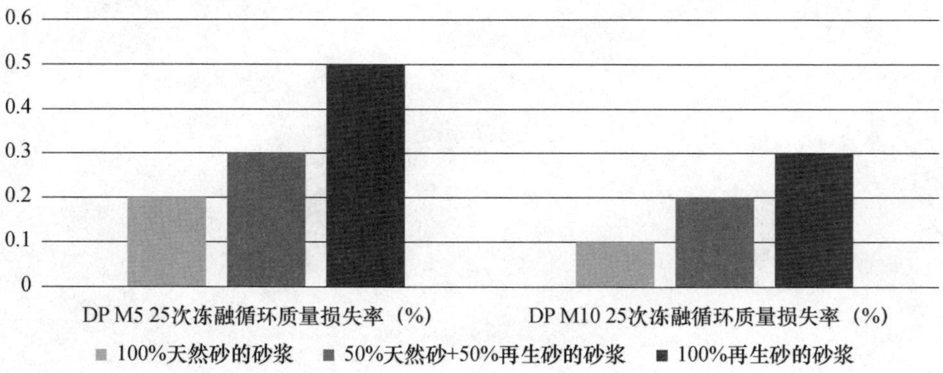

图9 再生细骨料对干混抹灰砂浆25次冻融循环质量损失率的影响

3 本次项目结论

（1）再生细骨料的应用影响干混抹灰砂浆的保水率，随着再生细骨料掺量的提高，砂浆的保水率相应的下降1～2个点；

（2）随着再生细骨料掺量的增加，干混抹灰砂浆的28d和56d抗压强度均有不同程度的下降。但是掺再生细骨料的砂浆后期强度增长率明显高于掺100％天然砂的砂浆；

（3）随着再生细骨料掺量的增加，干混抹灰砂浆的28d和56d收缩率以及25次冻融循环强度损失率明显增长，但后期收缩增长率明显降低；

（4）随着再生细骨料掺量的增加，干混抹灰砂浆的14d和28d拉伸粘结强度无明显变化，对干混抹灰砂浆冻融循环质量损失率的影响也较小，而且所有指标均在标准范围之内。

4 建议

（1）通过试验环境研究得出，再生细骨料的掺量对干混抹灰砂浆的保水率、28d和56d抗压强度、28d和56d收缩率以及25次冻融循环强度损失率均有明显影响。生产应用时应根据施工现场实际情况调整再生细骨料的级配和掺量、调整砂浆中外加剂的掺量品种，确保产品满足质量要求的前提下，减少天然砂的使用率，降低生产成本，实现经济效益。

（2）建筑垃圾成分复杂，生产过程中损伤积累导致再生骨料内部有大量原生裂纹发生，工作性差、弹性模量较小、干缩徐变较大、耐久性不高，如何控制再生骨料质量的波动，从而达到减小再生骨料质量的波动，是再生砂浆从实验室走向实用化的重要课题。

作者简介

沈池清，男，工程师，浙江正昶新型材料股份有限公司总工程师，浙江省预拌砂浆专业委员会副主任，从事水泥基材料技术生产三十多年，主要研究预拌砂浆以及砂浆外加剂的技术应用，拥有多项发明专利。联系电话：13516836365，邮箱：scq670814@sina.com。

有机外加剂如何提高腻子的品质

Lang J.，Aberle T.，Zurbriggen R. & Buehler E.
蒋志恒　译
塞拉尼斯公司

摘　要　腻子术语上也称灰泥，有仿丝、缎面、饰面等形式，其使用和应用越来越流行。腻子普遍以干混砂浆形式存在，以水泥、石灰石水泥、灰钙或石膏等材料为主要凝胶材料，加入细砂或粉末骨料制成。

腻子用于内外墙和顶棚表面的找平，可用作薄抹灰或粉刷层，厚度可以从低于 1mm 到最大 5mm。根据具体使用情况，腻子层后可贴壁纸或刷涂料。高品质的腻子可直接作为饰面层，上面无须任何涂层，其通常具有一定疏水性。

腻子表面要达到极其光滑，需要较高的施工技能。添加各种有机添加剂，可以使新拌腻子具有很好的施工性，也可以让硬化后的腻子具有很好的物理特性。

添加纤维素醚类可提高新拌砂浆性能，比如高保水性和出色的施工性能。可再分散性乳胶粉能确保良好的内聚力、粘结力和表面特性。另外，可通过添加特种添加剂以降低腻子的吸水性和返碱。

本文详细探讨了不同有机添加剂对新拌腻子特性以及腻子最终物理特性的影响。
关键词　可再分散性乳胶粉；腻子；外加剂；柔韧性

Skim Coats-How Organic Additives improve the Quality

Lang J.，Aberle T.，Zurbriggen R.，Buehler E
Jiang Zhiheng Translating
Celanese Chemicals AG

Abstract　The use and application of Skim Coats，also known under terms like Putty，Feather Touch，Satin，Veneer is getting more and more popular. Skim coats are widely available as dry mortars and can be based on cement，cement lime，lime or gypsum binder with fine sand or powder aggregates.

Skim Coats are used to smooth interior or exterior wall and ceiling surfaces. They can be applied as a thin plaster or as a render layer resulting in thicknesses from less than 1mm up to 5mm. Depending on the specific purpose Skim Coats can be coveredlater with wall paper or paint. High quality Skim Coats are designed as finishing without any coating on top and do have in general a hydrophobic character.

To enable the very smooth surface of the Skim Coat，high application skills are required. Therefore，various organic additives are available to provide fresh mortar workability and final physical properties of the hardened Skim Coat.

Cellulose ethers are added to improve fresh mortar properties，such ashigh-water retention and excellent workability. Redispersible polymer powders ensure good cohesion，adhesion and surface properties. Furthermore, special organic powder additives are available to reduce water uptake and efflorescence of Skim Coats.

The effects of the different organic additives on fresh mortar properties and final physical properties of Skim Coats are discussed in detail.

Keywords redispersible polymer powders; skim coat; additive; flexibility

1 背景

石膏基光面腻子从古代起就已得到使用。在巴洛克时代，威尼斯灰泥（一种大理石仿制品技术）等石灰基产品风靡一时，而且是腻子艺术品的巅峰代表。在现代，随着波特兰水泥的发展，生产用于潮湿区域和室外的找平材料成为可能，在这些区域石膏基产品具有一定的局限性。乳液或可再分散性乳胶粉改性的产品是最新创新，具有优异的粘结力、内聚力、柔韧性、抗裂性能以及表面硬度。

由于美观和物理性能方面的原因，最终饰面被设计成光面。从美观度方面，可以有很多的形貌，可以形成镜面光泽度的饰面，如同威尼斯灰泥效果，或是均匀光滑的基层以使达到最好的涂料效果。从物理角度来讲，主要是减少积垢。由于腻子表面非常光滑，灰尘等浮质难以吸附在其表面，而且更容易维护，与纹理性表面相比，表面清洗更方便，需要时，也能轻松重新涂刷。

2 现代的腻子

如今，不同地区的建材市场对这种表面找平材料具有不同的定义。最常见的有腻子、灰泥、仿丝灰泥、缎面灰泥或饰面灰泥。此外，还有很多地区性术语。在本文中，我们把用于砂浆表面的找平材料称为腻子。

除了乳液基膏状产品外，越来越多的预拌砂浆用于该应用领域中。通常其凝胶材料是水泥、水泥和石灰、石灰和生石膏、或者石膏。另外，这些产品还含有可再分散性乳胶粉、细砂或粉末骨料，而且还会添加其他外加剂进行进一步改性（表 1 和表 2）。

表 1 水泥基腻子的基准配方（无疏水性）

配方组成	质量比（%）
波特兰水泥 CEM I 42.5 R（白色或灰色）	15～25
熟石灰	0～5
碳酸钙粉 <100μm	73～83
纤维素醚（中高黏度）	0.3～0.5
ELOTEX 可再分散性乳胶粉	1～2
水	约 40

表 2 石膏基腻子的基准配方（无疏水性）

配方组成	质量比（%）
β-半水硫酸钙	67～77
熟石灰	1～5
碳酸钙粉 <100μm	20～30
石膏缓凝剂	0.1～0.2
纤维素醚（高黏度）	0.4～0.6
ELOTEX 可再分散性乳胶粉	1～2
水	约 50

根据需要，把腻子批刮到需要找平的混凝土、混凝土砖和砖墙、抹灰层、石膏板或水泥板上（图 1），可用作薄灰泥或粉刷层，厚度为 1～5mm。为了达到更好的表面平整度，通常，腻子需要多层施工。通常，在批刮下一层腻子或刷涂料前，需要对腻子层进行打磨，以达到出色的平整性。

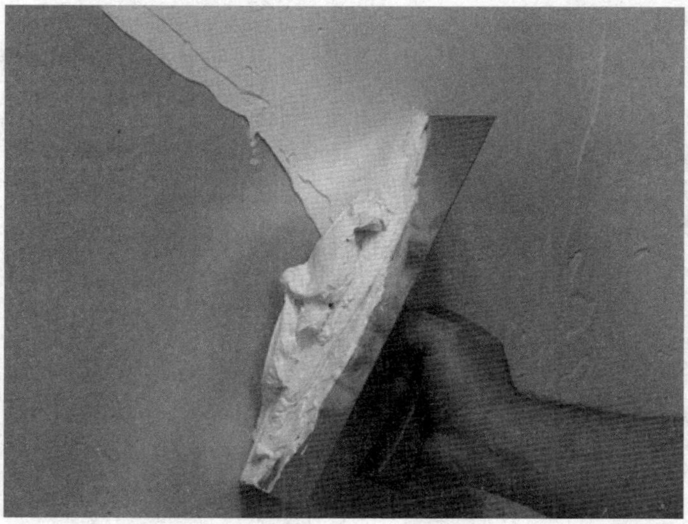

图 1　使用馒刀批刮腻子

3　使用有机外加剂提高腻子性能

现代有机外加剂赋予腻子良好施工性能以及硬化后优异的物理特性。由于腻子层厚度极薄，所以优异的滑爽性及较高的保水性就非常重要。因此，纤维素醚类是矿物基腻子以及聚合物基膏状腻子产品中的重要添加剂（参见以下 3.1）。

赋予硬化后腻子性能的是粘结系统，其中包括可再分散性乳胶粉，它能提供粘结力和表面性能，比如较低的吸水性、耐候性、防刮性、防粉化性以及耐擦洗性。

下文讨论了不同有机外加剂对腻子的新拌砂浆特性和最终物理性能的影响。3.1 和 3.2 分别对纤维素醚类和可再分散性乳胶粉这两种主要成分进行了阐述。3.3～3.5 分别对流变助剂、憎水剂以及抗返碱抑制剂等特种外加剂进行了阐述。

3.1　纤维素醚

对于矿物基腻子以及聚合物基膏状产品，纤维素醚能为新拌砂浆带来良好的性能（最重要的是出色的爽滑性能和超高的保水性）。纤维素醚有多种作用机制：

第一，它是一种增稠剂，能形成一种均质的膏状以防止流挂，而且光滑表面结构也主要得益于纤维素醚。如图 2 所示为墙体与腻子层微观状态，图 2（b）是腻子表面的俯视图，矿物细粒之间充满细小的薄膜。这些薄膜是馒刀在腻子表面上移动形成的。由于纤维素醚能形成一定的黏滞性，新拌腻子会黏附到馒刀上，且可以被刮平。因此纤维素醚在水-空气界面经过富集，能使薄水膜保持稳定。

第二，纤维素醚具有表面活性，它会包裹在气体（搅拌产生的）的界面，从而形成了膏状。

第三，它能够锁定水分，并封闭多孔性基材表面，提供保水机制。因此，无须基层提前润湿或固后化处理。保水性使水在材料中保持足够长的时间以确保固化和硬化得当，这很重要，特别是在严苛的气候条件下（比如作业现场高温且有风），这是无裂缝和长时间施工的一个关键因素。

图 2　墙体与腻子层微观状态

（a）从左向右：红砖墙体、抹灰层（4mm 厚）和腻子（2mm 厚）；

（b）扫描电子显微镜俯视图，箭头表示纤维素醚薄膜，有助于形成光滑表面；

（c）腻子内聚合物膜的扫描电子显微照片（如箭头所示）。

3.2　可再分散性乳胶粉（RDP）

添加可再分散性乳胶粉（RDP）能显著提高与基材的粘结力，矿物填料和水泥相之间形成的聚合物膜可以增强砂浆内聚力［请参见图 2（c）］。正确的聚合物（单体组成）以及最佳的可再分散性乳胶粉用量，会影响砂浆最终性能。比如，使用玻璃转变温度（T_g）过高的太硬的可再分散性乳胶粉，对硬化后腻子表面进行打磨处理时会有一定难度。因此，腻子配方中最常用的可再分散性乳胶粉是基于 EVA 乙烯-醋酸乙烯酯类型的，比如，ELOTEX® MP2050，80W 等。

另外，市场中还有特殊的疏水性可再分散性乳胶粉，使用这类胶粉的腻子在刷涂料前无须进行底涂处理。在 ELOTEX® 命名体系中，疏水性可再分散性乳胶粉以字母 HD 开头，比如 HD2000。

除了乳胶粉外，可以使用特殊的粉末型的有机外加剂使腻子具备其他的性能，比如可控黏滞性、低吸水性和抗返碱性。

3.3　基于淀粉醚改性的流变助剂

添加少量改性淀粉醚（Elotex® ELOSET542），可以很好地调整产品的流变性。稠度、防流挂性和批刮性可得到优化，不会使新拌腻子在馒刀上形成太强的黏滞性。通过这种改性，工人需要的涂抹力减小（批刮容易）而且可以更轻松地控制表面的平滑度。

3.4　憎水剂

采用 ELOTEX® SEAL80 憎水剂改性腻子后，水泥基腻子甚至能形成一种荷叶效果而且具有较低吸水性。因此，在刷涂料前无须进行底涂。使用憎水剂（ELOTEX® SEAL）将延长腻子的耐久性。另外，吸水性降低，这也是抗返碱的第一步。

若是石膏基腻子，憎水剂能显著提高其防水性和耐久性。这为其在厨房、花园、楼梯等潮湿室内区域的使用提供了可能性，尤其是在潮湿和热带地区。

3.5　返碱抑制剂

返碱是因为盐沉积在腻子表面引起的，主要影响产品的美观度。盐溶解于孔隙的水中并在沉淀后迁移到表面，便会形成这种现象。在波特兰水泥基腻子中，碳酸钙（$CaCO_3$）是最典型的主要风化相。在黏土砖等多孔性建材与潮气或水接触后，水溶性盐会在毛细管张力下迁移到表面，形成二次返碱（图 3）。

图 3　快速测试法，水滴水试验

测量 5 滴水（约 0.2mL）从表面消失所用的时间

把返碱抑制剂添加到干混砂浆混合物中后，可防止或减少一次和二次返碱的形成。

ELOTEX® ERA200 产品（返碱抑制剂）是多功能性添加剂，具有多种抑制返碱机制，比如（i）减少毛细连通性（降低渗水性），（ii）减小返碱形成晶体的粒径，（iii）使返碱变成不易察觉的低返碱。这些机制促使腻子保持其主要美观度，而且能形成长期的持久外观（图 4）。

图 4　二次返碱快速测试法：把腻子批刮到多孔黏土砖上，

部分浸没盐溶液（10% NaCl）中并持续几天

左图：使用 0.2%ELOTEX® ERA200 改性后的腻子；右图：未添加抗返碱抑制剂的相同腻子

4 结论

数毫米的厚度以及饰面层良好的美观度一般要求有高品质的腻子。建筑行业提供了一整套完整的标准和特种粉末外加剂，可以在现代干混砂浆技术的基础上，为市场提供高品质的腻子产品，具有物流、搬运、产品安全、易于施工以及耐久性等所有优势。

译者简介

蒋志恒，男，塞拉尼斯公司技术服务经理，主要从事可再分散性乳胶粉在砂浆中的应用研究，联系方式：Anthony.jiang@celanese.com。

铝酸盐基 3h 快干自流平砂浆的性能表现

武海龙　刘 涛　李德波　高汉青　周仁道
益瑞石铝酸盐（中国）技术有限公司，天津，300457

摘　要　本文针对快干型自流平砂浆进行试验研究，通过配方调整以达到 3h 抗压强度高的配方体系，针对 α-半水石膏和 β-半水石膏的变化，胶凝材料总量调整和砂浆加水量进行了测试，测试项目包括流动度及工作性的保持，抗压和抗折强度以及收缩性能，同时对耐磨性能进行了评估，通过实验测试，实现了 3h 快干自流平砂浆体系的配方调整，不仅满足施工工作时间的要求，对于收缩性能和强度发展也有比较好的表现，尤其是低胶凝材料总量低水量配比组，3h 抗压强度 14MPa，200r/min 打磨损失 0.56g，可以满足施工中的 3h 铺贴 PVC 的技术要求。

关键词　铝酸盐；快干体系；自流平砂浆；半水石膏；膨胀；收缩；钙矾石

The Technical Performance of Calcium Aluminate Base Self-leveling Mortar with 3 Hours Fast Drying

Wu Hailong，Liu Tao，Li Debo，Gao Hanqing，Zhou Rendao
Imerys Aluminate（China）Technology Co.，Ltd.，Tianjin，300457

Abstract　This paper focus on experimental study on fast-drying self-leveling mortar. The formulation system was adjusted to achieve a 3-hour high-strength formula system. The changes of α hemihydrate and β hemihydrate gypsum，totalbinder content and water dosage in mortar were tested. The test items include flow，flow retention and workability，compressive and flexural strength，and shrinkage performance. Through experimental tests，the formulation adjustment of the 3-hour fast-drying self-leveling mortar system was realized，which not only meets the requirements of work time，but also has relatively good performance on the shrinkage performance and strength development，especially the total amount of low binder content with low water dosage system，the early 3-hour strength is 14MPa，200cycle polish performance is 0.56g，which can meet the technical requirements of applying the PVC sheet for three hours during application.

Keywords　calcium aluminate；fast drying；self-leveling mortar；hemihydrate gypsum；shrinkage；expansion；ettringite

0　引言

随着自流平砂浆在中国的持续发展，自流平砂浆已经在国内得到广泛的使用，如近期广泛讨论的石膏基自流平砂浆在家装市场的广泛应用。在弹性地板行业中，水泥基垫层自流平砂浆已经十分普及，在各个城市都可以看到有专业的生产厂家和施工人员，而面层自流平砂浆在国际型企业的持续推广和项目案例的持续增加下，本土的企业也在不断的成长和进入大项目的竞争。从高端的、昂贵的、兼具装饰和使用功能的面层自流平砂浆到价格适中、兼顾找平功能的找平砂浆，自流平砂浆对于终端消费者不再是停留在设计图纸里的纸上产品。

同时，随着原材料的发展，自流平砂浆的配方体系也在发生着变化，自流平砂浆的胶凝材料体系有铝酸钙基[1]、硫铝酸钙基[2]、石膏基[3]等不同的体系，每个体系可以有不同的性能进行配方设计。同时伴随着添加剂的持续更新，各个企业对新产品的研发投入，自流平砂浆的功能性日益更新，如在面层自流平砂浆中具有装饰效果的墙地结合体系，石膏基自流平砂浆对于大型住宅项目的匹配性能和施工配合，垫层自流平砂浆在 PVC 弹性地材的铺装的打磨工艺更新适应，并已经有厂家从室内应用拓展到室外应用，通过双组分搭配，结合无机有机组分，向室外苛刻条件的耐久性进行了实际案例的尝试。从低碳环保角度，也出现了低水泥量的自流平砂浆，通过不同矿物相产品来实现低胶凝材料体系，进而达"低二氧化碳排放"的产品体系。

PVC 弹性地板在铺装过程中，通常的垫层自流平砂浆需要等待 1～3d 的时间才能刮贴胶水铺装 PVC，在大型项目中，等待时间相对于项目组织安排来说是可以接受的，但在家装应用领域中，尤其是没有大量的项目支持的情况下，等待时间过程长而施工面积很小，对于经济性不适合，造成推广更加艰难的局面。因此，当日完工的需求就格外突出，因此 2～3h 可以打磨的自流平砂浆成为针对细分的市场急切需要的厂家进行开发的产品。

针对快干的细分市场应用，本项目围绕胶凝材料总量、不同的石膏类型和砂浆加水量进行试验初探，以节约自流平厂家的研发时间，对配方设计能够分享实验经验。

1 试验介绍

1.1 试验原材料

铝酸盐结合剂，JC83，益瑞石铝酸盐技术有限公司生产，性能见表 1；硅酸盐水泥，北京金隅水泥兴发厂；α-半水石膏，国内市售产品，β-半水石膏，进口市售产品，石膏产品的矿物相分析见表 2 和图 1；碳酸钙：重质碳酸钙，325 目，市售产品；级配砂：水洗天然砂，市售产品；减水剂、纤维素醚、缓凝剂、促凝剂、消泡剂等添加剂均为市售产品。

表 1　铝酸盐结合剂 JC83

	Al_2O_3（%）	CaO（%）	初凝（min）	6h 抗压强度（MPa）	24h 抗压强度（MPa）	72h 抗压强度（MPa）
JC83	49.76	36.17	81	32	67	70

表 2　石膏产品的矿物相分析

	硬石膏	半水石膏	二水石膏	碳酸钙	白云石	石英
石膏 A	0.9	97.6	0.6	0.0	0.7	0.2
石膏 B	3.8	93.6	0.0	1.7	0.4	0.6

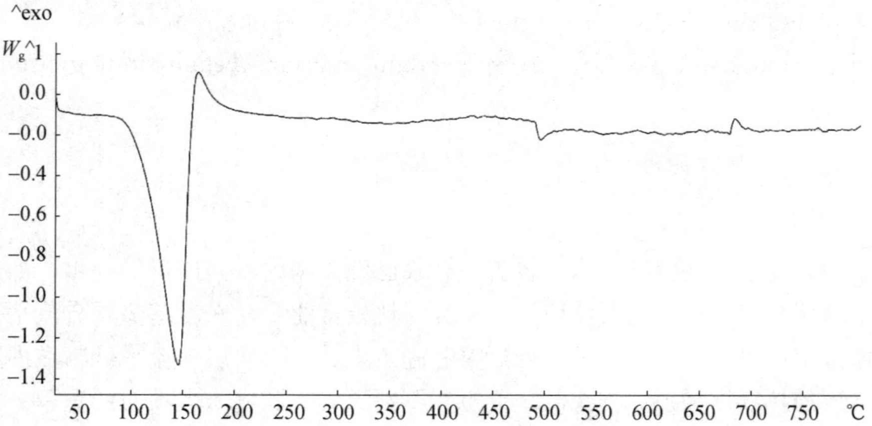

图 1　石膏 A 的 DSC 分析

1.2 快干自流平材料配方原材料说明

本试验对比了5个配方体系，主要变量：胶凝材料总量、加水量、石膏种类。五组配方的命名规则：胶凝材料总量—加水量—石膏类型，其中胶凝材料为35%和30%，加水量为22%、20%、18%，石膏类型为α和β，见表3。举例：35-22-B，即胶凝材料总量35%、水量22%、β-半水石膏。其余依此类推。

配方中的减水剂、胶粉、缓凝剂、促凝剂、消泡剂均为常规掺量。

表3 石膏类型

	胶凝材料总量	砂浆加水量	石膏种类	铝酸盐结合剂JC83
35-22-A	35%	22%	α	16.3%
35-20-A	35%	20%	α	16.3%
30-22-A	30%	22%	α	14.0%
35-22-B	35%	22%	β	16.3%
30-18-B	30%	18%	β	14.0%

代号及配比见表3。本文着重对比以上5组试验数据。在这5组试验以外还有本文未体现的试验数据，因文章篇幅有限不做体现，这里分享未显示的配方体系获取的经验总结，后期也会在其他试验中复核验证：

（1）在常规的富高铝体系配方下通常可以获得6h强度，通过降低缓凝剂的添加量来得到3h抗压强度是比较难以实现的；

（2）本文所使用的减水剂在添加量增加时对于提高流动度、降低黏度，在0.1%～0.2%掺量未见明显贡献，可能已经在0.1%下达到饱和；

（3）降低黏度的添加剂（表面活性剂）在试验中没有表现出来期待的性能贡献，原因和原理有待加深理解。

1.3 试验及测试仪器

胶砂搅拌机，型号JJ-5，无锡建仪公司，按照《水泥标准稠度用水量、凝结时间、安定性检验方法》（GB/T 1346—2011）；比长仪，型号BC-300，按照《水泥胶砂干缩试验方法》（JC/T 603—2004）测试。

自流平砂浆依据《地面用水泥基自流平砂浆》（JC/T 985—2017）进行测试。

XRD（X射线衍射分析），德国布鲁克公司生产，采用步进扫描模式，工作电压40kV，工作电流100mA。

TGA/DSC 3＋同步热分析仪，梅特勒-托利多生产。

2 试验结果与讨论

本节内容列举5组快干配方体系的性能对比，包括自流平流动度、流动度保持、凝结时间、黏度、抗折和抗压强度、收缩、打磨性能。

2.1 自流平砂浆流动度和黏度性能

初始流动度和流动度保持是自流平砂浆重要的技术指标。能有工作时间，并且在合适的工作时间内完成施工，是保证好的材料达到技术性能的前提条件。本试验是在实验室环境下完成测试，初始流动度在加水搅拌5min后进行测试，20min流动度为从加水开始计时后20min后的流动度值，同理，30min为加水30min后的流动度测试值。流动度采用流动度环进行测试（图2）。

从图 2 的试验结果可以看出，经过配方调整，5 组配方的初始流动度都能满足要求，均大于 130mm。其中 30-18-B 组在 30min 时还有流动度值，而其他样品 30min 时均不再具有流动度，表现比较差的是 35-22-B，初始流动度比较小，并且 20min 时已经不再具有流动度，可能在施工现场会出现前后批次材料接槎或愈合性能差的情况。

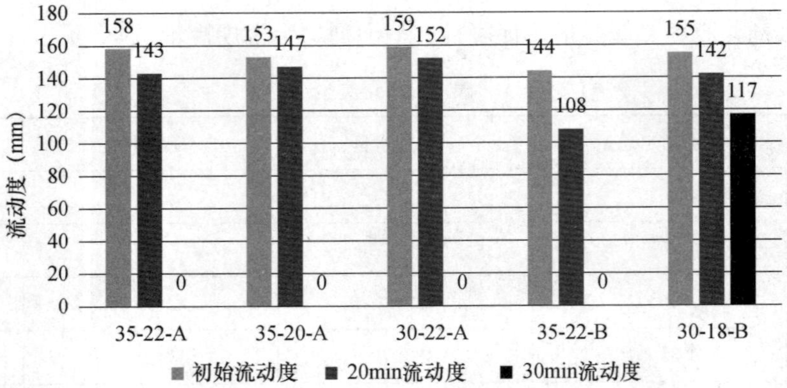

图 2　流动度对比结果

流动度是重要的指标，但通常黏度也是非常关键的指标，这是对工人刮涂手感的一个理化指标的表征，通过涂 6 杯测试，计量单位为秒。

图 3 的试验结果表明，5 组配方的黏度指标差异很大，比如 35-22-B 和 30-18-B，这两组的黏度值很高，分析原因可能是，这两组共性的地方是采用的 β-半水石膏，需水量大，也可能和 β-半水石膏需水量比较大以及减水剂对 β-半水石膏的减水效率有限，同时 30-18-B 的加水量很低，只有 18%，也是造成这组配方黏度高的原因。而对比 35-22-A 和 35-20-A 两组，水量增加 2%，黏度有很明显的变化，黏度值降低一半，工作性能有非常明显的改变。

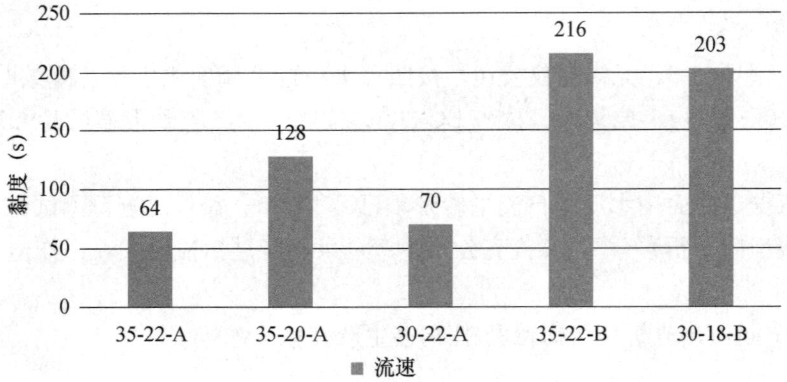

图 3　黏度指标对比结果

2.2　凝结时间测试结果

从图 4 的实验结果看，富高铝水泥基的 5 组配方凝结时间略有差异，但都集中在 35min 初凝，50min 终凝，同时胶凝时间为 25～30min，这个也解释了图 1 中流动度保持中，很多组的 30min 流动度不好的表现，因为在 25min 左右已经开始丧失流动性，胶凝材料开始水化，后期随着水化的进行，大约 35min 达到初凝，并很快达到终凝，进而能够实现 3h 强度的快速发展。

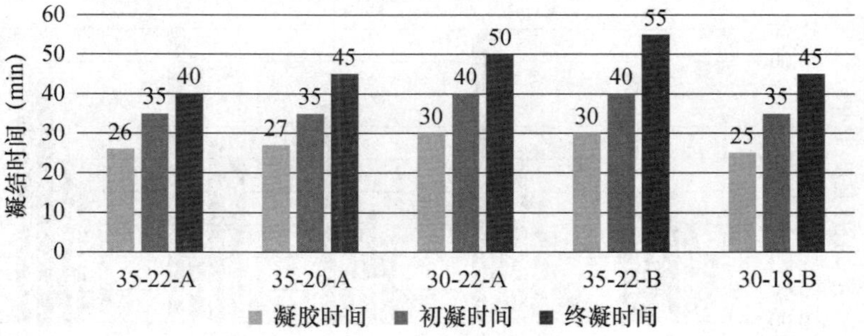

图 4　胶凝时间和凝结时间测试对比结果

2.3　强度测试结果

从图 5 的抗折强度数据来看，5 组配方的抗折强度在加水量多（22%）和加水量少（18%）的情况下无论胶凝材料多（35%）或者少（30%）以及变换半水石膏品种，抗折强度随着龄期的延长是持续增长的。在三元体系或特种水泥中，抗折强度的发展过程需要持续关注，而正相关的规律对于材料的性能有基础的强度保障，不会为后续带来潜在的风险。

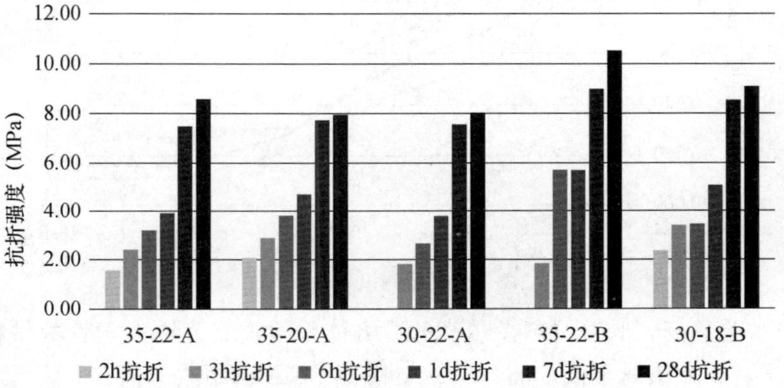

图 5　抗折强度测试对比结果

同时，从 5 组配方对比看，2h 抗折强度在 30-22-A 和 35-22-B 中没有数值，强度很低，这是因为当胶凝材料总量低，并且水量多的时候，2h 抗折强度非常难获得。技术解决路线从实验结果看可以分成两个方向：(a) 使用高胶凝材料配方体系；(b) 降低用水量。更多的具体数值可以在抗压强度中分析。

从图 6 的抗压强度数据分析，抗压强度随着龄期的延长是持续增高的。35%胶凝材料总量的配方体系，共三组，强度整体高于 30%胶凝材料总量配方体系，从数据上印证了配方设计的经验规律。强度最低的一组为 30-22-A，这是因为胶凝材料总量和水量的原因，使得强度值偏低。对比 35-22-A 和 35-20-A 两组数据，水量低了以后强度会有明显提高，和配方经验规律相符合。后续实验数据结合对比耐磨性能，也有一样的经验规律。

快干自流平工艺对于早期强度要求比较高，进而能够实现自流平砂浆的含水率低。对比几组实验，从强度要求来看，35-20-A 和 30-18-B 两组实验数据较好，早期强度比较高，尤其是 3h 抗压强度均高于 10MPa，对于自流平砂浆来说已经能够满足尽快打磨的要求。

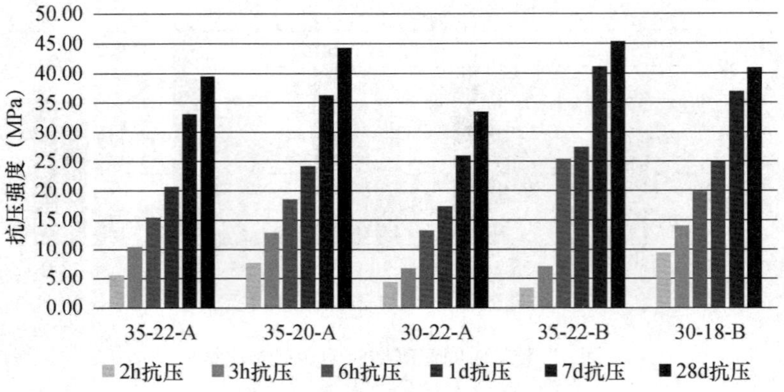

图 6　抗压强度测试对比结果

2.4　收缩及浸水膨胀测试结果

从图 7 的测试结果看，5 组配方的收缩值在 28d 均小于 0.06mm/m，非常低的收缩值。

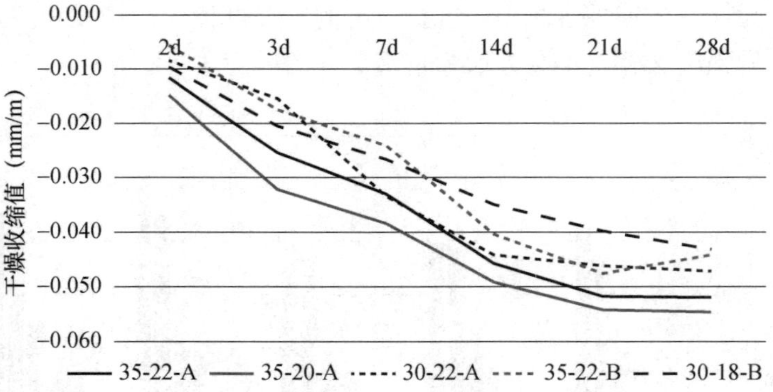

图 7　收缩测试对比结果

同时对比 5 组实验数据，胶凝材料总量高的配方体系的收缩值均大于胶凝材料总量低的配方体系，尤其是 30-18-B，收缩值非常低，而 35-22-A 和 35-20-A 两组收缩值在 5 组配方体系中最高，这可能和胶凝材料总量高有一定相关度。

浸水膨胀性能的测试方法：在自流平砂浆成型一天后脱模，测试试件的初长，然后放在水中，到规定的养护龄期后从水中取出，测试试件的长度。本测试方法是模拟在浸泡水中的情况下材料的尺寸变化。在本试验中，从图 8 的结果中可以看到，浸水膨胀性能比较好，在 0.025mm/m 以内，说明在遇水环境下，自流平砂浆的早期钙矾石比较稳定[4]，没有多余的石膏或钙矾石的二次反应[5]。

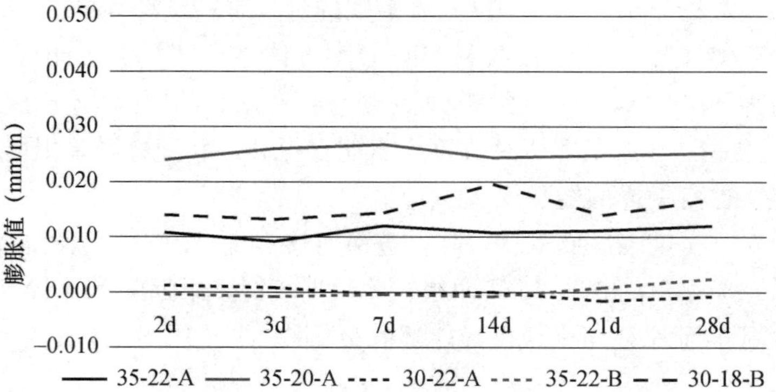

图 8　浸水膨胀测试对比结果

2.5 磨耗损失测试结果

从图9的磨耗失重对比数据来看，加水量在22%的3组试验配方磨耗损失量都比较高，而最优秀的是水量18%的30-18-B组，尽管胶凝材料总量低，但耐磨损失很小，打磨非常好，对比35-22-A和35-20-A，当加水量少的情况下，水量高耐磨性会差一些。

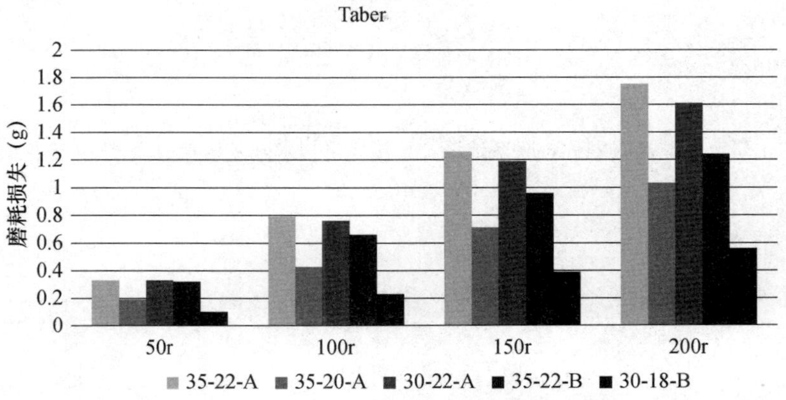

图9　Taber磨耗失重对比结果

对于本试验对比的石膏A和石膏B，没有看到明显的耐磨性能有一致性的规律，同样，胶凝材料总量的变化对于耐磨性能的变化的规律也不明显。

3　结论

（1）本试验测试的5组配方，针对胶凝材料总量、加水量和半水石膏品种变化进行了测试，测试项目覆盖自流平砂浆的各种性能。

（2）黏度和流动度是自流平砂浆关键的技术指标，本实验中5组配方中，明显地可以看到加水量和半水石膏对于黏度影响很大，即使在流动度数值一样的情况下，黏度区别也非常大，而低黏度的产品对于施工的便捷性以及施工友好性更加突出的性能，因此会有更好的性能平衡。

（3）试验采用的富高铝水泥体系，凝结时间和胶凝时间之间的间隔比较短，这也是强度比较好的一个基础。同时因为体系水化速度比较快，胶凝时间大约在30min，可以满足工人现场的施工要求。

（4）在强度和耐磨数据中，对抗折强度和抗压强度以及耐磨影响最大的指标是加水量，加水量少了后强度和耐磨提升非常明显。胶凝材料总量和半水石膏的变化与耐磨性能有相关但不紧密。强度值与胶凝材料总量比较相关，当胶凝材料总量提高时，早期强度和后期强度都有明显的提高。

（5）在收缩测试中，可以看到胶凝材料总量高的配方收缩略大，加水量对于收缩略有影响。浸水膨胀性能数据比较小，5组配方的收缩值均小于0.06mm/m。

本试验对快干型自流平砂浆进行了试验，通过胶凝材料总量变化、加水量变化以及半水石膏品种变化进行了配方组合，针对3h快干型自流平砂浆的性能进行了测试。在垫层自流平砂浆中的细分市场做初步的实验室研究，希望可以通过试验来总结初步的经验，验证或复验了过往的规律，解决配方调试工作的复杂程度。在实际应用中面临的施工环节和施工环境的变化带来的配方调整工作有待进一步深入研究和现场实践，希望通过提升产品的性能进而让自流平砂浆在差异化竞争和更专业产品中获得更广的产品线规划，满足终端客户的不同使用需求。

参考文献

[1]　戴浩，刘艳，王中兰，等．面层自流平砂浆的耐磨性能研究［J］．新型建筑材料，2017（6）：40-43．

[2]　王广凯，刘梁友，冯思娟，等．硫铝酸盐水泥基自流平砂浆性能的研究［J］．硅酸盐通报，2016（6）：1912-1917．

[3] 柳建峰，杨文娟．脱硫建筑石膏复合胶凝材料制备高强度自流平砂浆的研究［J］. 住宅与房地产，2020.

[4] Maier S. Ternary system：Calcium alumina cement-Portland cement-gypsum［C］. Calcium Aluminate Cements Proceeding of Centenary Conference 2008，Bracknell：His BRE press，2008 p. 512.

[5] Amathieu，L. & Bier，Th. A. & Scrivener，K. L.，Mechanisms of set acceleration of Portland cement through CAC addition［C］. International Conference on Calcium Aluminate Cements，Edinburgh，Scotland，UK，2001，p. 303-317，16-19 July.

作者简介

武海龙，男，硕士研究生，高级职称，联系地址：天津经济技术开发区第九大街睦宁路 86 号，邮编：300457，电话：13752010395。

脱硫石膏复合胶凝材料制备自流平砂浆的研究

杨文娟

中国绿色建材产业发展联盟工业固废专委会，北京，100070

摘　要　通过单因素实验，确定脱硫建筑石膏复合胶凝材料体系中水泥10%、矿粉10%、粉煤灰5%，在此基础上添加砂和外加剂后，获得石膏基自流平砂浆产品。性能测试表明，该复合体系自流平砂浆完全满足行业标准要求。

关键词　脱硫建筑石膏；矿渣粉；粉煤灰；自流平砂浆；复合胶凝材料

Study on Preparation of High Strength Self-leveling Slurry with Desulphurization Gypsum Composite Gelatin

Yang Wenjuan

Solid Waste Committee of China Green Building Materials Alliamce, Beijing, 100070

Abstract　Through the single factor experiment, the cement 10%, mineral powder 10%, fly ash 5% in the gypsum composite cementitious material system of desulfurization building were determined, after adding sand and admixture, the gypsum-based self-leveling mortar product was obtained. The performance test showed that the self-leveling mortar of the composite system met the industry standard fully.

Keywords　desulphurization building gypsum; slag powder; fly ash; self-leveling mortar; composite cementitious material

0　引言

自流平砂浆是一种以无机或有机胶凝材料为基料，添加适量外加剂后，能用于地面找平的材料。无机类的又可分为水泥基自流平砂浆和石膏基自流平砂浆。相较于水泥基自流平，石膏基具有找平精度高、施工周期短、施工效率高等特点，越来越受到市场的青睐。现有石膏基自流平砂浆主要以α-石膏为主要原材料，因其成本较高，难以在市场推广，因此急需开发低成本产品。

脱硫石膏作为固体废弃物，利用成本低，是开发低成本自流平砂浆的理想原材料。目前，已经有文献对脱硫α石膏进行了相关研究[1]，同时对在脱硫石膏中单掺其他胶凝材料与掺入量对自流平性能的影响均有研究[2-3]，对于低成本石膏基自流平砂浆的研究取得了一定的进展。

本文以脱硫建筑石膏为主要胶凝材料，通过单因素实验分别对水泥、矿粉、粉煤灰等材料的掺量进行验证，最终获得了复合胶凝材料，加入外加剂后，得到了各项指标均高于国家标准的自流平砂浆。

1 实验

1.1 原料

脱硫建筑石膏（山东某厂）、水泥（普通硅酸盐水泥）、矿粉（四川某厂）、粉煤灰（四川某厂）。

1.2 实验方法

1.2.1 配制复合胶凝材料

通过单因素变量法进行复合胶凝体系试验，主要控制体系中材料的加入量不同，根据标准稠度、凝结时间、强度等指标，确定最优配方，即复合胶凝体系中各组成成分占比。单因素试验按照表1进行。

表1 复合胶凝材料中各材料加量表［质量分数（%）］

编号	脱硫建筑石膏	42.5级水泥	矿粉	粉煤灰
YL	100	0	0	0
C1	95	5	0	0
C2	90	10	0	0
C3	85	15	0	0
C4	80	20	0	0
K1	95	0	5	0
K2	90	0	10	0
K3	85	0	15	0
K4	80	0	20	0
F1	95	0	0	5
F2	90	0	0	10
F3	85	0	0	15
F4	80	0	0	20

1.2.2 高强度自流平砂浆制备

将配好的外加剂包加入到复合胶凝体系中，再加入具有一定级配的砂，混合均匀后，得到自流平砂浆，然后进行物理性能测试，测试方法与结果处理按《石膏基自流平砂浆》（JC/T 1023—2007）进行。

试件养护条件：温度（23±2)℃，空气相对湿度（50±5)%。

2 结果与讨论

2.1 水泥对胶凝体系的影响

改变水泥掺量，脱硫建筑石膏配平，具体加量见表1，试验结果见表2。

表2 水泥掺量变化试验结果

编号	标稠（%）	初/终凝（h）	1d抗折/抗压强度（MPa）	绝干抗折/抗压强度（MPa）	体积变化率（%）
YL	65	0.10/0.17	3.2/10.1	3.5/11.0	+0.02
C1	55	1.5/3.2	2.6/6.5	5.2/16.5	+0.01
C2	52	1.7/6.2	2.4/5.8	6.1/20.1	−0.02
C3	48	2.0/8.5	2.0/5.2	6.3/22.3	−0.15
C4	45	2.5/10.8	1.8/4.6	7.5/25.5	−0.20

体积变化率“+”表示膨胀；“—”表示收缩。

由表2中数据可知：42.5级水泥加入后对脱硫建筑石膏胶凝体系各项指标均有一定影响。标稠用水量随着水泥加量的增加而减少；初终凝时间随水泥加量的增加而延长；1d抗折抗压强度随水泥加量的增加而降低；绝干抗折抗压强度随水泥加量的增加而增高。当水泥加量为20%时，抗折抗压强度分别为7.5MPa和25.5MPa，但是体积变化率也达到了最大——收缩率0.2%。综合考虑各项指标，最终确定水泥掺量10%，标稠52%，初凝1.7h、终凝6.2h，1d抗折强度2.4MPa、抗压强度5.8MPa，绝干抗折强度6.1MPa、抗压强度20.1MPa。

2.2 矿粉对胶凝体系的影响

脱硫建筑石膏中单掺矿粉，矿粉加入量见表1，试验结果见表3。

表3 矿粉掺量变化试验结果

编号	标稠/（%）	初/终凝（h）	1d抗折/抗压强度（MPa）	绝干抗折/抗压强度（MPa）	体积变化率（%）
YL	65	0.10/0.17	3.2/10.1	3.5/11.0	+0.02
K1	58	1.6/3.4	2.8/6.7	4.0/12.4	−0.01
K2	54	1.8/4.5	2.6/6.5	5.4/15.7	−0.05
K3	50	2.1/6.7	2.1/5.0	5.5/16.5	−0.14
K4	46	3.5/7.5	2.2/4.8	5.6/16.4	−0.34

由表3数据可知：随着矿粉掺入量的增加，复合胶凝体系各项指标呈现不同的变化趋势。标稠用水量随着矿粉量的增加而减少；凝结时间逐渐延长，当矿粉掺量为20%时，初凝3.5h，终凝7.5h；1d强度逐渐降低，随着矿粉掺入量的增加，1d抗折强度稳定在2.1MPa左右，1d抗压强度稳定在5.0MPa左右；绝干强度呈现出升高的趋势，当矿粉掺量超过10%以后，继续加入矿粉，绝干强度不会再增高。

由此说明，矿粉加入到脱硫建筑石膏中以后，能够水化，形成硬化体，为整个体系提供强度，但是反应速度较慢，导致初终凝时间随着矿粉掺量的增加而延长；1d强度降低，绝干强度升高，也能佐证该论点。

综合考虑各项指标，最终确定矿粉掺量为10%。

2.3 粉煤灰对胶凝体系的影响

脱硫建筑石膏中单掺粉煤灰，粉煤灰加入量见表1，试验结果见表4。

表4 粉煤灰掺量变化试验结果

编号	标稠（%）	初/终凝（h）	1d抗折/抗压强度（MPa）	绝干抗折/抗压强度（MPa）	体积变化率（%）
YL	65	0.10/0.17	3.2/10.1	3.5/11.0	+0.02
F1	60	2.0/4.2	2.5/6.7	4.0/12.4	−0.01
F2	55	3.2/8.2	2.4/6.5	3.2/10.8	−0.05
F3	52	4.1/10.5	2.0/5.2	3.2/10.0	−0.14
F4	48	5.4/16.7	2.0/4.8	3.1/10.2	−0.34

由表4数据可知：随着粉煤灰加量的增加，胶凝体系凝结时间依次延长，当粉煤灰掺量为20%时，初凝5.4h，终凝为16.7h；1d和绝干的抗折抗压强度呈现出：随着粉煤灰加量的增加，强度逐渐降低，然后趋于稳定。表中数据显示，当粉煤灰加量为5%（F1）时，1d抗折和抗压强度分别为2.5MPa和6.7MPa，粉煤灰加量增加至15%和20%时，1d抗折强度稳定在2.0MPa，1d抗压强度稳定在5.0MPa左右。绝干强度也表现出相同的规律：当粉煤灰加量为15%和20%时，绝干抗折强

度稳定在3.2MPa左右，绝干抗压强度稳定在10MPa左右；体积变化率随着粉煤灰量的增加而增加。

由此推测：粉煤灰在与脱硫石膏混合后形成胶凝体系时没有起到提高强度的作用。粉煤灰颗粒外层包裹着一层玻璃质，该物质会影响粉煤灰水化，导致其参与反应速度缓慢。当体系中水分反应和蒸发完后，粉煤灰在体系中只有填料作用，因此表现出随着其加量增加，体系强度并没有增强，并且导致收缩率增加。复合胶凝材料中加入水泥后，中性体系转变为变为碱性体系，有利于粉煤灰活化，从而进行反应，提升整体强度。

综合考虑各项指标，复合胶凝体系中粉煤灰掺量为5%。

2.4 高强度自流平砂浆性能

按照脱硫建筑石膏45%、水泥10%、矿粉10%、粉煤灰5%的比例配制复合胶凝体系，添加砂（30%）和外加剂包后，搅拌均匀，编号HSSLM；另一组不加外加剂，编号FHCM。按照行业标准《石膏基自流平砂浆》（JC/T 1023—2007）进行性能测试，测试结果见表5。

表5 高强度自流平砂浆性能指标

项目		JC/T 1023—2007	HSSLM	FHCM
		性能指标		
凝结时间（h）	初凝	≥1	2.5	2.0
	终凝	≤6	4.5	3.0
30min流动度损失（mm）		≤3	2	10
强度（MPa）	24h抗折	≥2.5	3.0	2.8
	24h抗压	≥6.0	12.0	6.0
	绝干抗折	≥7.5	8.3	4.6
	绝干抗压	≥20.0	28.2	15.4
收缩率（%）		0.05	0.02	0.03

从表5中数据可知：脱硫建筑石膏混合胶凝体系制备的高强自流平砂浆（HSSLM）初凝2.5h，终凝4.5h；30min流动损失2mm；24h抗折抗压强度分别为3.0MPa和12.0MPa，绝干抗折抗压强度分别为8.3MPa和28.2MPa，收缩率0.02%。HSSLM各项指标均远高于行业标准。

复合胶凝体系（FHCM）中未加入外加剂包时，凝结过快，终凝在3h已经完成，不能保证施工操作，强度也比加入外加剂的材料低，引起该现象的主要原因是外加剂包中减水剂能够减少砂浆用水量，用水量减少，砂浆绝干后，内部多余水分蒸发量少，因蒸发造成的毛细通道相应减少，增加了材料密实度，从而达到提升强度的目的。此外，纤维素醚能够保证砂浆中各组分在水中均匀分布，不会分层泌水，提升材料的整体性，由于粉煤灰、水泥等材料反应速度慢，完全水化需要一定时间，纤维素醚在整个体系中能够保证体系水化所需的水分。缓凝剂则能够保证自流平砂浆的施工操作时间。

3 结论

复合胶凝体系中，水泥、矿粉、粉煤灰都能够提升自流平砂浆产品的后期强度，使得绝干强度远高于脱硫建筑石膏自身绝干强度。

外加剂包对自流平砂浆有着重要作用，其中减水剂能够减少自流平砂浆用水量，增加硬化体密实度，提升强度；纤维素醚能保证砂浆体系的整体性，使水泥、矿粉、粉煤灰等物质有足够的水化时间；缓凝剂能保证施工操作时间。

单掺粉煤灰无法起到增强作用，在复合胶凝体系中，水泥既有胶凝作用，同时有激发粉煤灰反应的作用。

脱硫建筑石膏制备的石膏基自流平砂浆：初凝 2.5h，终凝 4.5h，30min 流动度损失 2mm，24h 抗折强度 3.0MPa，24h 抗压强度 12.0MPa，绝干抗折强度 8.3MPa，绝干抗压强度 28.2MPa。各项指标均符合行业标准，在配方合理的情况下，强度指标远超行业标准，应用前景广阔。

参考文献

[1] 彭明强，叶蓓红．脱硫石膏用于自流平砂浆的研究［J］．建筑材料学报，2012（03）：118-121+133.

[2] 黄天勇，章银祥，张文才，等．普通硅酸盐水泥对石膏基自流平砂浆性能的影响［J］．硅酸盐通报，2016（10）：3106-3111，3118.

[3] 权刘权，张菁燕，李东旭．水泥掺量对脱硫石膏基自流平材料的影响［J］．非金属矿，2012（01）：34-36.

作者简介

杨文娟，女，中国绿色建材产业联盟工业固废专委会副秘书长，联系地址：北京市丰台区赛欧科技园 1-9-1，邮编：100070，联系电话：18010279758。

减水剂和缓凝剂对石膏基自流平砂浆性能的影响

戴浩　张超　王辉

江苏兆佳建材科技有限公司，江苏苏州，215151

摘　要　研究了减水剂和石膏缓凝剂对石膏基自流平砂浆流动度、凝结时间和强度的影响，采用SEM分析了缓凝剂对石膏水化产物微观形貌的影响。结果表明：石膏专用减水剂PC-8300能够适应于脱硫石膏、磷石膏、石膏＋水泥体系的自流平砂浆，对石膏的凝结时间影响较小，强度副作用小。与在纯石膏体系中相比，减水剂在石膏＋水泥体系中的减水作用更强。蛋白类石膏缓凝剂适应于石膏基自流平砂浆，与聚羧酸减水剂兼容，缓凝作用强，对石膏的早期强度副作用小。柠檬酸和磷酸盐缓凝效果弱，会显著降低石膏的强度，与聚羧酸减水剂兼容性不好，其中，柠檬酸相对更差。柠檬酸会使水化产物二水石膏晶体变得粗大，呈板状或短柱状。蛋白类缓凝剂则会使二水石膏晶体尺寸有所增大，但形貌并未改变，仍为针棒状。

关键词　石膏；减水剂；缓凝剂；流动度，凝结时间

The Influence of Water Reducer and Gypsum Retarder on Properties of Gypsum Based Self-leveling Mortars

Dai Hao，Zhang Chao，Wang Hui

Jiangsu Zhaojia Materials Technology Co.，Ltd.，Jiangsu Suzhou，215151

Abstract　The influence of water reducer and gypsum retarder on fluidity，setting time and strength of gypsum based self-leveling mortars have been studied. The hydrated products microstructures were characterized by SEM. The results show that gypsum special water reducer PC-8300 could betterly applied to desulphurization gypsum，phosphogypsum，gypsum-Portland cement based self-leveling mortars，which has little effect on setting time and early strength. Water reducer behave better properties in gypsum-Portland cement mixed system as compared to only gypsum as binder. Protein retarders are suitable for use in gypsum based self-leveling mortars，as it could be compatible with polycarboxylate water reducer and behave excellent action of retarding and less side effect on strength. Citric acid and phosphateexert poor retarding action and may decrease the strength of gypsum significantly. In addition，citric acid could not be compatible with polycarboxylate water reducer. For gypsum containing Citric acid，hydrated products with platelike and columnar can be observed. Protein retarder will increase the dimension of crystal，butcause little effect on microstructures，and the crystals still present a needle shape.

Keywords　gypsum；water reducer；retarder；fluidity；setting time

0 引言

自流平砂浆有着优异的工作性，可以节省劳动力，提高施工效率，在建筑装饰装修工程中有着广泛的应用[1]。自流平砂浆按胶凝材料可分为水泥基自流平砂浆和石膏基自流平砂浆。石膏的生产能耗低，且可循环利用，具有显著的节能效应。与水泥相比，石膏有很多不可替代的优点，石膏基的尺寸稳定性好，抗裂性能更强；凝结硬化速度快，即使在冬季低温条件下，仍可以正常凝结硬化；密度更小，相同质量时，摊铺面积更大，有利于节约原料成本[2]。近年来，石膏基建材受到广泛的关注和重视，在地面装修工程中，石膏基自流平砂浆的市场使用量逐年增大。外加剂是影响石膏基自流平砂浆性能的关键因素，直接决定了砂浆产品的品质。目前，关于石膏基自流平砂浆的专用添加剂的研究并不多，本文着重介绍了减水剂和缓凝剂对石膏基自流平砂浆的性能影响，并分析了相关的机理。

1 实验

1.1 原材料

石膏：脱硫石膏，唐山凯捷脱硫石膏制品有限公司；磷石膏，四川宏达股份有限公司。

硅酸盐水泥：P·O42.5 硅酸盐水泥，常州盘固水泥有限公司。骨料和填料，市售。

外加剂：减水剂有三种：分别为 PC-8300、PC-A 和 PC-B，均为聚羧酸类；缓凝剂有四种：柠檬酸、磷酸氢二钠、GR-C 和 G18-N。柠檬酸和磷酸氢二钠为分析纯，GR-C 和 G18-N 为蛋白类；D130 消泡剂，矿物油类；400E 羟丙基甲基纤维素醚（HPMC），黏度 400mPa·s。其中，PC-A、PC-B 和 GR-C 来自某知名生产厂家，其他均来自江苏兆佳建材科技有限公司。

1.2 试验方法

表 1 为石膏基自流平砂浆基础配比，改变胶凝体系、减水剂和缓凝剂的掺量，其他组分不变。其中，石膏-水泥复合体系为 95%石膏+5%水泥。脱硫石膏基水料比为 0.28，磷石膏基水料比为 0.30。标准试验条件、砂浆制备、流动度、凝结时间和力学强度测试均参照《石膏基自流平砂浆》（JC/T 1023—2007）行业标准。观形貌测试使用 JSM-5900 扫描电镜，取净浆试块中间部分的断面作为样品。

表 1　石膏基自流平砂浆基础配比

石膏	水泥	重钙	细砂	减水剂	缓凝剂	HPMC	消泡剂
38～40	0～2	15	45	0.1～0.16	0.04～0.12	0.08	0.1

2 试验结果与讨论

2.1 减水剂对石膏基自流平砂浆性能的影响

2.1.1 减水剂对流动度的影响

图 1 对比了聚羧酸减水剂 PC-8300、PC-A 和 PC-B 对不同石膏体系的自流平砂浆流动度的影响。

石膏专用减水剂 PC-8300 对脱硫石膏、磷石膏和脱硫石膏+水泥体系的自流平砂浆均有着良好的适应性。与另外两种减水剂相比，同等掺量时，PC-8300 对应的砂浆流动度更大，随着掺量的增加，最先达到饱和掺量。对比图 1（a）和（b）、（c）和（d）可看出，在石膏中内掺 5%的水泥后，三种减水剂对应的砂浆的流动性均有了显著的提升，且差距有所减少，其中 PC-A 和 PC-B 对应的砂浆流动性基本相同。由此可见，减水剂在石膏+水泥的体系中更能发挥其减水作用。从图 1（c）可知，相同减水剂掺量时，磷石膏体系的自流平砂浆流动性要显著小于脱硫石膏体系，主要是因为

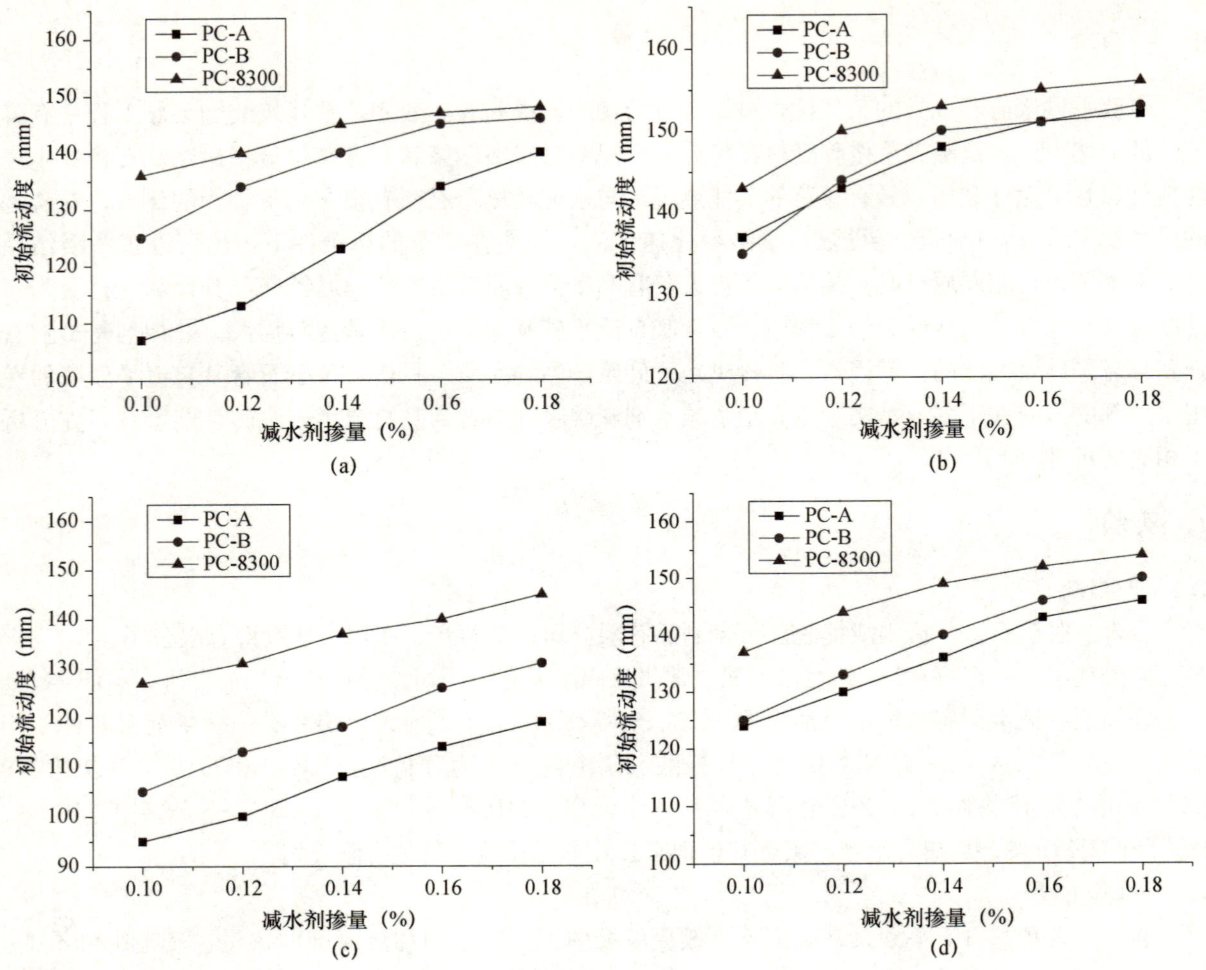

图1　减水剂对石膏基自流平砂浆流动度的影响

（a）脱硫石膏体系；（b）脱硫石膏＋水泥体系；（c）磷石膏体系；（d）磷石膏＋水泥体系

磷石膏中的杂质较多，如磷酸盐，与聚羧酸减水剂存在竞争吸附关系，影响减水剂作用的发挥[3~5]，而 PC-8300 抗杂质干扰的能力更强。

2.1.2　减水剂对凝结时间的影响

在脱硫石膏＋水泥体系自流平砂浆中对比减水剂对其凝结时间的影响，减水剂掺量选取 0.1%、0.14%和 0.18%（图2）。

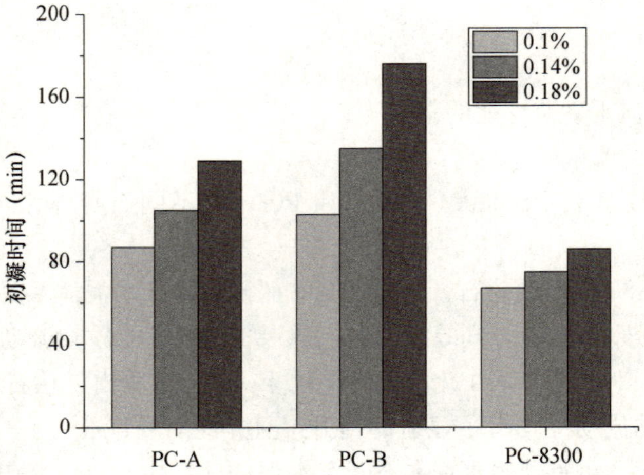

图2　减水剂对石膏基自流平砂浆凝结时间的影响

减水剂 PC-8300 对石膏的缓凝作用最弱，且随着掺量的增加，其缓凝作用增幅最小。PC-8300 母液在合成过程中，消除了多余的羧基，而羧基对 Ca^{2+} 有很强的络合作用，从而对石膏起到缓凝作用。因此，PC-8300 对石膏凝结影响较小。在通过调整减水剂掺量来改善石膏基自流平砂浆流动性的时候，无须再对缓凝剂的掺量进行调整。

2.1.3 减水剂对强度的影响

在脱硫石膏＋水泥体系自流平砂浆中对比减水剂对砂浆早期强度的影响，结果如图 3 所示。

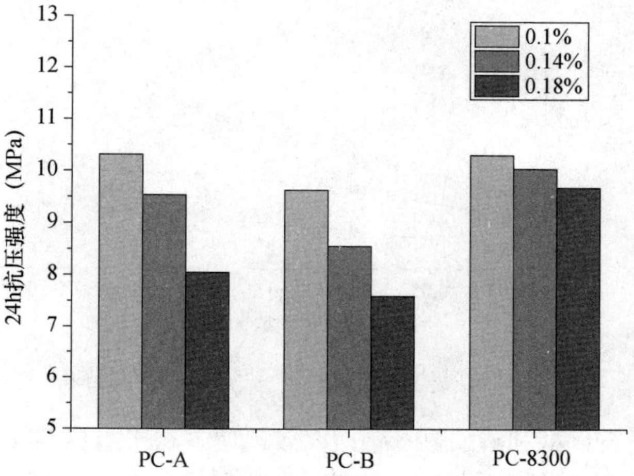

图 3 减水剂对石膏基自流平砂浆 24h 抗压强度的影响

结合图 2 和图 3 可知，石膏基自流平砂浆凝结时间越长，其早期强度越低。掺 PC-8300 砂浆的凝结时间最短，早期强度相对更高，随着掺量的增加，强度降低幅度最小。而掺 PC-B 的砂浆强度最低，随着掺量的增加，强度降幅最大。

2.2 缓凝剂对石膏基自流平砂浆性能的影响

2.2.1 缓凝剂对流动度的影响

对比柠檬酸、磷酸氢二钠、GR-C 和 G18-N 对石膏基自流平砂浆流动度的影响。胶凝体系为脱硫石膏＋水泥体系。

从图 4 可知，蛋白类缓凝剂对石膏基自流平砂浆的流动度几乎没有影响。掺蛋白类缓凝剂的两组砂浆流动度几乎相同，且不随掺量的增加而变化。磷酸氢二钠对砂浆的流动性有一定的影响，随着缓凝剂掺量的增加，流动度有少许的降低，但远优于掺柠檬酸的砂浆。由此可知，PC-8300 与磷酸盐有着良好的兼容性，因而可以适应于磷石膏体系的自流平砂浆。柠檬酸与聚羧酸减水剂的兼容

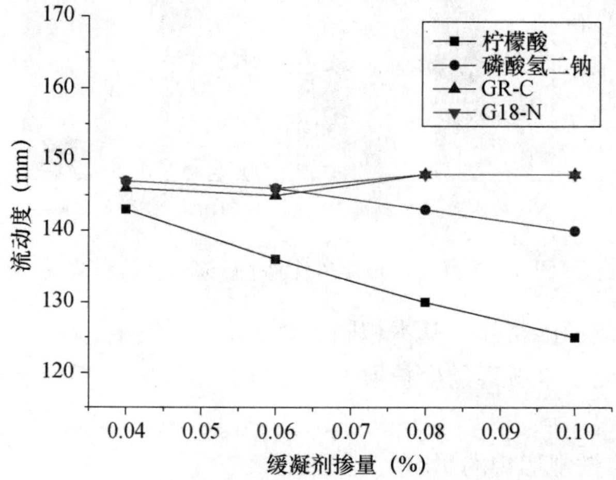

图 4 缓凝剂对石膏基自流平砂浆流动度的影响

性则最差，会显著降低砂浆的流动度。

2.2.2 缓凝剂对凝结时间的影响

如图 5 所示为四种缓凝剂对石膏基自流平砂浆凝结时间的影响。

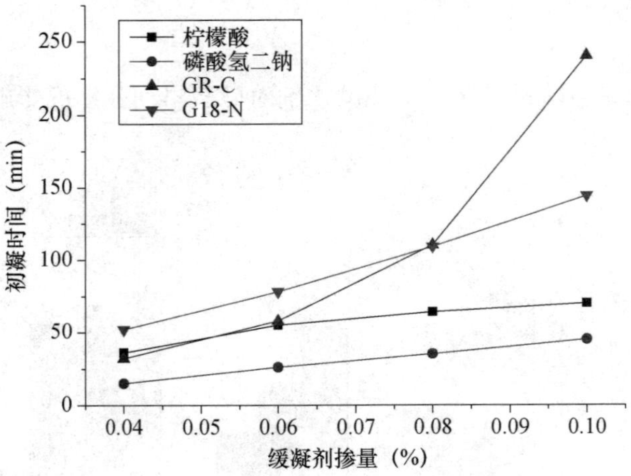

图 5 缓凝剂对石膏基自流平砂浆凝结时间的影响

从图 5 中可以看出，柠檬酸和磷酸氢二钠缓凝效果明显弱于蛋白类缓凝剂，随着掺量的增加，对应的砂浆凝结时间增长幅度也相对较小。比较 GR-C 和 G18-N 可发现，缓凝剂掺量低时，GR-C 对应砂浆的凝结时间短于 G18-N，随着掺量的增加，砂浆凝结时间逐渐超过 G18-N，并呈指数级增长。而 G18-N 对应砂浆的凝结时间则近似直线增长。很显然，GR-C 掺量对石膏凝结时间的影响较为敏感，使用这种缓凝剂不利于产品的稳定性控制。而相比之下，G18-N 掺量对石膏的凝结时间影响较为适中。

2.2.3 缓凝剂对强度的影响

对比四种缓凝剂对石膏基自流平砂浆强度的影响，缓凝剂的掺量均为 0.08%（图 6）。

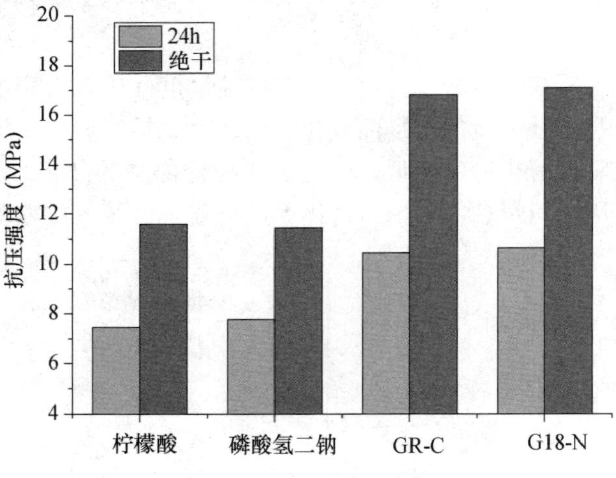

图 6 缓凝剂对石膏基自流平砂浆强度的影响

两种蛋白类缓凝剂对应的砂浆强度基本相同，显著高于掺柠檬酸和磷酸氢二钠的砂浆。主要是因为无机盐类缓凝剂会改变二水石膏的生长习性，使其变得粗短，不利于相互搭接，进而使得结构不够致密，强度降低[6~8]。

2.2.4 缓凝剂对石膏晶体微观形貌的影响

图 7 所示为柠檬酸和 G18-N 对石膏净浆硬化体二水石膏晶体形貌的影响，缓凝剂的掺量为 0.2%。

对比图 7（a）和图 7（b），石膏中掺入柠檬酸之后，二水石膏晶体由较为细长的针棒状转变为板状或短柱状，结晶网络结构较为松散。再对比图 7（a）和图 7（c），掺入 G18-N 之后，二水石膏晶体尺寸有所增大，但形貌并未改变，仍为针棒状，结晶网络结构相对更加致密。因此，掺 G18-N 的石膏基自流平砂浆的强度相对更高。

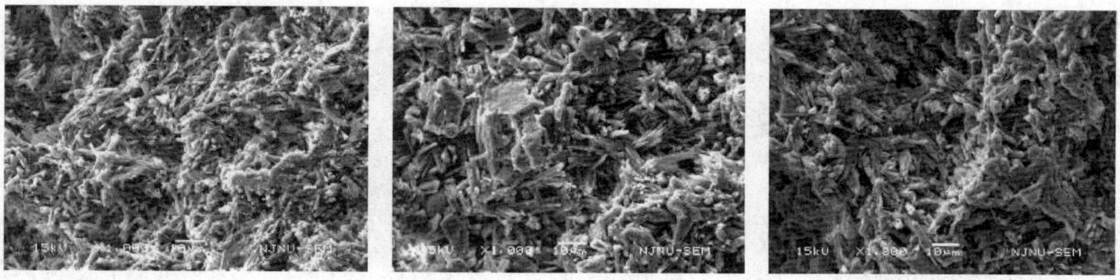

(a) (b) (c)

图 7 缓凝剂对石膏微观形貌的影响

（a）空白样；（b）0.2%柠檬酸；（c）0.2%G18-N

3 结论

（1）石膏专用减水剂 PC-8300 对脱硫石膏、磷石膏、石膏＋水泥体系自流平砂浆均具有较好的适应性，对石膏的凝结时间影响较小，其对应的砂浆早期强度更高。与在纯石膏体系中相比，减水剂在石膏＋水泥体系中的减水作用更强。

（2）蛋白类石膏缓凝剂与聚羧酸减水剂兼容性更好，缓凝作用强，对石膏的强度影响小。柠檬酸和磷酸氢二钠缓凝效果较弱，均会显著降低石膏的强度，柠檬酸与聚羧酸减水剂的兼容性相对更差。缓凝剂 G18-N 的掺量对石膏凝结时间的敏感度适中，随着缓凝剂掺量的增加，石膏的凝结时间近似直线上升。

（3）柠檬酸会改变石膏生长习性，使二水石膏晶体变得粗大，呈板状或短柱状。蛋白类缓凝剂会使二水石膏晶体尺寸有所增大，但形貌并未改变，仍为针棒状。

参考文献

[1] 黎力，吴芳．自流平材料的应用发展综述 [J]．新型建筑材料，2006（4）：7-11.

[2] 王祁青．石膏基础建材及应用 [M]．北京：化学工业出版社，2008.

[3] 吴杰，郭强．不同缓凝剂对自流平砂浆性能的影响 [J]．新型建筑材料，2012（2）：93-94.

[4] 沈晓冬，姚燕．胶凝材料学 [M]．高等教育出版社，2012.

[5] 黄滔，彭小芹，王淑萍，等．蛋白类缓凝剂对建筑石膏的适应性研究 [J]．建筑材料学报，2018（4）：84-89.

[6] 潘伟，王培铭．缓凝剂和减水剂作用于半水石膏水化硬化的研究进展 [J]．材料导报，2011，25（7）：91-96.

[7] 彭家惠，张建新，陈明凤，等．大分子缓凝剂对建筑石膏水化进程的影响及缓凝机理 [J]．硅酸盐学报，2008，36（7）：896-900.

[8] 彭家惠．建筑石膏减水剂与缓凝剂作用机理研究 [D]．重庆：重庆大学，2004.

作者简介

戴浩，男，硕士研究生，研发工程师，主要从事建筑材料外加剂研发及应用技术研究工作。联系地址：江苏省苏州市高新区浒晨路 29 号，邮箱：daihao.442@163.com。

普通硅酸盐水泥对石膏基自流平砂浆性能影响研究

艾秀科[1]　李英丁[2]

1. 四川绿大地石膏制品有限公司，四川达州，635000；

2. 广东龙湖科技股份有限公司 绵阳技术中心，四川绵阳，621000

摘　要　α-半水石膏相对于建筑石膏（β-半水石膏）有较高的密实度和强度，用α-半水石膏配制的石膏基自流平砂浆强度较好，普通硅酸盐水泥是制备石膏基自流平砂浆的主要辅助材料。本文研究了普通硅酸盐水泥对高强度石膏基自流平砂浆流动度、强度、含水率和收缩性能的影响。研究表明普通硅酸盐水泥对高强度石膏基自流平砂浆的流动度、强度和吸水率影响较大，水泥掺量逐渐升高时使高强度石膏基自流平砂浆的强度和失水率呈规律性的变化。通过上述研究，得到普道水泥用于石膏基自流平砂浆的最佳配比，并得到该配比下石膏基自流平砂浆物理力学性能。

关键词　石膏基自流平砂浆；普通硅酸盐水泥；失水率

Effect of Portland Cement on Properties of Gypsum-based Self-leveling Mortar

Ai Xiuke[1]，Li Yingding[2]

1. Sichuan Lvdadi Gypsum Products Co.，Ltd.，Sichuan Dazhou，635000；

2. Mianyang Technology Center of Guangdong Longhu Technology Co.，Ltd.，Sichuan Mianyang，621000

Abstract　The gypsum base self-leveling mortar prepared with alpha semi-hydrated gypsum has a good strength. Ordinary Portland cement is the main auxiliary material for the preparation of gypsum base self-leveling mortar. The influence of Portland cement on fluidity，strength，moisture content and shrinkage of high strength gypsum base self-leveling mortar was studied. The results show that ordinary Portland cement has great influence on fluidity，strength and water absorption of high strength gypsum base self-leveling mortar，and the strength and water loss rate of high strength gypsum base self-leveling mortar change regularly when the cement content of high strength gypsum base self-leveling mortar increases gradually. Based on the above research，the optimal ratio of pusi cement to gypsum base self-leveling mortar was obtained，and the physical and mechanical properties of gypsum base self-leveling mortar were obtained.

Keywords　gypsum base self leveling mortar；Portland cement；filtration rate

α-半水石膏配制的石膏基自流平砂浆是以α-半水石膏为主要胶凝材料、加入一定普通硅酸盐水泥、填料、各种外加剂和砂制备而成的新型地面找平材料，能够快速、经济、高效地对地面进行找平，且相对于建筑石膏配置石膏基自流平砂浆有较好的强度和表面平整度。石膏基自流平砂浆主要用于地面底层找平，即作为地面装饰层的支撑材料，在凝结硬化过程中能产生微膨胀，不产生收缩裂缝，且热稳定性好，可用作木地板地面及地暖地面找平[1]。当前家装领域客厅、厨卫地面通常铺设瓷砖，卧室、书房通常铺设木地板，且采用厚层砂浆瓷铺贴瓷砖，铺贴厚度约 50mm，与木地板地面形成 30～40mm 的高差，铺贴木地板时需要进行填平[2]。若采用高强度石膏基自流平砂浆找平地面，一次施工厚度可达 3～30mm，且地面的平整度小于 1mm，大大提高家装地板基层的平整度，很好解决木地板翘曲，空响和地面硬度不够等问题。石膏基自流平砂浆具有流动性好、凝结硬化快、与基层粘结强度高的特点[3]，是家装市场基层地面铺设木地板优质的找平材料。

石膏基自流平砂浆通常施工在旧混凝土或砂浆基面，一次施工厚度大于 20mm，与基面的粘结强度、抗分层性能和流动度有严格的要求以满足施工需要[3]。普通硅酸盐水泥是影响高强度石膏基自流平性能的重要材料，本文旨在通过测试普通硅酸盐水泥对高强度石膏基自流平砂浆含水率、流动度和物理力学性能的影响，通过微观测试方法揭示普通硅酸盐水泥降低了石膏基自流平砂浆失水率和早期强度、增加了后期强度的作用原理，更好地指导普通硅酸盐水泥在石膏基自流平砂浆的应用。

1 实验原材料及方法

1.1 实验原材料

高强度石膏：α 型，四川绿大地石膏制品有限公司。其物理力学性能见表 1。

表 1 石膏的物理力学性能

指标	初凝时间 (min)	终凝时间 (min)	标稠（%）	2h 抗折强度 (MPa)	2h 抗压强度 (MPa)	绝干抗折强度 (MPa)	绝干抗压强度 (MPa)
参数	23.0	30.0	44.5	5.4	16.1	12.1	39.3

黑水泥：P·O42.5R，四川峨胜水泥集团股份有限公司。其物理力学性能见表 2。

表 2 普道硅酸盐水泥的物理力学性能

指标	3d 抗折强度（MPa）	3d 抗压强度（MPa）	28d 抗折强度（MPa）	28d 抗压强度（MPa）
参数	5.6	26.3	8.6	48.2

混凝土板：200mm×400mm×40mm，上海增司工贸有限公司；

石英砂：70～140 目，绵阳市龙门石英砂厂；

聚羧酸减水剂：Melflux®4930F，巴斯夫（中国）有限公司；减水剂的基本性能见表 3。

表 3 减水剂的基本性能

减水剂	活性成分（%）	含水率（%）	减水率（胶凝材料 0.4%）（%）
4930F	92.5	1.4	26.5

可再分散乳胶粉：Vinnapas®4115N，瓦克化学（中国）有限公司；

消泡剂：AGITAN®P841，德国明凌化工集团；

抗沉淀剂：WALOCEL®MT400 PFV，陶氏化学（中国）有限公司；

缓凝剂，GR-10，广东龙湖科技股份有限公司；

1.2 物理性能实验方法

1.2.1 流动度

称取 2kg 试样，将水倒入胶砂搅拌锅，缓慢倒入石膏基自流平粉料，慢速搅拌 1min 后再快速搅拌 1min 至均匀。

将符合《石膏基自流平砂浆》(JC/T 1023—2007) 的流动度测试环放置在玻璃板中央，再将搅拌均匀的浆料灌满流动度测试环，分别在 2s 内提起流动度测试环和 15min 提起流动度测试环，提起流动度测试环后保持石膏基自流平砂浆自动扩展 10～15s，使浆料自由流动，待流动停止 4min 后测试垂直方向的直径（若垂直方向直径相差大于 5mm 则重新搅料进行流动度实验），取其平均值记为初始流动度和 15min 流动度。

1.2.2 抗折抗压强度

称取 3kg 试样，按照 1.2.1 搅拌方法搅拌至均匀。将浆料灌入预先涂有脱模剂的 40mm×40mm×160mm 规格胶砂三联试模，浆料充满后用刮刀刮平，待试件终凝后 1h 脱模，同时制备 2 组试件。试件在标准状态下养护 24h，测试抗折抗压强度。另一组移至烘箱，在 40℃干燥箱中烘干至恒重，试件在标准状态下冷却至室温，采用抗折抗压试验机测试砂浆试块的绝干抗折抗压强度。

1.2.3 粘结强度

称取 1kg 试样，按照 1.2.1 搅拌方法搅拌至均匀。将图 1 硅胶试模放置于混凝土板成型面上，将制备的浆料倒入成型框，抹平，放置 24h 后脱模，形成 50mm×50mm×5mm 石膏基自流平试件（图 2），10 个试件为一组。试件放置标准养护室中养护 6d，用砂纸除去表面浮浆，然后用环氧树脂胶将拉拔头粘结在试件成型面上，在标准试验条件下继续放置 24h，采用拉拔仪测试粘结强度，取 10 个数据平均值作为粘结强度。

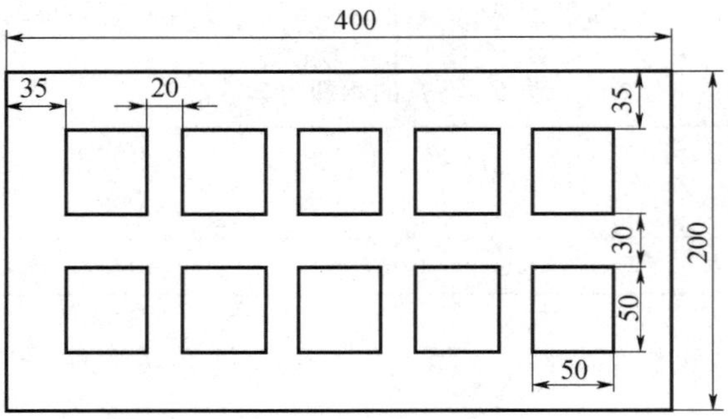

图 1　粘结强度成型框

注 1：单位 mm；注 2：成型框厚度 5mm

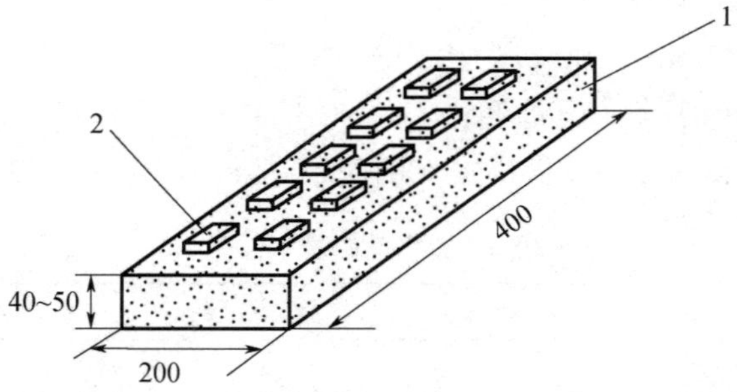

图 2　试件成型示意图

注 1：1—混凝土板；注 2：2—自流平试件

1.2.4 失水率、含水率

按照规定配方称取 2kg 样品，按照 1.2.1 搅拌方法搅拌至均匀。将浆体倒入 40mm×80mm×160mm 试模，在试验条件下养护一天后拆模并测定其试块的初始质量并记为 G，然后将试块移入环境温度条件下进行养护，养护至规定龄期 x（3d、7d、14d、28d）后对该试块进行再次称重并记为 g_x（x=3、7、14、28），则可得出该试块的失水率 W_x（x=3、7、14、28）。环境温度下养护至 28d 并称量其质量后将该试块移入 40.7℃恒温烘箱中将该试块烘至绝干，然后对该试块进行称重并将其记为G_1，则可得出该试块相应龄期的含水率W_h（h=3、7、14、28）。

$$W_x=(G-g_x)\div G;\ (x=3、7、14、28) \quad ①$$

$$W_h=[(G-G_1)-g_x]\div G;\ (h=3、7、14、28;\ x=3、7、14、28) \quad ②$$

2 测试结果与讨论

2.1 测试结果

石膏基自流平砂浆采用表4中的基础配比，通过测试普通硅酸盐水泥掺量的变化对石膏基自流平砂浆性能的影响，测试结果和分析如下：

表4 高强度石膏基自流平砂浆的基础配比（质量%）

原材料	石膏	普通硅酸盐水泥	重钙	砂70～140目	其他添加剂
配比	45	8	4.5	40	2.5

注：其他添加剂包括可再分散乳胶粉、减水剂、消泡剂、抗沉淀剂。

2.2 普通硅酸盐水泥对高强度石膏基自流平性能的影响

普通硅酸盐水泥是广泛用于建筑行业的碱性胶凝材料，可广泛应用于石膏基建材中以提高制品的碱度和性能。本文测试了水泥占石膏基自流干粉质量百分比分别为0%、3%、6%、9%和12%时石膏基自流平砂浆物理性能，结果见表5。

表5 普通硅酸盐水泥掺量变化对石膏基自流平砂浆的影响

普通硅酸盐水泥掺量	0%	3%	6%	9%	12%
初始流动度（mm）	128	149	153	154	153
15min流动度（mm）	126	150	148	152	153
28d粘结强度（MPa）	0.78	1.15	1.01	1.15	1.49
3d耐磨性能（g）	0.28	0.30	0.56	0.73	0.62
28d耐磨性能（g）	0.23	0.38	0.37	0.31	0.20
28d收缩性能（%）	0.00	0.00	0.01	0.012	0.015

测试结果表明，随着水泥掺量的增加，石膏自流平砂浆浆体初始流动度总体上有小幅度的提高；15min流动度损失随水泥掺量的增加基本无太大变化。原因在于普通硅酸盐水泥碱性较大，当掺量较大时浆体的pH值提升提高了浆体对添加剂、减水剂等的溶解能力，整个体系的减水能力增强，增大了浆体的流动度。当前面掺量较低时，普通硅酸盐水泥掺量继续增加时浆体的碱度提升导致浆体对添加剂的溶解能力增大，流动度呈现上升趋势；当水泥掺量达到一定值后，整个浆体碱度已经相对较大，持续增加普通硅酸盐水泥掺量使浆体流动度变化不大。

普通酸盐水泥自身作为一种胶凝材料，随着掺量的持续增加，能缓慢提升石膏基自流平砂浆的28d粘结强度。原因在于随着养护周期的增长，水泥自身的水化使石膏基自流平砂浆的强度在后期有一定的增长，而石膏本身在其水分挥发后不会再有强度上的变化，所以水泥掺量的增加会使砂浆28d粘结拉拔强度有缓慢的提升。

普通硅酸盐水泥自身收缩较大，而半水石膏硬化后基本不再产生形变，所以随着普通硅酸盐水泥掺量的增加，石膏基自流平砂浆自身收缩逐渐变大[4]。

从图3可以看出，普通硅酸盐水泥掺量的增加，石膏基自流平砂浆的3d耐磨性能呈现出现先降低后小幅度提高的趋势；28d耐磨性能随着水泥掺量的增加先降低后逐渐上升。出现这一规律的原因在于普通硅酸盐水泥的掺入影响了自流平砂浆内部水分的变化从而导致了耐磨性的不规律变化。由图4可以看出，普通硅酸盐水泥掺量的增加，自流平砂浆3d和28d含水率均逐步上升，结合图3可知，掺了普通硅酸盐水泥后自流平砂浆内部含水率相对较高且随水泥掺量的增加含水率逐渐增加导致了耐磨性能的逐渐降低，而当普通硅酸盐水泥掺量大于 9%时水泥在石膏自流平砂浆中所占比重较大，耐磨性能相对有所提升；当测定 28d 耐磨性能时，虽然石膏基自流平砂浆中还含有一部分水，但是含水率均相对较低，所以 28d 的耐磨性能主要取决于砂浆的强度，而当水泥掺量较低时发挥强度的主要是石膏，当水泥掺量相对较高时影响砂浆强度的主要是水泥和石膏，而就耐磨性能来说，水泥优于石膏，所以反映出石膏基自流平砂浆 28d 耐磨性能随水泥掺量的增加先降低后增加。

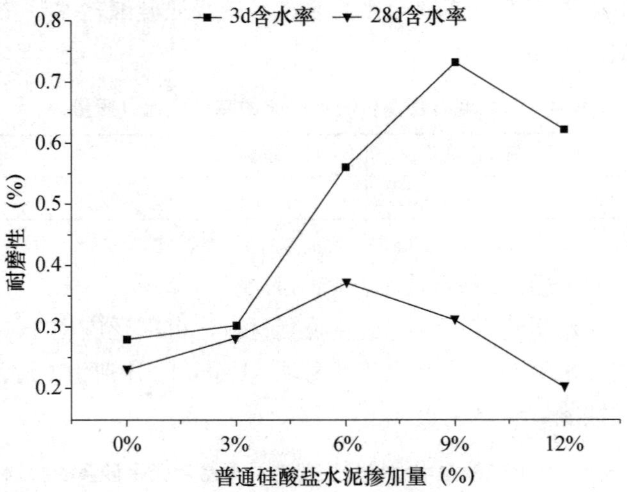

图 3　水泥掺量对耐磨性的影响

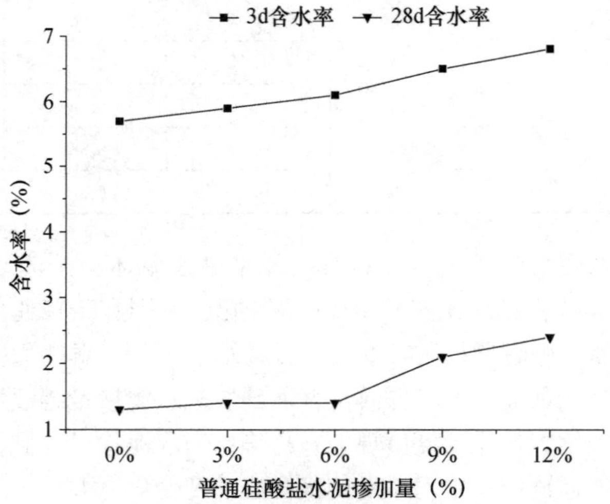

图 4　水泥掺量对含水率的影响

普通硅酸盐水泥的强度发展主要依赖于其龄期的发展和水化产物的多少，而半水石膏加水搅拌后强度的发展依赖于浆体自由水水分的蒸发[5]，由图 6 可知，随着普通硅酸盐水泥的掺入，石膏基自流平砂浆失水率相对于空白组有所降低且随水泥掺量的增加呈逐渐降低的趋势，导致石膏基自流平砂浆 1d 抗折强度相对于空白组来说均有所降低；石膏基自流平砂浆在 3d、7d 的抗折性能随普通硅酸盐水泥掺量的变化呈现先降低后升高的趋势，原因在于当水泥掺量≥9%时石膏基自流平砂浆相对于 1d 龄期时失水率相对较高，而普通硅酸盐水泥在整个石膏基自流平体系中所占比重较大，其自身的硬化为整个体系提供了一定的强度[6]；结合图 5、图 6，由于石膏基自流平砂浆在常温下养护至 14d 龄期后，其自身的失水率相对较大，砂浆内部的水分虽对自身强度有一定影响但已不是决定其强度的关键因素，所以在 α-半水石膏自流平砂浆中随着水泥掺量的逐渐增加，α-半水石膏自流平砂浆的后期（14d、28d、绝干强度）抗折强度逐渐增加。

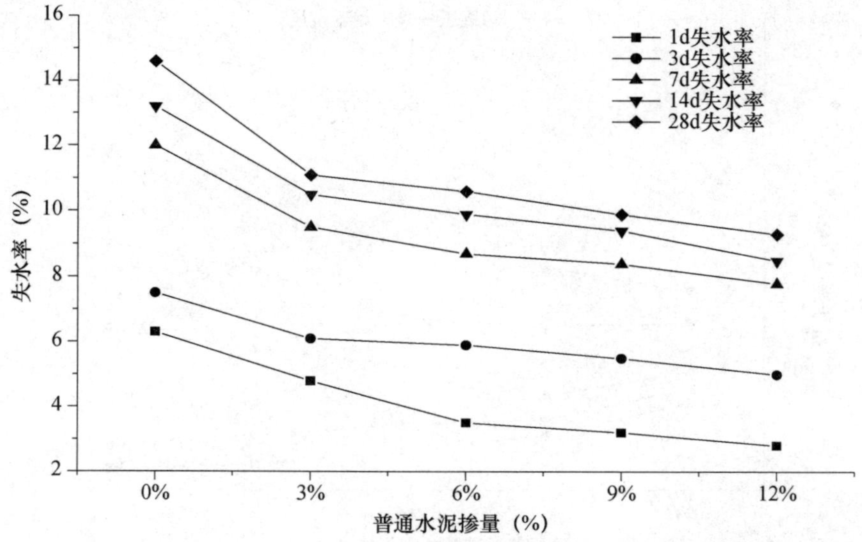

图 5　普通硅酸盐水泥掺量对失水率的影响

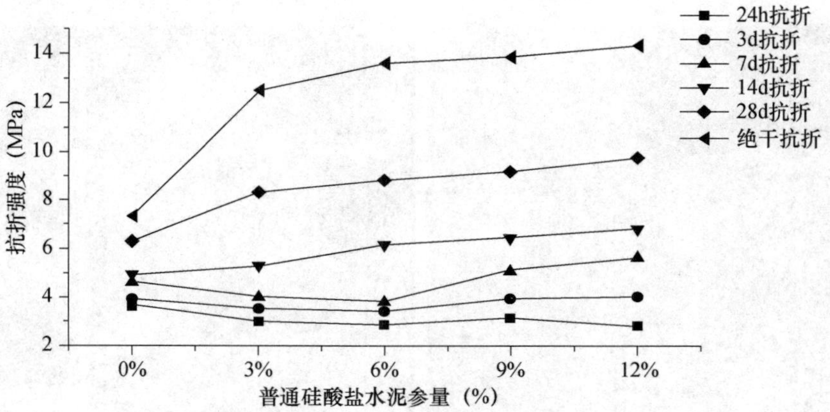

图 6　普通硅酸盐水泥对抗折强度的影响

由图 7 可得，随着普通硅酸盐水泥掺量的逐渐增加，石膏基自流平砂浆中的 7d 抗压强度呈现先降低后增加的趋势，综合来看，当水泥掺量为 3%时 α-半水石膏自流平砂浆 7d 抗压性能相对于其他水泥掺量的抗压性能较差；从石膏基自流平砂浆 1d、3d 的抗压强度来看，随着水泥掺量的逐渐增加，α-半水石膏自流平砂浆的抗压强度呈现随水泥掺量逐渐降低的规律性变化；从 α-半水石膏自流平砂浆的 14d、28d 和绝干强度综合来看随水泥掺量增加石膏基自流平砂浆抗压强度逐渐升高。结合前面对抗折强度变化规律的分析，随龄期的发展石膏基自流平砂浆内部水分（失水率）的变化和水泥掺量、强度发展等的变化导致了石膏基自流平砂浆的在不同普通硅酸盐水泥掺量时抗压强度在不同的龄期呈现不同的规律性变化。

如图 8、图 9 所示，分别在未掺普通硅酸盐水泥的石膏基自流平砂浆和普通硅酸盐水泥掺量为 9%的石膏基自流平砂浆试件上取一块试样进行扫描电镜分析，观察普通硅酸盐水泥在石膏自流平砂浆中的作用原理和形式。

扫描电镜分析发现，未添加普通硅酸盐水泥的石膏基自流平砂浆 SEM 照片可清晰看到大量棒状、柱状二水石膏晶体和不规则填料；二水石膏晶体之间以及二水石膏晶体与填料之间交错搭接在一起，通过不规则紧密堆积在一起使石膏基自流平砂浆产生强度。从掺入 9%普通硅酸盐水泥的石膏基自流平砂浆 SEM 照片可以看出，在石膏基自流平砂浆中水泥填料成不规则形状依附在二水石

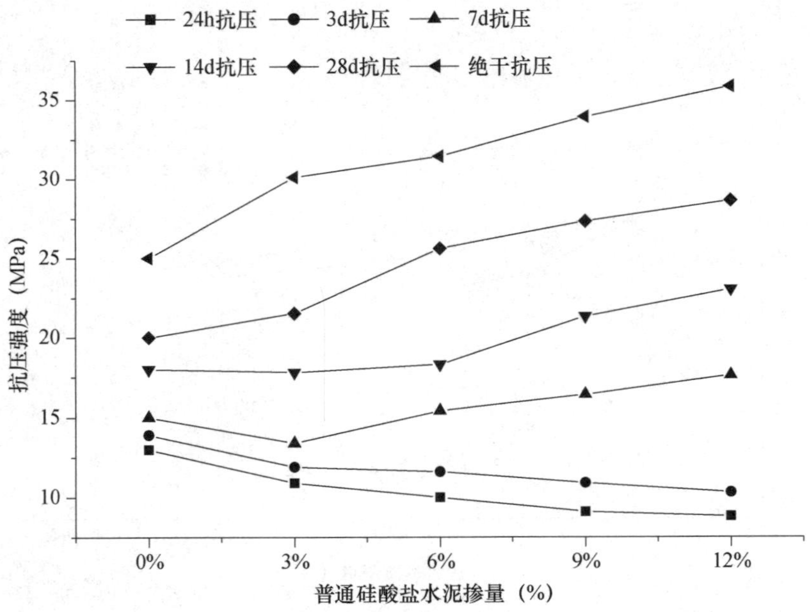

图7　普通硅酸盐水泥对抗压强度的影响

（a）　　（b）

图8　普通硅酸盐水泥掺量0%石膏基自流平砂浆SEM照片

（a）二水石膏与填料堆积状态；（b）二水石膏晶体堆积状态

膏晶体上，填充在二水石膏晶体之间的空隙中，将二水石膏晶体之间的空隙部位充分地利用起来［图9（b）］，增加了石膏基自流平砂浆的密实度，同时由于自身密实度的提高也降低了石膏基自流平砂浆的失水率。

普通硅酸盐水泥自身硬化后具有较高的强度，将其掺加到石膏基自流平砂浆中后，以填充物的形式填充在二水石膏晶体间隙之间，由于二水石膏晶体自身成不规则排列，水泥的掺入较好地提高了整个石膏体系的密实度，但同时降低了石膏基自流平砂浆的失水率，在石膏基自流平砂浆养护前期，掺加水泥后砂浆强度降低，由于水泥的填充效应、水泥自身强度的发展和石膏基自流平砂浆内部自由水的挥发导致掺加水泥后砂浆强度大幅度提高。当普通硅酸盐水泥以9%的掺量掺入石膏基自流平砂浆后，相对于空白试验组其1d失水率降低了3.1%、3d失水率降低了2.0%、7d失水率降低了3.6%、14d失水率降低了3.6%、28d失水率降低了4.7%，相对于空白试验组其1d抗压强度降低了3.9MPa、3d强度降低了3.0MPa、7d强度升高了1.4MPa、14d抗压强度升高了5.8MPa、28d抗压强度升高了8.4MPa。

(a)

(b)

图 9　普通硅酸盐掺量 9%石膏基自流平砂浆 SEM 照片

(a) 普通硅酸盐、二水石膏和填料的堆积状态；(b) 普通硅酸盐对晶体空隙之间的填充

如图 10 所示，分别在未掺普通硅酸盐水泥的半水石膏水化试样和普通硅酸盐水泥掺量为 3%、6%、9%、12%的半水石膏水化后试件内部取一块试样研磨至规定细度后进行微观分析，观察不同掺量的普通硅酸盐水泥对半水石膏中结晶产物的影响。

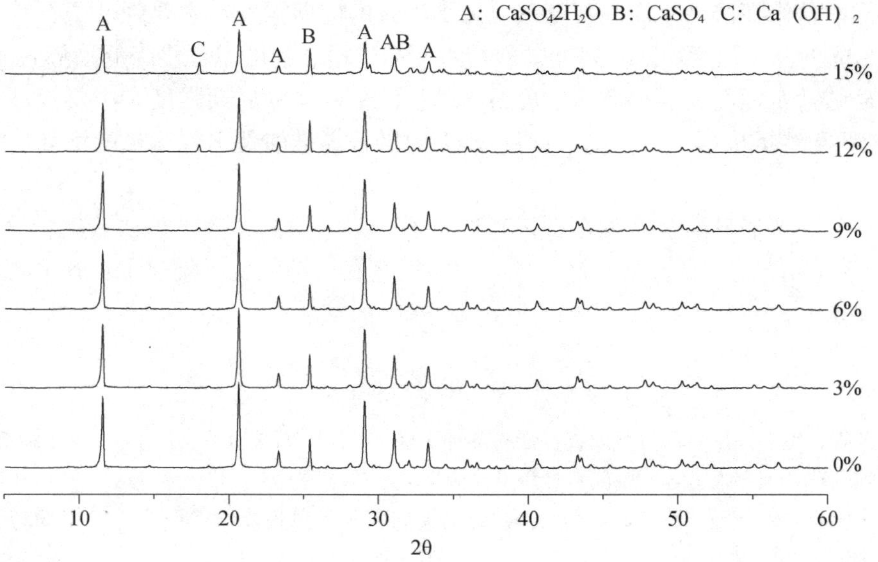

图 10　普通硅酸盐水泥不同掺量对石膏基自流平砂浆水化产物的影响

分析发现，半水石膏水化后，生成的晶体主要有 $CaSO_4 \cdot 2H_2O$，随着普通硅酸盐水泥掺量的逐渐增多，普通硅酸盐水泥的掺入基本不会影响半水石膏水化后的结晶产物，在石膏体系中，普通硅酸盐水泥以一种填料的方式填充在二水石膏晶体间隙中用以增强石膏的密实度，同时随着水泥掺量的增多和其自身的水化，水泥以自身的强度对半水石膏水化后的强度起到一定的提升作用。

通过上述研究，得到了普通硅酸盐水泥掺入石膏基自流平砂浆的最佳配比，配置的石膏基自流平砂浆后期强度较高，无离析、泌水现象，物理力学性能见表 6、表 7。

表 6　高强度石膏基自流平砂浆最佳配比（%）

原材料	石膏	普通硅酸盐水泥	石英砂 70～140 目	胶粉	消泡剂	减水剂	抗沉淀剂	缓凝剂
配比	450	9	450	1	0.1	0.2	0.08	0.06

表 7　高强石膏基自流平砂浆物理力学性能

指标	初始流动度（mm）	15min 流动度（mm）	粘结强度（MPa）	24h 抗折强度（MPa）	24h 抗压强度（MPa）	绝干抗折强度（MPa）	绝干抗压强度（MPa）
参数	154	152	2.3	3.1	11.4	13.9	35.1

3　结论

通过研究普通硅酸盐水泥对高强度石膏基自流平砂浆物理力学性能的影响，结论如下：

（1）普通硅酸盐水泥掺入石膏基自流平砂浆中能大幅度地提升石膏基自流平砂浆的流动度和施工性，随着普通硅酸盐水泥掺量增加流动度逐渐提升后趋于稳定。

（2）普通硅酸盐水泥掺入石膏基自流平砂浆后收缩性能略有降低，普通硅酸盐水泥掺量的增加对石膏基自流平砂浆养护 28d 后的拉拔强度有所提高。

（3）石膏基自流平砂浆试块早期内部水分含量较高，随着龄期的发展石膏砂浆试块内部水分逐渐丧失，随着龄期（1～14d）的发展石膏试块自由水越来越少，促使石膏自流平强度增长较快；常温养护 14d 龄期后，其内部水分含量较少，石膏强度发展缓慢。

（4）普通硅酸盐水泥掺入降低了石膏基自流平砂浆的失水率，随水泥掺量的增加失水率逐渐降低。

（5）普通硅酸盐水泥降低了高强石膏基自流平砂浆的前期强度，主要降低了石膏基自流平砂浆 1d 和 3d 的绝干抗折抗压强度，随着普通硅酸盐水泥掺量增加强度呈逐步降低趋势。

（6）普通硅酸盐水泥能显著提高高强度石膏基自流平砂浆的后期强度，主要提高了石膏基自流平砂浆 14d、28d 和绝干抗折抗压强度，掺量≥9％时随普通硅酸盐水泥掺量的增加使其后期强度有小幅度的提升。

（7）研究得到了普通硅酸盐水泥在石膏基自流平砂浆中的最佳掺量，初始流动度可达 154mm，绝干强度可达 35.1MPa，对石膏基自流平砂浆收缩性能和初期强度影响较小，各项物理力学性均能达到地面找平要求。

参考文献

［1］　黄向东，曹青，王东．用高强石膏配置石膏基自流平材料［J］．西南科技大学学报，2011，26（4）：34-38.

［2］　徐亚玲，陈珂珂，施嘉霖，等．脱硫石膏用于自流平地坪的应用研究［J］．粉煤灰，2011（4）：19-21.

［3］　李英丁，李玉香，宋子健．建筑添加剂对厚层石膏基自流平砂浆性能影响研究［J］．新型建筑材料，2015（11）：11-12.

［4］　霍利强．石膏对水泥基自流平砂浆性能影响的研究［J］．新型建筑材料，2016（6）：81-82.

［5］　李晶辉，刘兆爽，赵文杰．石膏基自流平地面材料的研究进展［J］．硅酸盐通报，2016，11（35）：3588-3590.

［6］　朱海霞．石膏基自流平砂浆的技术进展研究［J］．新型建筑材料，2016（6）：1-4.

作者简介

艾秀科，男，工程师，从事干粉砂浆添加剂的应用研究。联系地址：四川省达州市达川区大风乡于家坝村达万路 51 号，邮箱：1348149265@qq.com。

填料成分对石膏砂浆性能的影响研究

李英丁[1]　唐凯靖[2]

1. 广东龙湖科技股份有限公司绵阳技术中心，四川绵阳，621000；

2. 绵阳职业技术学院材料工程系，四川绵阳，621000

摘　要　重钙是配置石膏基砂浆的主要填料之一，重钙成分是评价重钙质量和应用性能的重要指标。通过测试相同掺量不同产地重钙配置的石膏腻子、轻质抹灰石膏凝结时间、抗折抗压强度和粘结强度，评价重钙对石膏砂浆性能的影响，并采用XRD和XRF分析重钙成分，探讨重钙成分与石膏砂浆性能的关系。结果表明，重钙杂质成分是影响石膏砂浆凝结时间的重要因素。

关键词　重钙；成分；石膏

Research on the Influence of Filler Composition on the Properties of Gypsum Mortar

Li Yingding[1]，Tang Kaijing[2]

1. Guangdong Longhu Sci. and Tech. Company Limited Mianyang Technical Centre，Sichuan Mianyang，621010；

2. Mianyang Vocational and Technical College Department of Materials Engineering，Sichuan Mianyang，621010

Abstract　Calcium carbonate is the main fillers for gypsum based mortar. The composition of calcium carbonate is an important index to evaluate the quality and application performance of heavy calcium. By testing the setting time，flexural compressive strength and bond strength of gypsum putty and light gypsum with the same amount of heavy calcium from different places，the influence of heavy calcium on the performance of gypsum mortar was evaluated，and the composition of calcium carbonate was analyzed by XRD and XRF，and the relationship between the composition of calcium carbonate and the performance of gypsum mortar was discussed. The results show that the impurity composition of dicalcium is an important factor affecting the setting time of gypsum mortar.

Keywords　calcium carbonate；composition；gypsum

石膏砂浆是以石膏为胶凝材料，重钙、石英砂等为填料，添加剂为辅助助剂配置而成的干粉砂浆，可广泛应用于建筑装饰的各部位。大量的应用经验和研究表明石膏的煅烧温度、生产工艺和陈化条件导致石膏标稠、凝结时间、相组成和强度差异较大，从而影响石膏砂浆的物理力学性能。但填料的成分对石膏砂浆性能的影响较少，且容易被忽略。但填料在石膏砂浆中的占比高达20%～70%，因此对填料成分与石膏砂浆性能关系的研究显得尤为必要。

1 试验原材料及方法

1.1 实验原材料

天然石膏：β型，甘孜州安远矿业有限责任公司；

磷石膏：β型，贵州开莱绿色建筑材料有限公司；

玻化微珠：30～80目，重庆市豫鹰保温材料有限公司。

石膏的物理力学性能见表1。

表1 石膏的物理力学性能

石膏类型	初凝时间（min）	终凝时间（min）	标稠（%）	2h抗折强度（MPa）	2h抗压强度（MPa）
天然石膏	20.5	28.0	56.7	2.76	4.7
磷石膏	7.0	8.5	64.0	3.60	9.0

可再分散乳胶粉：Vinnapas®4115N，瓦克化学（中国）有限公司；

重钙：产地：江油市华川矿业有限公司，简称：J；

重钙：产地：四川双马水泥股份有限公司，简称：S；

重钙：产地：毕节远景达才建材有限责任公司，简称：G。

重钙的细度见表2。

表2 重钙的细度

原材料	J	S	G
200目负压筛筛余（%）	3.6	4.3	25.4
325目负压筛筛余（%）	15.5	14.3	37.2

1.2 试验方法

1.2.1 石膏砂浆性能测试

参照《抹灰石膏》（GB/T 28627—2012）测试抹灰石膏的初凝时间、终凝时间、绝干抗折强度、绝干抗压强度。

1.2.2 元素分析

采用X荧光光谱仪对重钙进行元素分析。

1.2.3 X射线衍射

采用X射线衍射仪对重钙进行矿物成分分析。

2 试验结果与讨论

2.1 重钙对石膏腻子性能的影响

以天然石膏为胶凝材料，不同产地重钙为填料配置石膏腻子（表3），测试重钙对石膏腻子初凝时间、抗折强度、抗压强度和粘结强度的影响，结果见表4。

表3 石膏腻子基础配比

原材料	石膏	重钙	可再分散乳胶粉	其他添加剂
配比（%）	35	65	0.8	0.4

表 4　重钙对石膏腻子性能的影响

重钙产地	J	S	G
初凝时间（min）	50	27	18
绝干抗折强度（MPa）	1.9	1.9	1.9
绝干抗压强度（MPa）	5.1	5.2	4.9
粘结强度（MPa）	0.78	0.79	0.77

从结果可以看出，不同产地重钙配置的石膏腻子初凝时间相差较大，重钙 J 配置的石膏腻子初凝时间达到 50min 时，重钙 S 配置的石膏腻子初凝时间为 27min，而重钙 G 配置的石膏腻子初凝时间仅为 18min。不同重钙配置的石膏腻子抗折强度、抗压强度和粘结强度基本相当。相同配比下重钙不同对石膏腻子的凝结时间有较大影响，但对石膏腻子的强度影响较小。

2.2　重钙对轻质抹灰施工石膏性能的影响

以磷石膏为胶凝材料、玻化微珠、不同产地重钙为填料配置轻质抹灰石膏（表 5），测试重钙对轻质抹灰石膏初凝时间、抗折强度、抗压强度和粘结强度的影响，结果见表 6。

表 5　轻质抹灰石膏基础配比

原材料	石膏	重钙	玻化微珠	其他添加剂
配比（%）	70	25	5	0.45

表 6　重钙对轻质抹灰石膏性能的影响

重钙产地	J	S	G
初凝时间（min）	61	55	30
干密度（kg/m^3）	820	816	822
绝干抗折强度（MPa）	1.46	1.48	1.50
绝干抗压强度（MPa）	4.23	4.32	4.17
粘结强度（MPa）	0.43	0.41	0.40

从结果可以看出，不同产地重钙配置的轻质抹灰石膏初凝时间相差较大，重钙 J 配置的轻质抹灰石膏初凝时间为 61min 时，重钙 S 配置的轻质抹灰石膏初凝时间为 55min，而重钙 G 配置的轻质抹灰石膏初凝时间仅 30min。不同重钙配置的轻质抹灰石膏抗折强度、抗压强度和粘结强度基本相当。相同配比下重钙不同对轻质抹灰石膏的凝结时间有较大影响，但对轻质抹灰石膏的强度影响较小。

2.3　重钙成分分析

分别采用 XRF 和 XRD 对三种不同重钙进行化学成分和矿物成分分析，结果表明，重钙 J 的碳酸钙含量最高，且含有少量的白云石；重钙 G 的碳酸钙含量次之，但含有少量石英；重钙 S 的碳酸钙含量最低，白云石含量高于重钙 J。

重钙中 SiO_2 是影响石膏砂浆凝结时间的重要因素，三种重钙中，重钙 G 的 SiO_2 含量最高，达到 2.34%，配置的石膏腻子和轻质抹灰石膏初凝时间最短；重钙 S 的 SiO_2 含量次之，为 0.93%，配置的石膏腻子和轻质抹灰石膏初凝时间长于重钙 G；重钙 J 的 SiO_2 含量最低，仅 0.12%，配置的石膏腻子和轻质抹灰石膏初凝时间最长（表 7 和图 1）。

表 7　重钙的 XRF 分析结果

重钙产地	LOI	SO_3	CaO	SiO_2	Al_2O_3	Fe_2O_3	MgO	其他
J	42.83	0.07	55.08	0.12	0.09	0.04	1.23	0.54
S	43.47	0.11	52.22	0.95	0.30	0.15	2.47	0.37
G	41.56	0.03	54.04	2.34	0.18	0.11	0.74	1.0

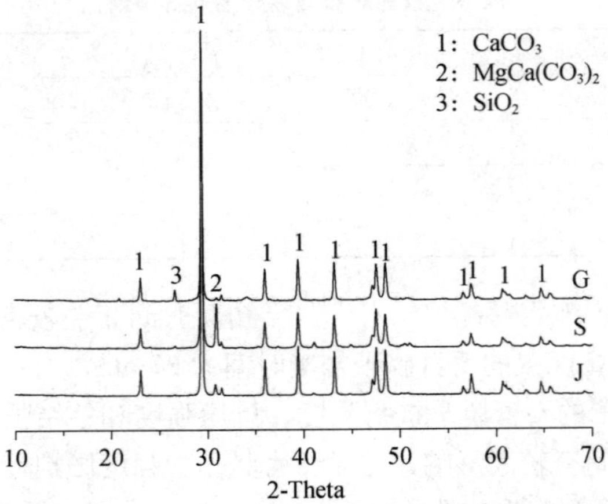

图 1　重钙的 XRD 分析结果

凝结时间是影响石膏砂浆施工性能、初期开裂性能和后期强度的重要指标。仅关注建筑石膏、缓凝剂的稳定性，而忽略填料的稳定性会对石膏砂浆的生产控制带来额外风险是不可取的，因此评价填料的性能也是保证石膏砂浆质量的关键。

3　结论

（1）不同重钙对石膏腻子和轻质抹灰石膏凝结时间的影响较大，但对抗折抗压强度、粘结强度的影响很小。

（2）重钙中 SiO_2 是影响石膏砂浆凝结时间的重要因素。

作者简介

李英丁，男，高级工程师，广东龙湖科技股份有限公司绵阳技术中心主任，主要从事砂浆外加剂的应用研究，联系方式：0816-2200401。

三、砂浆生产线的研发与应用

Ⅲ. Production and Mechanical Construction of Mortar

“工业 4.0”理念下的腻子粉生产线

董卫良
福建南方路面机械股份有限公司，福建泉州，362021

摘　要　德国的“工业 4.0”为全球制造业描绘出第四次工业革命的宏伟蓝图，实施“工业 4.0”的核心问题之一是构建智慧生产线，即将大量的先进技术组织成有机整体，并固化为生产线及管理模式，从而提高生产效率，将生产线的精益化水平推升到新高度。
关键词　工业 4.0；腻子粉生产线；生产效率；智慧工厂

The Production Line of Putty Powder in the Concept of “Industry 4.0”

Dong Weiliang
Fujian South Highway Machinery Co., Ltd., Fujian Quanzhou, 362021

Abstract　German “Industry 4.0” depicts a grand blueprint for the Fourth Industrial Revolution of global manufacturing. One of the key issues in implementing “Industry 4.0” is to build a smart production line, in which a large number of advanced technology will be organized into an organic whole and solidified into a production line and a management model, thereby improving production efficiency and pushing the lean level of the production line to a new height.
Keywords　Industry 4.0; putty powder production line; production efficiency; smart factory

0　引言

德国的“工业 4.0”，为第四次工业革命提供基础，促进全球制造业的发展，以赛博-物理系统作为中心，从而构建人机一体的“智慧工厂”。“智慧工厂”的生产线，凭借先进的科技手段，加强生产线管理模式，达到提高生产效率的目的。从工业 4.0 理念的提出到大数据产业的实用化，制造业不断接近大数据。在调度优化、设备监控、虚拟测试和故障跟踪方面，大数据可以深入工业 4.0 场景，以解决实际的工业生产问题。“工业 4.0”是工业的技术和智能化的转型，面向产品的整个生命周期，并在普遍存在的感知条件下实现信息制造。

腻子产品本身就是市场早已存在的墙面装饰材料，市场的用量与房地产密切相关，其市场增量并不明显，但从 2017 年开始，以立邦为主的大企业，借助其强大的销售网络和技术体系，已经开始了全国市场的布局和整合，作坊式企业的市场会逐步被这些大企业蚕食。立邦以每年 15 条的速度进行全国布局，每年的腻子产品销售额以翻一番的速度增长。由于房地产行业快速发展，腻子粉行业为满足房地产强力需求不断扩张，腻子粉行业需求达到 379.63 万 t，所以在“工业 4.0”理念下科学合理地对腻子粉进行生产，有利于提高经济性和环保性。

1 概述

1.1 腻子粉的应用

腻子粉是油漆施工前使用的一种材料，主要为油漆表面奠定均匀、光滑的基础。它是一种用于建筑表面预处理的表面填充材料。它是根据使用的涂料基础命名的，主要是填充颜料。腻子粉主要由大量的滑石粉、碳酸氢钙和其他填料、一些涂料基料和着色颜料组成，主要用于油漆建筑表面的预处理，使油漆表面光滑。

1.2 腻子粉生产选择

干混砂浆是将骨料预处理（破碎、烘干、筛选）后加上定量的胶结材料（水泥、石膏）、填料和微量的高科技添加剂，按配方自动计量、混合而成的均匀粉状混合物。根据干混砂浆的原料组成、配比工艺和产品要求，其主要生产工序主要由骨料预处理、原料提升和储存、配料计量、混合搅拌、成品包装或散装发送等工序组成。

根据腻子粉生产的工艺流程和干混砂浆生产线的具体构成．结合干混砂浆生产线的几种常用形式，“工业 4.0”理念下的腻子粉生产线一般采用的是车间式干混砂浆生产设备。

2 基于“工业 4.0”理念的腻子粉生产线

“工业 4.0”主要是以人工智能技术为主导，将多项创新技术全面融合。“工业 4.0”是构建更加完善的信息技术体系，在技术应用中对技术进行创新改造，优化技术展示形式。“工业 4.0”在生产技术方面的创新应用，能将云计算、互联网技术、传感技术等进行全面的结合，进而提升工业化生产制造效率。

“工业 4.0”理念下的腻子粉生产线（图 1）通过物联网实现纵向集成的智慧制造，通过车间现场的物联网设备，将虚拟化产品转变为现实产品。数字信号传入干混砂浆搅拌设备后，通过干混砂浆搅拌设备实现生产加工。腻子粉产品从虚拟转变为现实加工时，产品存在一定的差异性，车间现场的物联网设备，可以将生产过程中的各项数据，转变为数字信号，然后将信号反馈回虚拟软件。带有智慧的制造系统接收反馈回的数字信号，将新的数字信号传递回加工设备，达到调整生产加工的目的。

图 1　腻子粉生产线

“工业 4.0”理念下的腻子粉生产线由原料储存模块、计量模块、外加剂储存计量模块和包装码垛模块组成。以下主要通过这几个模块并结合生产线的使用介绍“工业 4.0”理念下的腻子粉生产线。

2.1 原料储存模块

腻子粉的原料主要由四部分组成：母料（小料）、填料、骨料和添加剂。母料对各种基材具有高粘结性，可以提高砂浆的强度，是腻子粉的主要成分；填料一般根据实际情况进行选择，在“工业 4.0”的要求下，一般选择性能优质、黏度以及强度均能保持一个较理想的状态填料；选择功能性的特种水泥、灰钙粉、石膏粉作为骨料；而添加剂起到增光、增白、减水的作用。这些原料储存时间不能过长，而且要避免潮湿变质，失效或者减效。尤其在下雨天空气湿度较高，空间要做好防潮，选择干燥的环境储存。因此进行原料的储存及调度以满足合理的生产需要，对生产线的精益生产也有重要的影响。

在“工业 4.0”理念下的腻子粉生产线中，当原料储存位于“缺料”状态时，位于中央控制室的自动化生产系统，根据智能传感信号对原料的安全库存进行报警，并将数字信号转送到原料厂商。原料厂商根据此需求进行配货，并将配送物流信息再次反馈到中央控制系统。

当原料配送车到腻子粉工厂后，中央控制系统根据前期录入的物流信息及原料需求配置，将指引信息，反馈到配送车的信息接收器，配送车通过条形码或二维码等识别码，根据指定通过行人和车辆监控通道的入口和出口将原料准确配送到需求罐，并将实时入库清单记录通过车辆终端记录到中央控制系统（图 2）。

图 2　配送车进出厂区的视频监控

根据“工业 4.0”相关理念的要求，腻子粉工厂通过以中央控制系统为核心，采用信息化系统、智能系统通过数字信号、传感信号的交换，实现对原料的入库、使用进行全方位的记录，实现高效、安全、准确的精益生产，提高生产效率。

2.2 配料计量

不同功能的腻子粉选择的配料计量不尽相同，现在市场上普遍存在脱粉和手感粗糙等现象，其原因是填料不纯以及配料计量不协调。按照工业 4.0 的发展理念，原料的配比大致符合一个范围，以保证腻子粉在使用的过程中可以满足物料更好的利用，解决产品过剩的问题。

在智能化生产系统中，可以根据具体的配方，对原料使用量进行设定，并通过相适配的输送和计量设备进行自动化配料计量（图 3）。计量结束后，中央系统自动判定计量是否满足实际要求，并自行判断是否进行下一步生产，在保证产品质量的前提下，实现全自动化生产。

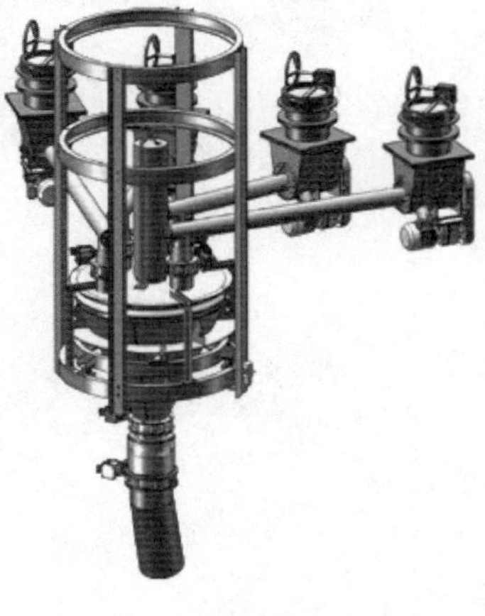

图 3　微量配料计量系统

在工业互联网的信息背景下，合理按照重量配比计量分类，可以实现小批量的腻子粉快速生产，以加快生产速率和降低人员成本。

2.3 混合机搅拌

腻子粉混合机是一种新型的专业粉体混合设备，目前主流混合采用的是单轴犁刀式结构。该结构由于是单轴结构，不存在搅拌死角，并且通过选择最优的叶片接触面积和角度，从而在最短的搅拌时间，达到最佳的混合均匀性（图 4）。混合机采用了变频控制，高效节能，并可以根据具体物料配方，通过智能生产系统对其工艺进行调整，满足更多的配方使用要求。单轴犁刀式混合机采用大角度的卸料门开度，将混合机残余量控制到最低，以保证产品的质量。

图 4　高效混合机搅拌系统

单轴犁刀式混合机作为腻子粉生产的核心部件，凭借着可靠、节能及适用性广的特点，充分体现了“工业 4.0”中“高效、精益、智能”的发展要求。

2.4　包装入库

腻子粉作为建筑材料重要的基辅材料，一般采用阀口袋包装。根据特殊的包装要求，“工业 4.0”理念下的腻子粉生产线采用了“阀口袋包装机＋自动码垛”方式。成品腻子粉在混合机搅拌后，通过阀口袋包装机进行袋包装，经过打标打码机后，进入自动码垛设备，并转入成品库，根据物流系统进行配货发送往各需求方（图 5、图 6）。

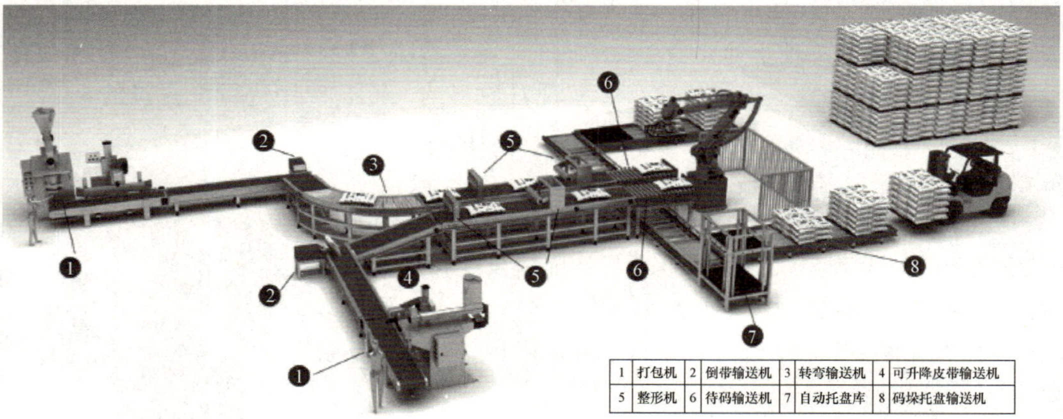

图 5　全自动包装及自动码垛

图 6　全自动立体仓库

2.5 除尘收尘装置

不同的除尘器会有不同的除尘效率，也有不同的作用。选择自动化程度和效率高的除尘收尘装置，对于“工业 4.0”理念下的腻子粉生产线意义重大。严重的粉尘不仅会造成空气污染，还会降低电气设备的绝缘水平，不利于腻子粉的安全生产以及员工的身心健康。同时生产设备长时间暴露于高浓度粉尘环境下，其寿命会降低以及故障率增加。结果增加了生产设备的维护以及成本，设备的最终更换率也会增加。

根据“工业 4.0”理念开发的落地灰收尘系统，是生产线在“绿色、环保”方面的进一步表现（图 7）。它可以根据各落灰点，进行自动可靠的清洁，保证整条腻子粉生产线的整洁、干净，进一步保证人、机的环境净化。

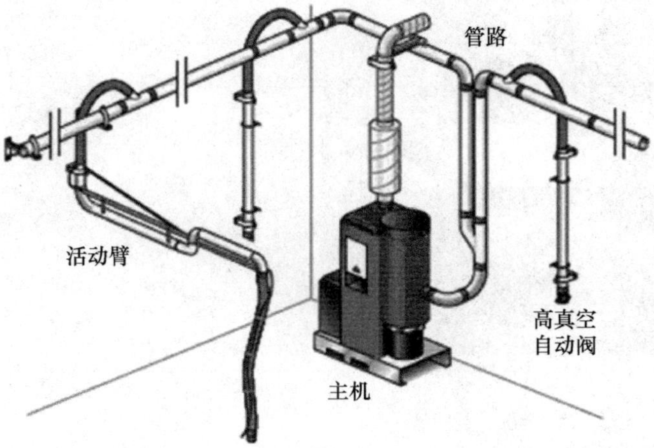

图 7　落地灰收尘系统

2.6 设备维护保养

传统的腻子粉生产线，设备的维护保养主要通过人工对设备各部件进行定时、定期的注油等保养工作。“工业 4.0”理念下的腻子粉生产线，通过在设备上安装自动润滑泵，并通过设备中央控制系统，根据实际需要，由系统对各检查点，自动进行注油保养，实现了“准确、准时”的设备维护保养要求（图 8）。

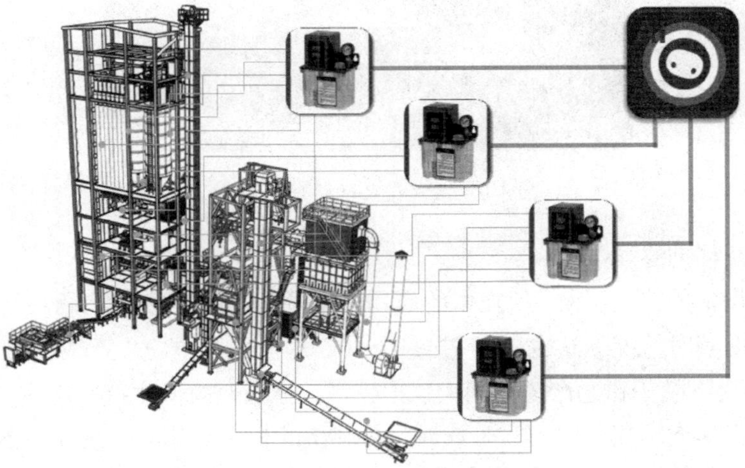

图 8　自动润滑系统示意

2.7 设备故障处理系统

设备故障，是各种机械设备都需要面对的问题。“如何对故障提早预判”“对出现的故障如何及时快速处理”是保证生产线正常、有效生产的重要问题。

在“工业 4.0”理念指导下，腻子粉生产线设备厂家根据大数据的收集，对设备易出现的故障点提前安装上各种传感监测设备，如电信号设备、温度监控设备及视频设备，并将设备正常工作值提前录入中央控制系统，再由中央控制系统将传输回来的各种信号转化成数字信号，与设备值进行对比监控，发现异常值提前屏幕报警，并将信号传回设备生产商提前对故障进行研判，预防及避免故障带来的生产线停产（图 9）。

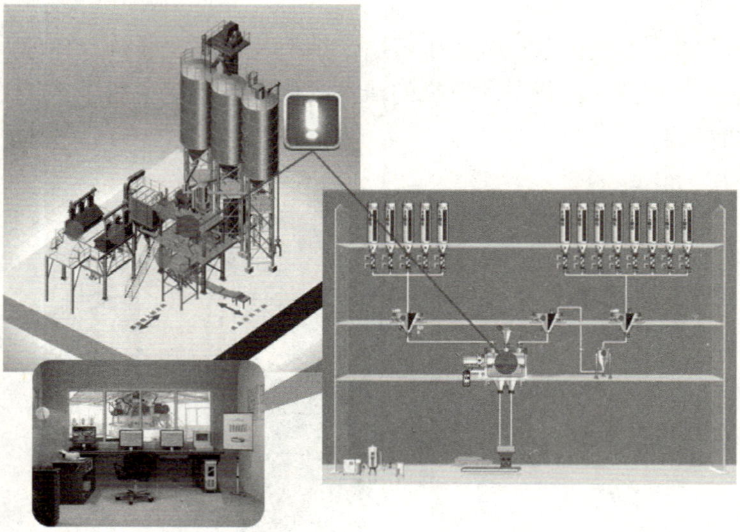

图 9　设备预报警系统示意

对于生产线使用中突发的故障，采用 VR 终端系统及时将故障点信息直观地传回设备生产厂家研发人员，快速有效地解决设备问题，保证生产线的正常生产（图 10）。

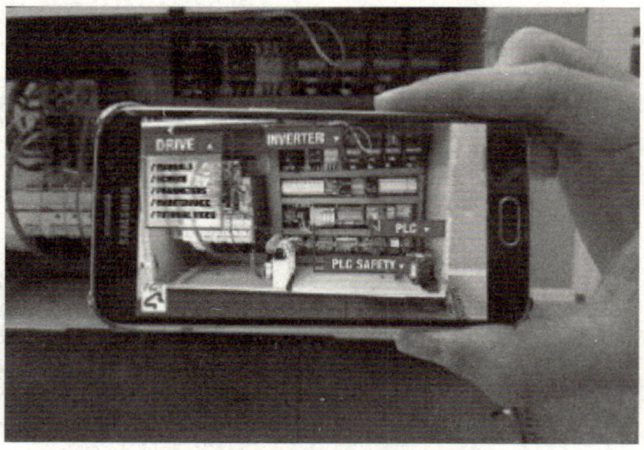

图 10　VR 设备故障系统示意

2.8　智能 ERP 系统移动终端

随着智能移动设备的普及以及 5G 技术的商用，腻子粉生产线经营者可以更直接、更快速有效地了解生产、销售的实时情况。这也是是“工业 4.0”理念下腻子粉生产线的一个新需求。

“工业 4.0”理念下腻子粉生产线利用大数据技术，通过对智能生产系统中的“采购、生产、物流、销售”等模块，提取出相对应的实时数据，并制作成相应的 App，生产线各个环节的关键人员移动终端可以拥有各自的责任部门的 App，可以随时接收信息，了解各环节的实时情况，进一步保证了生产线的精益生产（图 11）。

2.9　车间管理辅助系统

“安全理念”也是“工业 4.0”理念的一个重要发展要求。利用中央控制室中的控制系统，通过增加视频传感器、烟雾传感器等传感设备，为腻子粉生产车间增加“消防报警”“防入侵”等模块，在各种突发情况到来的时候，利用中央控制系统为生产人员提供直接有效的指引（图 12）。

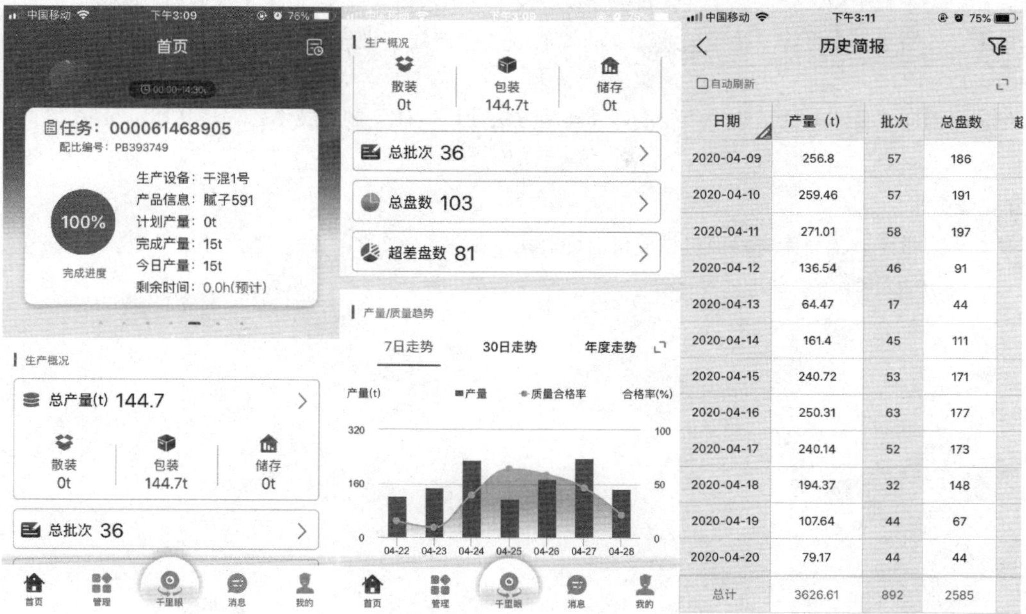

图 11　App 移动终端报表

图 12　中央控制室

3　结语

智能管理和智能服务是智能制造的重要组成部分。"工业 4.0"理念下的腻子粉生产线不仅是在围墙内，更应该是"空中在线"，让生产经营者不管身处何处，都像在生产现场一般。

"工业 4.0"腻子粉生产线的构想，为第四次工业革命提供了改革的方向，是今后智慧化砂浆生产线发展的必然趋势。

参考文献

[1]　高超，邱建军．内墙腻子施工小结［J］．建筑工人，2018，39（07）：28.

[2]　段德丹，廖洪强，侯昱灼，等．气化灰基腻子粉的制备与性能研究［J］．涂料工业，2020，50（01）：

26-30＋37.

[3] 李红业．关于腻子粉、外保温干混浆料生产设备及原料的选用（一）[J]．上海建材，2007（02）：45.

[4] 张维平，任雪飞，李媛媛．基于工业 4.0 的智能制造生产线实训产品设计 [J]．环球市场信息导报，2017（48）：127-128.

[5] 张伦彦．面向工业 4.0 的精益生产线设计和实施方法 [J]．航空制造技术，2014（18）：44-47.

作者简介

董卫良，男，学士，福建南方路面机械股份有限公司，邮编：362021，联系电话：0595-28201073。

干混砂浆制备中的干式制砂设备

童 浩

山东圆友重工科技有限公司，山东潍坊，261100

摘　要　随着我国经济高速发展，国内建设上使用了大量混凝土，消耗了大量的河砂资源，近几年干混砂浆在国内快速发展，作为干混砂浆最重要原材料——砂（占普通干混砂浆比重70％～85％），随着资源的枯竭和环境保护变得短缺，因此作为替代材料的人工砂的使用不断增加。特别是近几年，由于成本及环境保护因素（河砂烘干需要烧煤），干混砂浆的主要原材料都慢慢地从天然砂向人工砂转变。很多地方出现人工砂完全替代天然砂生产干混砂浆。在这一程中干式制砂设备技术的发展对这种转变起到有力促进作用。为了获得优质的人工砂，研究其适应环保要求及干混砂浆干式制砂设备，成了重要课题。

关键词　干式制砂设备；制砂机；离心冲击破；制砂工艺

Sand Making Equipment In Dry Mortar Plont

Tong Hao

Shandong Yuanyou Heavy Inchustry Technology Co.，Ltd.，

Shandong Weifang，261100

Abstract　Along with the rapid economic development of our country，a large amount of concrete has been used in domestic construction，and a large amount of river sand resources have been consumed. In recent years，dry mixed mortar has developed rapidly in China. As the most important raw material of dry mixed mortar —— sand（70％～85％ of ordinary dry mixed mortar），with the depletion of resources and environmental protection become difficult to use，so the use of artificial sand as an alternative material is increasing. Especially in recent years，due to the cost and environmental protection factors（river sand drying needs to burn coal），the main raw materials of dry mixed mortar are slowly changing from natural sand to artificial sand. There's artificial sand in many places Ran sand production dry mixed mortar. In this process，the development of dry sand making equipment technology has played a powerful role in promoting this transformation. In order to obtain high quality artificial sand，it has become an important subject to study its adaptation to environmental protection requirements and dry mixing mortar dry sand making equipment.

Keywords　dry sand making equipment；sand making machine；rotor impact breaker；sand making process

1　干混砂浆行业砂的使用现状

从2007年的国家7部委下发关于禁止现场搅拌砂浆的文件起，经过10多年的发展。全国主要

城市目前都有干混砂浆生产线。早期的干混砂浆生产线中砂的处理工艺多数为河砂或天然砂烘干筛分，多数采用煤为燃料，通过加热空气使砂的含水率小于0.5%。当时由于河砂资源比较丰富，大部分砂浆设备厂设计时考虑的工艺是以烘干河砂或天然砂生产干混砂浆。由于近几年，随着资源的枯竭和环境保护等原因，特别是环保对燃煤的控制，干式人工砂被用来替代烘干的河砂或天然砂成为砂浆主原料。干式制砂设备也快速发展。常州作为干混砂浆发展较快的城市之一也最先使用完全的机制砂来生产干混砂浆。

早期用于干式制砂设备工艺较为简单，环境友好性较差，生产的机制砂的适应性也较差。用于制砂的设备有锤式破碎机、反击式复合破碎机及离心冲击破制砂机。采用锤式破碎机制砂，是机械制砂的初步尝试，其工艺简单，设备投入少，生产成本低，在一些公路、铁路及民用建设上得到利用，但由于这一制砂工艺存在较大缺点，粉尘大，石粉多，砂的级配差，质量控制难，不适合干混砂浆的生产。反击式复合破碎机原用于金属矿山，破碎比大，也能用于生产机制砂。但其生产的机制砂无论是在级配还是粒径形状都无法满足砂浆行业的使用要求。目前由于干混砂浆行业的快速发展，工人施工及机喷砂浆对于机制砂的要求越来越高。通过近几年的实际生产情况，离心冲击破已经广泛应用于干混砂浆的干式制砂生产线中。

2　干混砂浆中制砂工艺的发展

2.1　立轴式冲击破的工作原理

立轴式冲击破的工作原理：利用高速自旋转转子将物料加速，从通道抛射腔口射出与破碎腔进行撞击，使物料受到冲击产生破碎，并且物料在腔体中也多次形成互相撞击。这个过程解决了机制砂粒型的问题。

早期用于干混砂浆成套设备的干式制砂生产线工艺简单，如图1所示。

其主要工艺为利用5～30mm骨料通过上料皮带机、离心破碎机、运输皮带机、筛分机、返料皮带机、除尘器组成的系统生产干砂，先进一些的配上了选粉机（水泥行业）。但通过离心冲击破产生的成品砂存在粗颗粒及细颗粒粒径偏多，中间粒径含量少，即“两头大中间小”的缺陷。这一缺陷由于干混砂浆中完全使用机制砂或变得很明显。早期的离心冲击破的产量都是建立在生产小于4.75mm的成品砂基础上。破碎机的提供厂家没有注意到砂的级配和细度模数问题而供应给砂浆厂的破碎设备性能出现了严重的问题，生产的成品砂在干混砂浆生产的过程中出现了严重的爆仓现象，细砂中含粉量过高甚至影响整个砂浆的生产。

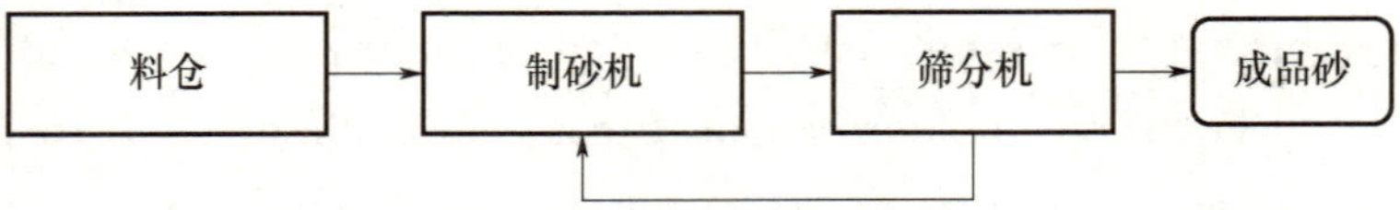

图1　早期制砂工艺

2.2　干混砂浆生产过程中需要的砂

在干混砂浆生产过程中，砂是影响砂浆质量的主要因素。而实际生产过程中砂浆种类多种多样，对砂的级配要求及含粉量、细度模数都不一样。干混砂浆生产工艺中一般都有对成品机制砂进行再分级，以便于调配生产出不同品种的砂浆。成品砂各区级配须合理，如粗料过多会出现爆仓，如果含粉量过多，配方不好设计，现场施工容易出问题。这种情况在以前利用天然砂的砂浆企业就时有发生。大量烘干的砂子又从筒仓中排出，浪费资源及能源。含泥量超标生产的砂浆施工后出现质量问题。

给干混砂浆提供成品砂的干式制砂设备需要做到粒形好、级配可控、石粉含量可调，整个生产过程对环境友好。在制砂和筛分过程中要充分考虑生产完的成品砂的级配和含粉量。需引进相关的设备设施实现砂中石粉提取，要在筛分机环节控制级配。总体设计以集成化，减少扬尘点。

由于部分地区干混砂浆生产中完全使用机制砂，促进了制砂装备的全面发展。干混砂浆中所需的机制砂为精品砂，对砂的细度模数、粒径分布、石粉含量有着较高要求。

2.3 干式制砂设备工艺

针对干混砂浆用砂的要求，需设计合理的干式制砂工艺来满足于干混砂浆用砂需要。采用立轴冲击式制砂机，需要制砂流程中改变工艺，使得生产的砂，可实现级配可调，石粉含量可控。

如南方路机采用的 V7 制砂系统，在制砂过程中采用风力汰选方法实现细度模数和石粉含量的控制，很好地解决了成品粒径、细度、模数及石粉含量的问题。

但离心冲击破在制砂过程中会出现的产生石粉过多问题没有解决，如在用石灰石制砂时通常会出现超过 25%以上的石粉，降低了砂子的成品率。其中关键原因是干混砂浆中所需的砂细度模数偏小，2.36～4.75mm 粒径粗砂用量较少。这样成品砂中需降低粒径 2.36～4.75mm 砂的含量。但离心冲击破的最大问题就是生产过程中产生大量的这个粒径的颗粒。由于颗粒粒径较小，其在离心冲击破中产生的动能就小，很难破碎。这些颗粒反复在制砂机中循环，慢慢变小，石粉量急剧上升。现在大部分制砂线都有此问题，特别是以石灰石为原料生产机制砂时（这与石灰石结构特性有关）。

这样的问题其实在我国早期建造水电站时就注意到此问题，水电站用砂对其细度模数、成品粒径、石粉含量有着严格地要求。

在用单个制砂机不能满足配和石粉含量要求时首先引进了棒磨机，棒磨机钢耗量很大，后改变思路将粒径 3～5mm 在砂通过一台高速的离心冲击破，很好地提高成品砂的产量，同时起到细度模数及石粉的控制。对于料径较小的颗粒提高制砂机的转速可增加动能，更利于小颗粒的破碎。这套工艺可以用于现在的干混砂浆中的干式制砂设备中，采用两台离心冲击破，一台普通速度，一台高速。这样有利于减小整个系统的循环荷载，减小整个系统的能耗，同时达到控制级配的需要（图 2）。

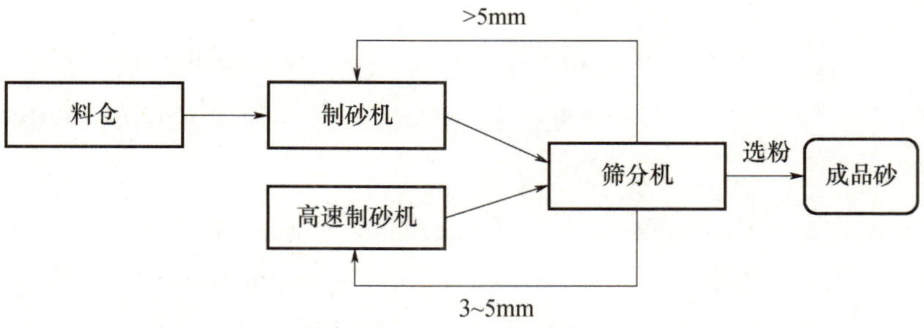

图 2 双制砂机干式制砂工艺

3 干式制砂设备的发展趋势

干式制砂设备用于干混砂浆生产中，因砂浆的特殊化，对设备的提高提出了进一步的要求。目前的干式制砂设备基本可满足干混砂浆的生产，但在节能降耗上大有文章可做。

未来还需要在离心冲击破结构上做研究，减少磨损，提高产能，在耐磨材料上采用新材料，扩大制砂设备对石子材质的适应范围。不同原料生产的砂的分区及含粉量差异较大，还需要针对不同的原料开发出不同的生产工艺。

参考文献

[1] 阮光华．混凝土骨料制备工程［M］．北京：中国电力出版社，2014.

[2] 许林明．功果桥水电站左岸砂石加工系统设计［J］．西北水电，2008（06）：41-43.

作者简介

童浩，男，副总工程师，山东圆友重工科技有限公司，邮政编码：261100，联系电话：15069690680。

石灰石质机制砂在干混地坪砂浆中的机械化施工应用

孙 辉　顾立成　汪 强
杭州墨泰科技股份有限公司，浙江杭州，311101

摘　要　长期以来，砂石骨料主要来源是河道砂石，随着基础设施建设的日益加快，天然河道采砂已造成砂石资源枯竭、水源污染、引发河堤安全等各种资源、生态、社会问题。在国家推进生态文明建设的大背景下，各地陆续出台政策，关闭和淘汰传统砂石企业，面对日益减少的天然砂资源以及国内环保政策的加强，机制砂取代天然砂势在必行。相比较于传统天然砂，机制砂在干混砂浆应用中有级配可控，质量稳定，资源丰富可持续的优势。在带来环境效益的同时也为干混砂浆行业带来了经济效益和质量保障。
关键词　石灰石；机制砂；干混地坪砂浆；机械化施工

Mechanized Construction and Application of Limestone Mechanical Sand in Drymix Flooring Mortar

Sun Hui，Gu Licheng，Wang Qiang
Hangzhou Must Science and Technology Share Co.，Ltd.，Zhejiang Hangzhou，311101

Abstract　For a long time，the main source of aggregate is sand and gravel from river channels. With the increasing speed of infrastructure construction，sand mining in natural river channels has caused exhaustion of sand and gravel resource，water pollution，and river bank safety and social problems. In the background of the country's promotion of ecological civilization construction，policies have been successively introduced to close and eliminate traditional sand and gravel enterprises everywhere in the country. Facing the decreasing natural sand resource and the strengthening of domestic environmental protection policies，the trend of mechanical sand replacing natural sand is imperative. Compared with traditional natural sand，mechanical sand has such advantages as controllable gradation，stable quality，and abundant and sustainable resource in the application of drymix mortar. While bringing about environmental benefits，it also provides economic benefits and quality assurance for the drymix mortar industry.
Keywords　limestone；mechanical sand；drymix flooring mortar；mechanized construction

1　石灰石质机制砂简介

石灰石质机制砂属于人工砂，是以粒经小于 50mm 的天然石灰石岩为原料，经机械破碎、整形、筛分后粒径小于 4.75mm 的岩石颗粒，粒型呈多边型，小于 0.075mm 粒径的含粉量为 10%～20%。适用于干混砂浆的石灰石机制砂经研究和使用其粒径分布见表 1。

表 1　机制砂原砂各粒径占比

砂子粒径	2.36mm	1.18mm	0.6mm	0.3mm	0.15mm	0.075mm	底盘
筛量比	4%	30%	20%	16%	10%	9%	11%

相比较于天然砂的含泥量高、级配断档等问题，石灰石质机制砂因为是人工砂，所以其级配连续可控，细度模数均可调节，含泥量低，持续生产，质量稳定，大大提高了后续产品的稳定性。

2　石灰石质机制砂在应用于干混地坪砂浆时的优劣势

石灰石机制砂相比较于天然砂，在应用于干混地坪砂浆时优劣势比较如下。

2.1　质量的稳定性

石灰石机制砂的稳定性相比较于天然砂，其级配连续稳定可控，因为其是由大颗粒石灰石岩破碎而成的，泥质含量经过试验对比明显比传统现场取样自然砂的少（表 2 和表 3）。

表 2　机制砂与河砂级配数据对比表

砂石种类/粒径	2.36mm	1.18mm	0.6mm	0.3mm	0.15mm	0.075mm	底盘	日期
连续生产石灰石机制砂筛分数据（%）	3.3	30.7	19.6	17.3	9.3	7.7	12.1	2020/4/2
	4.1	30.6	20.6	15.7	9	8.9	11.1	2020/4/4
	3.5	31.1	21.2	16.9	9.1	7.5	10.7	2020/4/6
某使用自然砂干混砂浆厂筛分数据（%）	0	25.9	14.7	23.1	21.5	11	3.8	2020/4/2
	1	12.1	18.3	16.6	6	27.9	18.5	2020/4/4
	0	32.9	19.7	18.6	13.7	5	10.1	2020/4/6

表 3　亚甲蓝法测定 MB 值

砂石种类/含泥量测试值	MB 值	日期
连续生产石灰石机制砂测定数据	0.2	2020/4/2
	0.3	2020/4/4
	0.2	2020/4/6
某使用自然砂干混砂浆厂测定数据	1.0	2020/4/2
	1.1	2020/4/4
	1.1	2020/4/6

从表 2、表 3 可看出石灰石机制砂在连续生产时级配稳定，相比较于天然砂含泥量明显较少。这对干混砂浆的级配以及砂浆质量的稳定保障较为重要。

2.2　粒形影响的干混砂浆性能

由于石灰石机制砂是由机械强力破碎筛分而成的，粒形形状为不规则多边形，具有更大的比表面积，因此使用石灰石机制砂为原料的干混砂浆在施工使用时内部材料摩擦阻力比天然砂相对较大，在相同配合比配方中同比例加水情况下流动度会有所下降，施工时工人相比较于天然砂配方的干混砂浆会感觉到相对费力。其流动度数据对比见表 4。

表4 流动度对比测试

基础配方（%）	水泥 14	0～1.2mm 机制砂 67.98	1.2～2.4mm 机制砂 18	河砂（细度模数 2.6）85.98	纤维素醚 0.02	加水量 16
对应材料			流动度指标（mm）			
机制砂基			207.5			
			210			
			210			
河砂基			225			
			220			
			220.5			

2.3 粉料对干混砂浆的影响

以石灰石岩为原料的机制砂，会产生10%～20%石粉，这里的石粉是指≤ϕ0.075mm的粉料，石粉本身的比表面积大，吸水量较大，相比较河砂易收缩，这就需要砂浆本身较好的级配来稳定砂浆质量。

2.4 级配对砂浆强度的影响

机制砂基与河砂基强度对比数据见表5。

表5 强度对比表

基础配方 DSM20（%）	水泥 17	0～1.2mm 机制砂 64.98	1.2～2.4mm 机制砂 18	河砂（细度模数 2.6）83.98	纤维素醚 0.02	加水量 16.5
对应材料			28d 强度指标（MPa）		对应表2成型日期	
机制砂基			25.6		2020/4/2	
			25.4		2020/4/4	
			25.7		2020/4/6	
河砂基			21.3		2020/4/2	
			19.3		2020/4/4	
			23.7		2020/4/6	

3 应用于干混地坪砂浆中机械化施工的优劣势（比较传统细石混凝土）

干混地坪砂浆机械化施工主要解决了干混地坪砂浆能实现材料输送、定量加水及现拌现用等问题。

3.1 干混地坪砂浆材料输送高效便捷、绿色环保

干混地坪砂浆能通过气力输送设备将干料通过密闭的橡胶软管输送至施工楼层配套砂浆搅拌机内，橡胶软管通过快接连接，安装方便。气力输送设备采用了低压分批输送的工作原理，避免了干混地坪砂浆在气力输送过程中产生离析问题。此工法不占用项目垂直运输设备资源，而且橡胶软管通过压缩空气疏通无需清洗，符合绿色环保施工（图1、图2）。

干混地坪砂浆用气力输送设备输送至施工楼层配套的搅拌机内定量加水搅拌后，接入配套砂浆泵送机。用泵送机的橡胶软管进行浇筑地坪。对已粉刷完成墙面起到很好的保护，特别是有些已铺设地热管和保温砂浆的工况，起到了很好的成品保护作用（图3）。

传统细石混凝土地坪施工材料输送有两种：用混凝土泵泵送和用人力斗车通过升降机输送。混凝土泵泵送管为钢管，需找固定支点固定，钢管连接需用连接环螺栓连接，拆装比较费力，且当天施工结束后需要用水清洗，对项目环境造成污染，不环保。现代建设项目工期都比较紧，各工种交

叉施工，造成垂直运输能力不足。用人力斗车通过升降机输送又增加了垂直输送压力，影响了整个项目的施工进度，而且斗车在输送过程中不能很好地对成品进行保护，同时容易造成不必要的材料浪费。

图 1　气力输送系统

图 2　砂浆喷涂机

图 3　浇筑地坪

3.2　干混地坪砂浆定量加水、现拌现用保证砂浆质量

干混地坪砂浆通过气力输送设备进入配套砂浆搅拌机后，能够做到定量加水、现拌现用，使得搅拌后的砂浆质量达到实验室技术配方的要求，大大提高了施工后的地坪质量。

传统细石混凝土从商混厂家运到工地后，为了达到一定的泵送流动性，施工人员都会往混凝土罐车里面加水，导致后期地坪质量得不到保证。如果不泵送的，细石混凝土倾倒到地上，人工用铁锹往斗车里面铲，由于人工效率低，大部分的细石混凝土需加水后才能铲得动，又加大了后期地坪产生质量问题的风险。

4 以石灰石质机制砂为原材料在干混砂浆中应用的注意事项

干混砂浆的性能和原材料的选用直接相关，原材料按一定比例，根据生产配方由计算机全程控制计量，在自动化生产线高速搅拌均匀混合形成，才能使其质量稳定，性能可靠。产品的生产配方应根据砂浆骨料及胶凝材料的性能品种来选择不同添加剂的使用。

原材料的选用直接关系到干混砂浆的性能，石灰石质机制砂对砂浆性能的影响如下：

4.1 石灰石质机制砂级配对砂浆的影响

以石灰石质机制砂为骨料的干混砂浆，经研究证明砂浆级配分布与机制砂级配直接相关，好的砂浆级配可以在保证强度的前提下降低胶凝材料的用量，从而降低成本。针对干混砂浆不同种类及强度，对石灰石机制砂级配进行调整可以提高施工性，满足现场施工的需求。

4.2 石灰石粉对干混砂浆性能影响

石灰石质机制砂在生产时会产生10%～20%的石粉，通过制砂线收尘系统可将部分石粉集中处理，石粉可作为填料用于普通干混砂浆的生产。石灰石粉本身具有较高的需水性，在级配合理的情况下相同掺量保水增稠添加剂的使用，使用石灰石粉量高的产品保水性能较高。但是在石粉掺量较高的情况下砂浆容易出现假凝现象，即达到初凝时再次翻动后又会恢复之前流动度，此现象说明石粉本身就有一定的吸水性，所以容易导致砂浆凝结，但是在翻动后其石粉的流动性能又能很好地减小机制砂颗粒之间的摩擦，恢复其流动性能。砂浆中适量添加石灰石粉可以提高其施工性能，但是石灰石粉掺量过高又会导致施工性下降，出现粘刀现象，并且石灰石掺量过高因粉量的收缩性较大还容易导致墙面开裂空鼓的风险增加。

4.3 石灰石质原材料的检测事项

石灰石质机制砂对原材料石灰石的要求较高，其进厂含水率破碎前因控制在0.5%以内，不然破碎后石灰石质机制砂会因含水过高出现结块现象从而影响砂浆质量，砂石破碎后泥块含量应小于0.5%，如大于此数值应不予使用，以免影响砂浆质量。

作者简介

孙辉，男，高级工程师，杭州墨泰科技股份有限公司总经理，主要从事建材研发工作，联系电话：0571-88663790。

基于石膏基砂浆的传统干混砂浆生产装备升级改造

尹文祥[1]　吕建元
1. 山东圆友重工科技有限公司，山东潍坊，261100

摘　要　当前循环经济大环境下，废弃物的循环再利用成为企业转型升级的新方向。在建材领域，工业副产石膏的再利用成为行业新热点。作为利用方式之一的石膏基干混砂浆，为预拌砂浆的推广利用提供新生动力。本文以此为出发点，结合目前市场主流结构形式的生产装备，论述了石膏基干混砂浆生产装备发展方向的可持续性。在生产装备的可持续性发展方面，不仅介绍了较为先进的生产工艺流程和特点，还为传统的水泥基干混砂浆生产设备提供了不同的针对性的升级改造方案。
关键词　石膏基；干混砂浆；可持续性发展；工业副产石膏；升级改造

Upgrading and Transformation of Traditional Dry-mixed Mortar Production Equipment Based on Gypsum-based

Yin Wenxiang，Lv Jianyuan
ShandongYuanyou Heavy Industry Science &
Technology Co.，Ltd.，Shandong Weifang，261100

Abstract　In the current environment of circular economy，the recycling of waste has become a new direction of enterprise transformation and upgrading. In the field of building materials the reuse of industrial by-product gypsum has become a new hot spot in the industry. As one of the utilization methods，gypsum-based dry-mixed mortar provides new impetus for the popularization and utilization of ready mixed mortar. Based on this，this paper discusses the sustainability of the development direction of gypsum based dry mixed mortar production equipment combined with the production equipment of the mainstream structure of the market. In the aspect of sustainable development of production equipment，it not only introduces the more advanced production process and characteristics，but also provides different targeted upgrading and transformation schemes for the traditional cement-based dry-mixed mortar production equipment.
Keywords　gypsum-based；dry-mixed mortar；sustainable development；industrial by-product gypsum；upgrading and transformation

0　引言

预拌砂浆作为当前使用率较高的环保建筑材料，根据其生产工艺和使用功能的不同，有很多种分类。特种干混砂浆为预拌砂浆的其中一种，从组成材料之一的胶凝材料区分，分为水泥基干混砂浆和石膏基干混砂浆两种。近年来，随着天然石膏的限制开采和工业副产石膏的增多，石膏建材迎来蓬勃发展的机遇。石膏建材与传统建筑材料相比有许多优点：吸水、隔声、调节室内湿度、抗菌除味、自洁净等特点，符合环保节能要求，特别是以石膏粉作为主要胶凝材料的石膏基砂浆。以半水石膏为主要胶凝材料制成的石膏基砂浆，在使用时加入一定比例的水，半水石膏与水拌和的浆体重新形成二水石膏，在干燥过程中迅速凝结硬化而获得足够高的强度。

因石膏基砂浆组成材料的特殊性，传统的水泥基砂浆生产装备已无法满足。结合当前市场生产装备的存续状况，从可持续性发展方面出发，新型的石膏基干混砂浆生产装备要具备一定的前瞻性，此外，针对传统的干混砂浆生产装备设计了合理的改造升级方案。

1 新型干混砂浆生产装备的前瞻性

本着生产装备可持续性发展的理念，新规划生产装备时应将石膏基干混砂浆的生产工艺考虑在内，此生产装备要达到不仅能生产传统水泥基干混砂浆，还能生产石膏基干混砂浆的要求。目前在石膏基干混砂浆使用方面，因使用的细骨料密度不同，可分为重质石膏基砂浆（细骨料主要为石英砂）和轻质石膏基砂浆（细骨料主要为玻化微珠或闭孔珍珠岩或膨胀蛭石）两大类。其中轻质石膏基砂浆因其骨料的密度低，形式多样化，使其生产工艺具有一定的特殊性。由此，研发设计了两种结构形式的干混砂浆生产装备：站式干混砂浆生产装备和车间式干混砂浆生产装备。

1.1 站式干混砂浆生产装备

站式干混砂浆生产装备的整体结构为原料罐围绕搅拌主楼布置，结构形式类似商品混凝土搅拌站，整体结构采用模块化设计理念。此生产装备生产过程中各种原料的计量相互独立，计量过程中无交叉混合，适合于对原材料计量比较敏感的干混砂浆生产。轻质骨料的计量模块根据轻质骨料的用量多少，可灵活搭配体积计量或累加计量的任何一种。生产工艺流程如图 1 所示。

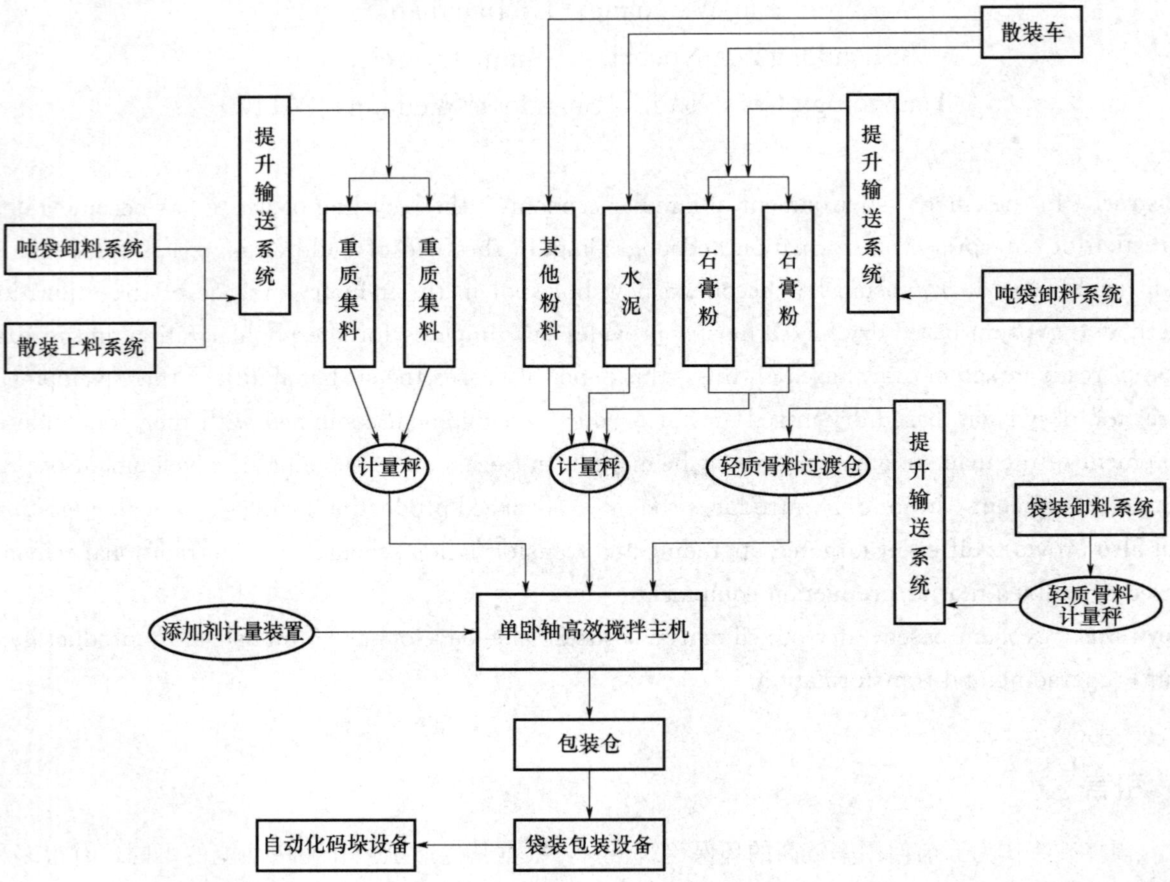

图 1 站式干混砂浆生产装备工艺流程

另外，此结构形式生产装备生产的成品砂浆，物流运输方式主要以袋装为主。为提高生产效率、实现自动化精品生产的目标，配套机械手码垛（小型生产装备）或高位码垛（中型生产装备）自动化设备，整个砂浆生产过程实现自动化、智能化的目标。高位码垛设备，如图 2 所示。

图 2　高位码垛设备

1.2　车间式干混砂浆生产装备

车间式干混砂浆生产装备的主要设备放置在车间厂房，其原料的上料方式和存储系统可根据用户产品需求和厂房情况进行改变。这种结构形式可利用现有厂房投资建设，也适用于对建筑物高度有限制的场地环境。设备整体工艺和布置形式灵活机动，其产量较小，初始投资成本相对较低。此生产装备生产过程中有一定的交叉混合，适合于对原材料计量不敏感的干混砂浆生产。轻质骨料的计量模块完全独立，轻质和重质砂浆计量过程无交叉污染。生产工艺流程如图 3 所示。

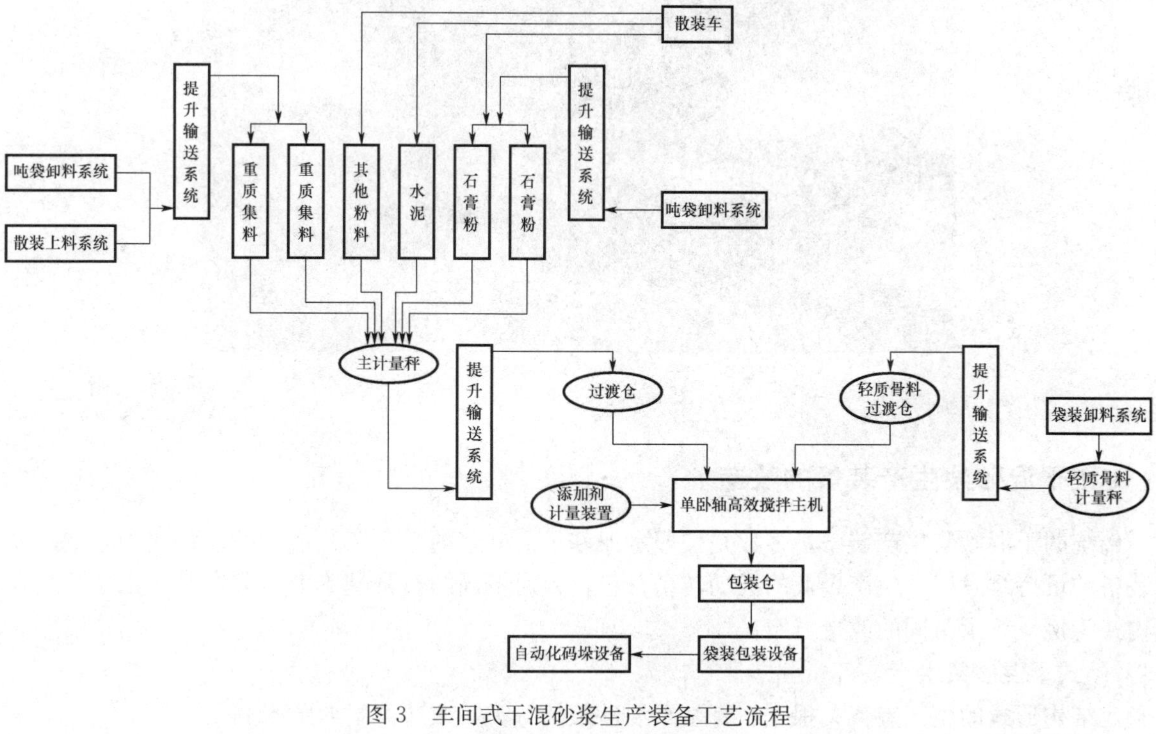

图 3　车间式干混砂浆生产装备工艺流程

需要注意的是，若轻质骨料的密度特别低、添加量比较多时，轻质石膏基干混砂浆的成品包装设备应采用敞口包装设备，避免出现轻质骨料和胶凝材料的离析现象。敞口包装设备如图 4 所示。产量较小时，码垛设备可采用机械手码垛设备，如图 5 所示。

图 4　敞口包装设备

图 5　机械手码垛设备

2　传统干混砂浆生产装备的改造

传统的干混砂浆生产装备，多数是按照水泥基干混砂浆的生产工艺设计的。为实现干混砂浆生产装备的可持续发展、生产企业的成功转型升级，针对不同的石膏基干混砂浆产品，以主流的两种结构式为例设计了不同的改造方案。

2.1　站式干混砂浆生产装备

此结构形式的生产装备，根据石膏基干混砂浆的分类，改造方案如图 6、图 7 所示。

2.1.1 重质石膏基干混砂浆改造方案

改造方案一说明

骨料仍采用原重质细骨料，如石英砂。粉料计量秤仍然采用原计量秤，石膏粉为散装物流形式的，只需增加两套石膏粉储存仓和计量输送螺旋（图 6 中虚线框部分），为石膏粉的陈化以达到三相稳定提供充足时间。

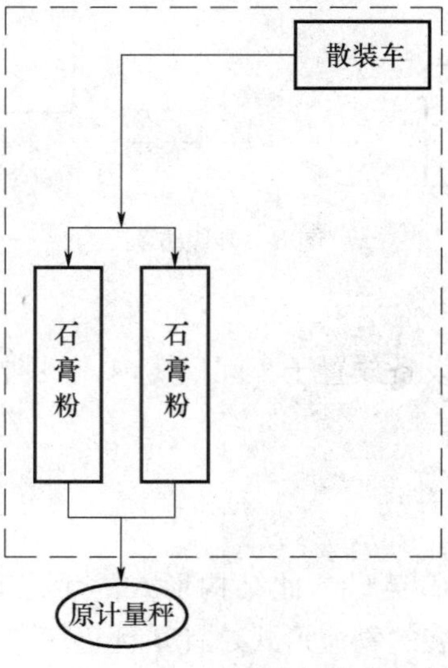

图 6 改造方案一

改造方案二说明

骨料仍采用原重质细骨料，如石英砂。粉料计量秤仍然采用原计量秤，石膏粉为吨袋物流形式的，需要增加吨袋卸料系统、提升输送系统和两套石膏粉储存仓，以及计量输送螺旋（图 7 中虚线框部分），为石膏粉的陈化以达到三相稳定提供充足时间。

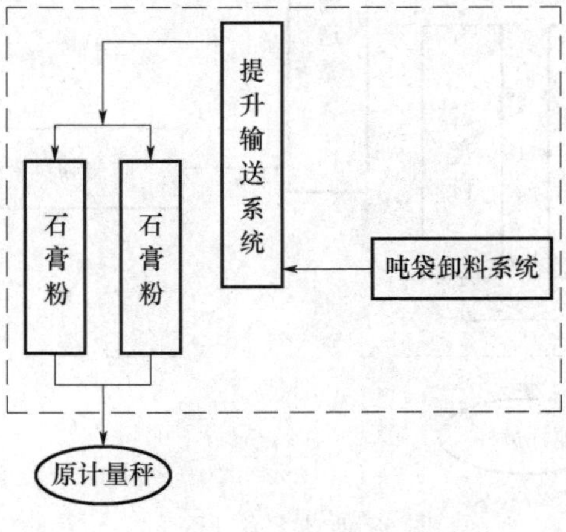

图 7 改造方案二

2.1.2 轻质石膏基干混砂浆改造方案

升级方案说明：石膏粉根据物流形式采取对应的升级方案，骨料采用轻质细骨料，如玻化微珠、闭孔珍珠岩或膨胀蛭石等。根据原搅拌主机的型号，若转速较高的需要更换驱动电动机为变频电动机。在原计量秤的基础上，另外增加轻质骨料过渡仓。轻质骨料计量方面，根据轻质骨料的物流形式和添加量采取不同的组合方案，主要模块为袋装卸料系统、轻质骨料计量秤和提升输送系统，增加设备为图 8 中虚线框部分。

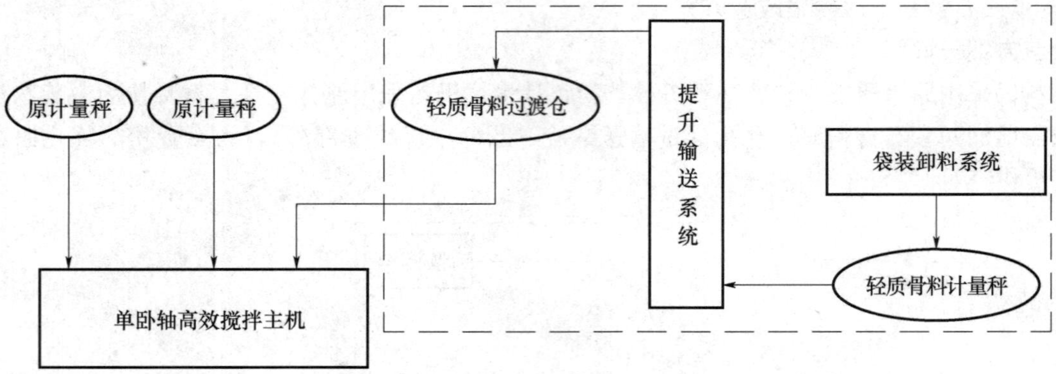

图 8　升级方案

2.2　车间式干混砂浆生产装备

此结构形式的生产装备，主要设备放置于车间厂房内，根据石膏基干混砂浆的分类，改造方案如图 9、图 10 所示。

2.2.1　重质石膏基干混砂浆改造方案

改造方案说明

骨料仍采用原重质细骨料，如石英砂。此结构形式的生产装备，大多数原料的物流形式为吨袋，因此升级方案考虑石膏粉为吨袋的物流形式，计量秤仍然采用原计量秤。需要增加吨袋卸料系统、提升输送系统和两套石膏粉储存仓，以及计量输送螺旋（图 9 中虚线框部分），为石膏粉的陈化以达到三相稳定提供充足时间。

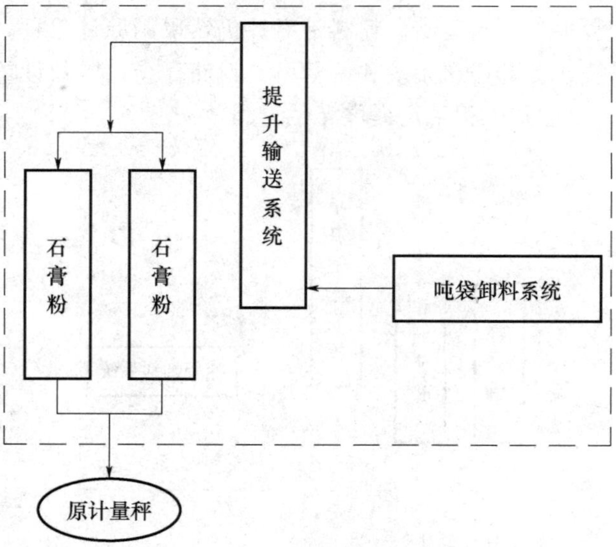

图 9　改造方案（重质）

2.2.2　轻质石膏基干混砂浆改造方案

改造方案说明：此结构形式的生产装备，大多数原料的物流形式为吨袋，因此升级方案考虑石膏粉为吨袋的物流形式，计量秤仍然采用原计量秤。骨料采用轻质细骨料，如玻化微珠、闭孔珍珠岩或膨胀蛭石等。根据原搅拌主机的型号，若转速较高的需要更换驱动电动机为变频电动机。在原过渡仓的基础上，另外增加轻质骨料过渡仓。轻质骨料计量方面，根据轻质骨料的物流形式和添加量采取不同的组合方案，主要模块为袋装卸料系统、轻质骨料计量秤和提升输送系统，增加设备为图 10 中虚线框部分。

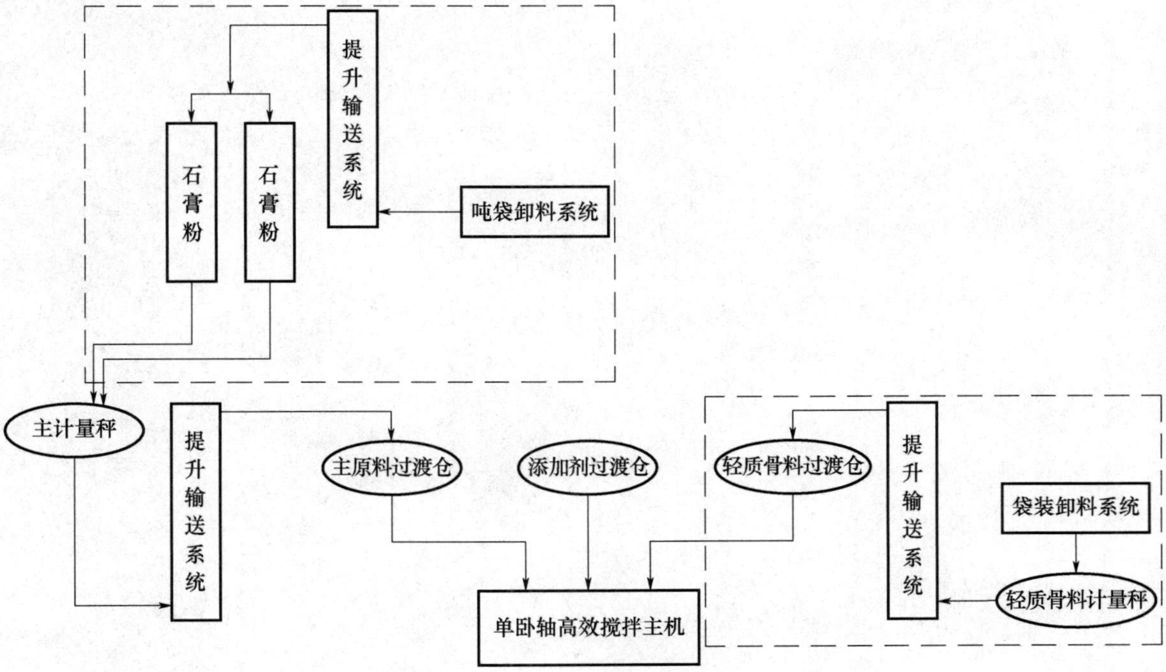

图 10　改造方案（轻质）

3　结语

工业副产石膏作为一种工业固废排放物，通过合理的加工处理变废为宝，达到循环再利用的目的，也实现了建材行业绿色环保的宗旨。石膏基干混砂浆作为工业副产石膏再利用的一种形式，对建材行业的进一步发展起了积极的作用。因此干混砂浆生产装备，无论是新规划建设还是传统生产装备升级改造，在技术层面必须有着创新性的改进，进一步延长干混砂浆生产装备的生命周期。只有具备可持续发展特性的干混砂浆生产装备，才能为石膏基干混砂浆的推广利用提供坚实的基础。

参考文献

[1]　张艳成．工业副产石膏在建筑材料中的应用研究［J］．价值工程，2013（19）：124-125.

[2]　陈霏，朱芳雯，陈向荣，等．工业副产石膏制备高强石膏的研究应用综述［J］．建材发展导向，2014，12（16）：24-26.

[3]　上海市城乡建设和交通委员会．上海市工程建设规范 DG/TJ08-2085-2011. 脱硫石膏粉刷砂浆应用技术规程［S］．2001.

[4]　中华人民共和国建材行业标准．机械喷涂抹灰石膏 JC/T 2474—2018［S］．北京：中国建材工业出版社，2019.

[5]　昂清．浅谈新型抹灰材料石膏砂浆在房屋建造中的应用［J］．房地产导刊，2014（7）：118.

作者简介

尹文祥，男，中级工程师，山东圆友重工科技有限公司，联系地址：山东省潍坊市寒亭区幸福路 567 号，邮编：261100，联系电话：18363650619。

四、标准与其他

Ⅳ. Standards and Others

《预拌砂浆行业绿色工厂评价导则》标准应用效果验证解析

袁保铖[1] 郭 晞[2] 张 晋[1] 苟洪珊[2]

1. 北京国建联信认证中心有限公司，北京，100831；

2. 北京建筑材料科学研究总院有限公司，北京，100041

摘 要 绿色工厂是绿色制造体系建设的主要载体，其特点是“用地集约化、原料无害化、生产洁净化、废物资源化、能源低碳化”。《预拌砂浆行业绿色工厂评价导则》行业标准自 2019 年立项，主要为预拌砂浆行业绿色工厂的创建与评价提出要求。本文通过分析参与预拌砂浆绿色工厂指标验证的 3 家工厂的对标情况，分析该标准对于预拌砂浆行业绿色工厂评价的适用性、可获得性等属性。根据验证结果，2 家主要生产特种砂浆的企业得分与 1 家主要生产砌筑砂浆、抹灰砂浆等产品企业得分具有明显差异。结合对指标要求下的“必选要求”“可选要求”的分数占比的统计分析，可看出标准在评估不同类型预拌砂浆生产工厂的绿色工厂创建水平具备良好的适用性，能够反映出工厂在绿色工厂管理、建设领域的实际效果。

关键词 预拌砂浆；绿色工厂；评价指标

Verification and Analysis of Application Effect in the Standard of “Guidelines for Evaluation of Green Factories in Ready-mixed Mortar Industry”

Yuan Yucheng[1], Guo Xi[2], Zhang Jin[1], Gou Hongshan[2]

(1. Beijing Guojian Lianxin Certification Center Co., Ltd., Beijing, 100831;

2. Beijing Building Materials Academy of Sciences Research, Beijing, 100041)

Abstract The green factory is the main carrier for the construction of green manufacturing system. It features “optimized land use, harmless raw materials, clean production, waste recycling, and decarbonization of energy.” The industry standard for “The Guideline for Evaluation of Green Factories in Ready-mixed Mortar Industry” has been created since 2019, mainly puts forward requirements for creation and evaluation of green factories in ready-mixed mortar industry. This paper analyzes the benchmark for the three factories participating in the index verification of the green factory of ready-mixed mortar, and analyzes the applicability, availability and some other properties of the standard for the evaluation of green factories in ready-mixed mortar. According to the results, the scores of two plants that mainly produce special mortar are significantly different from the scores of the other plant that mainly produces masonry mortar and plaster mortar. Combined with the statistical analysis of the percentages of the “required requirements” and “optional requirements” under the index requirements, it can be seen that the standard has good applicability in evaluating the green factory creation of different types of ready-mixed mortar plants. The consequence also reflects the actual effect of the factory in management and construction of green factories.

Keywords ready-mixed mortar; green factory; evaluation index

0 引言

“十三五”以来，我国科技水平及配套工业发展迅速，“新材料”“新技术”不断涌现。建材工业作为我国能源资源消耗“大户”，近年来技术创新步伐加快，新产品不断涌现，不仅消纳了大量的垃圾与固体废弃物，而且能源和原材料消耗逐年下降，社会效益十分显著。预拌砂浆作为继预拌混凝土后又一类新型绿色型建筑材料，从行业起步开始就注定了其绿色可持续发展的总体定位。

为落实《中国制造 2025》《工业绿色发展规划（2016—2020 年）》以及《建材工业发展规划（2016—2020 年）》等文件的战略部署，推动能源、资源利用水平和清洁生产水平提升、削减温室气体排放、构建绿色制造体系等主要任务的顺利完成，预拌砂浆行业绿色发展基础能力建设迫在眉睫。

绿色工厂作为绿色制造体系建设的主要载体，其特点是“用地集约化、原料无害化、生产洁净化、废物资源化、能源低碳化”。工业和信息化部从 2016 年开始开展绿色制造体系示范推荐工作，基于部发文件《绿色工厂评价要求》对各行业的工厂进行评分。作为工业领域的通用评价要求，指标体系过于宏观导致不能很好地适用于各个专业领域。

为解决标准滞后的问题，工信部从 2017 开始连续三年开展工业节能与绿色标准化专项课题研究，通过加大推动节能与绿色制造领域标准的制修订工作，以标准引领各行业绿色发展工作的向前迈进。本文所分析的预拌砂浆行业绿色工厂评价指标体系的评价指标对标情况主要作用是支撑《预拌砂浆行业绿色工厂评价导则》行业标准的研究与制定。按照行业特性研究评价指标体系，出台统一的绿色工厂评价标准，对绿色工厂进行评价，将有助于企业综合节能、环保、资源综合利用等特性评价自身绿色发展水平，引导和规范企业实施绿色制造工程。

1 预拌砂浆行业发展现状

预拌砂浆作为传统水泥的深加工产品，主要原材料包括水泥、砂、矿物等，按照一定的比例加入添加剂或水等原料混合而成。根据生产形式可分为干混砂浆和湿混砂浆；根据使用方式又可分为普通砂浆和特种砂浆；根据销售方式分类，包含罐装、桶装和袋装。现阶段，企业多以自动化或半自动化生产为主流，相关机械设备也逐渐专业化，与传统的现场搅拌砂浆相比，生产效率更高，产品质量更加稳定统一，种类更加多样。

从产品档次来看，预拌砂浆行业也分为低、中、高端产品。低端产品市场以抹灰砂浆、砌筑砂浆、地面砂浆、防水腻子为主；中端产品市场以粘结剂、勾缝剂、抹面砂浆为主；高端产品市场以饰面砂浆、修补砂浆、锚固材料为主。本次参与标准验证的 3 家企业均为干混砂浆厂，其中 2 家以生产中高端产品为主，1 家则以生产低端产品为主。

2 预拌砂浆行业绿色工厂评价指标

2.1 基本要求

《预拌砂浆行业绿色工厂评价导则》标准主要为评价实施层面的要求，可用于企业的自评价以及第三方评价。通过对工厂在基础设施、管理体系、能源与资源投入、产品、环境排放、综合绩效六项一级指标下的评价要求进行综合判定打分，最终以加权评分的方法给出企业绿色工厂创建水平的评估。

因此标准的验证过程主要针对条款对企业的适用性、证明材料的可获得性、绩效计算方法的合理性以及评分的合理性进行。

根据企业实际提交的材料来看，对于绿色工厂管理、培训以及目标规划的要求，企业虽然建立起管理手册、规划目标等文件，但是普遍未能切实贯彻落实，存在管理与实施未能保持绝对一致的现象，这也是绿色工厂建设起步阶段所普遍存在的现象。后续需要通过加强创建培训、咨询等工作，加大贯标力度，协助指导企业建立起绿色工厂管理实施流程。

在满足基本要求的前提下，对于预拌砂浆行业绿色工厂的评价与通则一致，分别从基础设施、管理体系、能源资源投入、产品、环境排放以及综合绩效六个方面进行。一级指标权重分配见表 1。

表 1　一级指标权重表

一级指标	基础设施	管理体系	能源与资源投入	产品	环境排放	综合绩效
权重（k_i）（%）	20	10	15	15	10	30

2.2　必选要求

必选要求的设置是作为绿色工厂创建与评价的入门性要求。《预拌砂浆行业绿色工厂评价导则》中包括必选要求 39 项，分布如图 1 所示。可见基础设施指标下必选要求最为集中，要求占比的程度一定程度上反映了相应指标下的评价要求颗粒度，颗粒度划分越细，其要求占比则越高。根据必选要求分布可以看出，基础设施、能源资源投入和环境排放下的评价要求划分较具体。

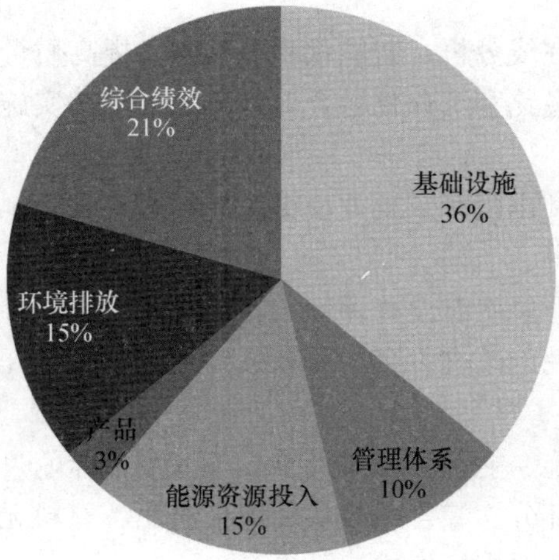

图 1　必选要求分布

本次验证的三家企业均为干混砂浆生产企业，且无烘干车间，故所有涉及烘干的必选项目均视为不适用，扣除其在总分所占比率后计算总分。在标准必须要求中争议较大的一项是要求企业在生产过程中使用“绿色物料”。绿色物料通常指工厂使用的外部购入的工业副产品、资源综合利用产品等。对于部分以家装砂浆、高端产品为主要产品的工厂而言，这一条款存在较难满足的情况。

2.3　可选要求

《预拌砂浆行业绿色工厂评价导则》中包括可选要求 60 项，分布如图 2 所示。可见可选要求在六项一级指标中的分布与必选要求所占比率差距不大，差异较明显的是产品指标，产品指标的必选要求占比 3%，相对评价要求的颗粒度较粗。绿色工厂的产品指标主要评估企业生产产品的“绿色”属性，包括绿色设计、碳足迹等要求。由于此类指标对于预拌砂浆产品而言具有一定的超前性，对于体现不同工厂的绿色化差异作用有限，因此相应降低权重，增加其颗粒度。

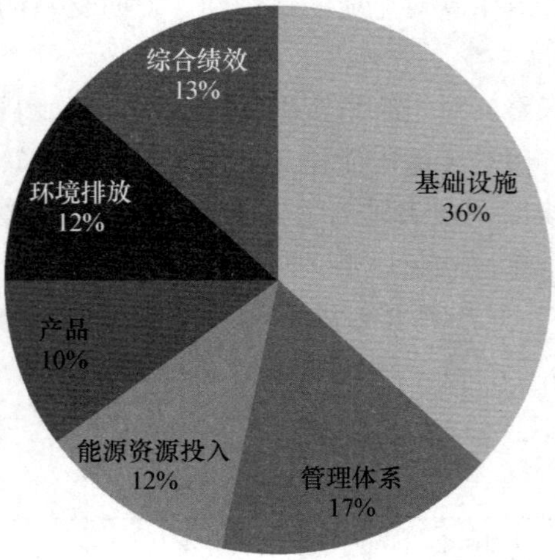

图2 可选要求分布

可选要求作为拉开不同企业分数与水平的选项，应具有“阶梯性”。汇总三家工厂得分情况，可以看出以下要求是区分工厂绿色化水平的关键：

（1）在建筑节能领域，充分利用可再生资源、能源。如利用可再生能源及余热供应生活热水，利用可再生能源及余热供暖、制冷；在室外公共区域照明全部采用太阳能等可再生照明能源等。由于预拌砂浆生产企业规模普遍偏中小型，能源结构较为单一，多以电能为唯一或主要能源，故满足此项的企业较少。

（2）在智能化领域，采用在线分析、智能化验等技术，提高质量控制过程的自动化水平。

（3）工厂建立起完整的信息化和工业化融合管理体系，定期实施内部评审和管理评审并在规定的平台进行公示、通过认证。

（4）绿色物料使用方面，利用国家或地方法律法规、产业政策规定的固体废物作为生产预拌砂浆的原料，如再生骨料、废石等。

（5）产品绿色设计领域，开展生态设计评价，并形成评价报告；根据生态设计评价结果，制定资源、能源、环境、品质等属性的改进方案，并有效实施。

2.4 综合绩效

综合绩效作为对于基础设施、能源资源投入等5项一级指标的量化体现，从某种程度上可以说是绿色工厂评价中最重要的一部分。综合绩效从用地集约化、原料无害化、生产洁净化、废物资源化及能源低碳化5个方面共计8项指标组成，见表2。

表2 综合绩效指标

项 目	绩效指标
用地集约化	容积率
	建筑密度
	单位用地面积产能
原料无害化	绿色物料使用率
生产洁净化	大气污染物产生量
废物资源化	废物回收利用率
	废水回用率
能源低碳化	单位产品综合能耗

参与试验证的3家企业分别根据其2019年的实际情况提供了相应的绩效数据，具体情况见表3。

表 3　综合绩效得分情况

项目	单位	权重（%）	绩效标准				工厂 1			工厂 2			工厂 3		
			必选		可选										
			指标	分值	指标	分值	指标	得分	加权分值	指标	得分	加权分值	指标	得分	加权分值
容积率	—		0.70	15	1.40	15	1.8	30	6	0.70	15	3	0.83	17.78	3.56
建筑密度	%	20	30	15	45	15	60	30	6	40	30	6	40.48	30	6
单位用地面积产能	$t/(m^2 \cdot a)$		10	20	20	20	27	40	8	10	20	4	20	40	8
绿色物料使用（率）	%	10	—	50	20	50	0	0	0	0	0	0	1.1	52.75	5.275
单位产品颗粒物排放量	g/t		0.20		0.10		<0.10	100	35	0.10	50	17.5	<0.10	100	35
单位产品二氧化硫排放量	g/t	35	17	50	14	50	/	/	/	/	/	/	/	/	
单位产品氮氧化物排放量	g/t		20		16		/	/	/	/	/	/	/	/	
固体废物回收利用率	%	20	80	25	100	25	100	50	10	80	25	5	100	50	10
废水回收利用率	%		80	25	100	25	100	50	10	50	25	5	100	50	10
单位产品综合能耗	kgce/t	15	1.20	50	0.85	50	1.09	84.28	12.64	1.20	50	7.5	1.36	77.14	11.57
合计							87.64			48			89.40		
一级指标加权后分值							26.29			14.4			26.82		

从绩效部分得分可以看出，本部分拉开了 3 家试验证企业的分数分布。工厂 1、3 的主要产品为特种砂浆，而工厂 2 以砌筑砂浆等低端产品为主，从某种程度上讲，特种砂浆因为其生产特点及相关要求，更易满足绿色工厂评价的相应标准。

3　总结

《预拌砂浆行业绿色工厂评价导则》标准验证与基于从 2017 年开始的绿色工厂示范推荐工作同步开展，可以说从范围广度和指标深度上均实现了全面性和代表性。从综合评估验证结果可以看出，企业在应用过程中能够较好地依据标准对标开展自评，操作性满足要求。同时，本标准所规定的的相应评分要求，在用于企业间的横向比较以及企业自身的纵向比较方面，均有较良好的应用效果。

本次进行试评价的三家企业，均为预拌砂浆行业中对于绿色工厂工作开展较为领先的企业。在企业提供证据一致的前提下，使用《预拌砂浆行业绿色工厂评价导则》进行评价。结果如图 3 所示。

从图表中可以看出，三家工厂拉开差距主要体现在基础设施、产品和绩效三部分。其中基础设施部分，工厂 2 由于在照明分级、生产自动化及污染物计量设备方面的缺失，导致分数与工厂 1、3 有所差距，这也与工厂 2 规模较小有关系。产品方面，工厂 1、3 均设有环保或产品生态设计的相关部门或研发团队，故在这类指标中得分较高。绩效方面作为企业之间拉开差距最明显的一类指标，工厂 2 由于部分数据缺失导致绩效分数较低，间接导致了其在总分上与工厂 1、3 的差距。在绩效方面，由于工厂 1、3 每年将提升绿色工厂绩效纳入其工厂年度目标中，故在绩效数据的统计上相对完整。

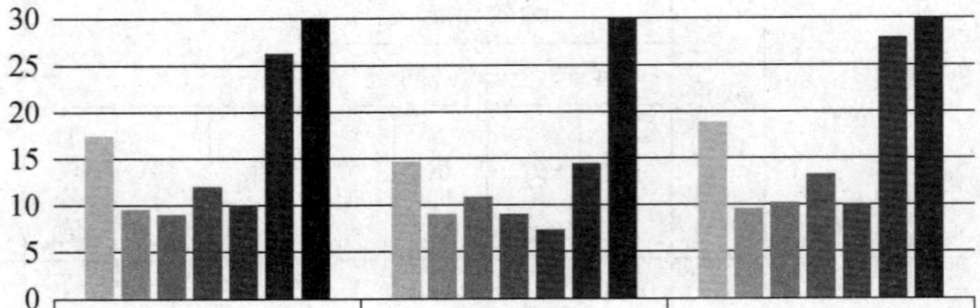

	工厂1	工厂2	工厂3
基础设施（20%）	17.46	14.66	18.82
管理体系（10%）	9.5	9	9.5
能源资源投入（15%）	9	10.8	10.2
产品（15%）	12	9	13.2
环境排放（10%）	10	7.3	10
绩效（30%）	26.29	14.4	27.9
总分	87.4	67.59	92.96

图3　对比验证分数汇总

作者简介

袁俣铖，男，助理工程师，北京国建联信认证中心有限公司，项目主管，主要从事建筑材料绿色低碳化评价、研究。邮箱：yuanyucheng@cqbm. com. cn。

我国外保温行业面临的严峻挑战及对策

吴永文
立邦涂料（中国）有限公司，上海，201201

摘　要　本文介绍了我国的外保温行业面临的严峻挑战。从经济角度，从商业公司最关心的利润出发，提出外保温强制买保险、外保温质保期延长至25年两个策略，以使得开发商从被动变主动地去提升外保温的质量。
关键词　外保温行业；外保温脱落；外保温质量

The Severe Challenges and Countermeasures of China's External Thermal Insulation Industry

Wu Yongwen
Nipponpaint China Co，. Ltd.，Shanghai，201201

Abstract　This paper introduces the severe challenges faced by China's external insulation finishing system industry. From the economic point of view，profit is what a commercial company most concerns about，then this paper proposes two strategies which are compulsory insurance and warranty extended to 25 years，to make developers from passive to active to improve the quality of external insulation finishing system.
Keywords　external insulation finishing system industry；external insulation finishing system falling off；quality of external insulation finishing system

1　我国外保温行业发展简况

尽管我国在20世纪80年代已经开始了外墙外保温技术的研究[1]，但是此后十几年，我国外保温行业发展缓慢。直到2003年前后，随着北京、天津等少数大城市率先实施节能65％的要求，以及《夏热冬暖地区居住建筑节能设计标准》（JGJ 75—2003）（2003年10月1日实施）、《膨胀聚苯板薄抹灰外墙外保温系统》（JG 149—2003）（2003年7月1日实施）、《外墙外保温工程技术规程》（JGJ 144—2004）（2005年3月1日实施）等标准的实施，外保温行业才开始快速发展。目前除了广东、广西、海南、福建等南方几个省份或自治区外，外保温在全国绝大部分地区都得到广泛的应用。

我国的外保温行业发展初期，聚苯颗粒保温砂浆、玻化微珠保温砂浆、EPS薄抹灰外保温系统、XPS薄抹灰外保温系统、岩棉薄抹灰外保温系统、保温装饰一体化等多种类型的外保温系统都得到了一定的发展。但是随着聚苯颗粒保温砂浆、玻化微珠保温砂浆外保温系统的开裂、保温性差的问题，以及XPS薄抹灰外保温系统脱落问题的暴露，一些地区已经将这些材料统列入限制材料的名单，其使用范围受到较多的限制。

保温装饰一体化将传统保温工程由工地现场作业转变为工厂化流水线作业，现场安装方便[2]，大约10年前就已经在市场上出现了，但过去这些年，只是缓慢地发展。2016年2月，国务院印发《关于进一步加强城市规划建设管理工作的若干意见》，指明“大力推广装配式建筑”，使得保温装饰一体化的热度迅速上升，目前多家涂料企业开始或准备进入该领域。未来保温装饰一体化行业发展如何，需要时间来检验。

2　我国外保温行业面临的严峻挑战

大约在2008年以前，对外保温质量问题的关注，多集中于开裂、渗水、保温性能差等问题。特别是聚苯颗粒保温砂浆、玻化微珠保温砂浆应用多的区域，这类问题尤其突出。之后，由于2008年10月哈尔滨“经纬360度”双子星大厦火灾、2009年央视新楼配楼火灾、2010年上海胶州路大火等一系列外保温火灾的发生，使得对外保温的关注转移至防火问题上。公安部甚至发布了〔2011〕65号文件，要求民用建筑外保温材料采用燃烧性能为A级的材料。

针对防火问题，相关部门已经发布了明确的要求[3]。2013年3月实施的《建筑外墙外保温防火隔离带技术规程》（JGJ 289—2012）规范了防火隔离带的做法，在工地上也经常能看到，防火隔离带执行的情况比以前好很多了。而且，一些相关的防火管理法规也已发布，例如在建的外保温工程附近不得燃放烟花，等等。从实际效果看，最近外保温的火灾事故明显减少，外保温的防火灾问题得到较好的控制。

然而，近几年，一些外保温工程的脱落问题开始大量暴露出来。从公开报道的新闻看，2014年全国各地外保温脱落事故，至少有53起；2015年，至少29起；2016年上半年，至少19起。这些外保温脱落事故，轻的造成财物破坏，严重的砸伤或砸死人；而且分布面广，无论是东北、西北、西南、华北、华东，都出现了外保温脱落的事故。

可见，今天的外保温行业面临的问题，已经不再是前几年的开裂、渗水、保温性能差的问题，而是脱落的问题。这已经是安全问题，而不再仅仅是外观问题。外保温行业的质量，必须马上改进，否则这样大面积的安全隐患，将会带来难以预计的财产和生命损失。

3　应对我国外保温行业挑战的对策

实际上，我国的外保温行业有比较完善的法规和流程。我们有多个外保温标准，外保温需要做体系检测，需要在各地备案后才能销售，施工中也有现场抽检的要求。针对外保温出现的开裂、火灾等问题，各地相关部门也采取了很多的措施。但是，最近几年外保温不断出现的脱落事故说明，外保温工程的实际质量并不理想。

如果分析过去为提高外保温质量而采取的种种措施，就会发现，这些措施对房地产开发商来说，基本上是被动的措施。房地产开发商被迫去推动外保温的管理来过检测关，而不是主动去提高外保温的质量来满足客户的需求。因此在具体操作中，开发商总有很多方法来通过检测关。外墙质保期通常只有两年，开发商也不用太担心，两年内出现脱落问题概率相对较低，即使出现，也容易拖延至质保期外，使得客户投诉起来更加麻烦。总之，开发商因为外保温脱落而进行大额赔偿的风险很低，他们的“利润”极少受外保温脱落事故的影响，他们当然不会主动确保外保温做好。

因此，面对今天我国外保温行业面临的严峻情况，我们应当改变策略。过去我们采取的监控措施，例如，外保温施工人员必须经过专业培训等，基本是行政或技术手段，而这都不是开发商最关心的。作为一个商业公司，最核心的关注是利润，利润是一个正常的商业公司生存的必要条件，当然会成为公司追求的核心方向。因此，要改变外保温行业的状况，就需要从经济角度来采取措施，才能真正让开发商从被动变主动，切实地为提高外保温的质量而努力。以下是一些从经济角度来考虑的措施，为改进当前外保温的严峻状况提供参考。

第一，外保温强制购买保险。这样一来，即使外墙过了保质期，一旦外保温出了问题，业主也能较为容易地获得赔偿。更为重要的是，保险公司会很认真地去评估每个开发商，一旦开发商的楼盘出现外保温脱落事故，那么后面它的保险费用会明显提高，开发商就会主动地去提高外保温的质量，以避免外保温脱落事故的发生。

第二，外保温设计的年限是 25 年，那么外保温的质保期也应该是 25 年。当外保温的质保期只有 2 年时，很少开发商会花大力气去做好外保温。一旦将质保期变为 25 年，情况会发生改变，质量差的外保温工程肯定坚持不了 25 年就会出问题，使得开发商的维修费用和保险费用上升；而质量好的外保温工程，从国外的实例看，远远可以超过 25 年而没有问题[4]，使得开发商可以明显地降低维修费用和保险费用。

只要实施上面这两条措施，开发商就会变被动为主动，主动去寻找质量好的材料供应商和施工公司，主动把外保温工程的质量监控好。这有利于淘汰落后的产能，正是供给侧改革的一种方式。

从短期看，以上两个措施，可能会导致外保温的价格上升。但从长远看，这两个措施有利于淘汰那些产品质量差的公司，使得那些产品质量好的公司的市场份额快速增加，从而可以大幅提高产量来降低产品的成本。同时，这两个措施使得公司之间的竞争更加公平。因此从长远看，外保温的价格不会大幅上升，但工程质量会有明显好转。

4　结语

为了改进我国外保温行业的质量，减少脱落事故的发生，应当从经济角度出发来思考策略。外保温强制保险、外保温质保期延长至 25 年这两个策略，将会使开发商主动地去提升外保温工程的质量。

参考文献

[1]　巩永忠，苑峰，孙艳．国内建筑外墙外保温材料现状与发展前景［J］．新型建筑材料，2006（10）：42-43.
[2]　张莉萍．外墙外保温装饰一体化系统研究［J］．新型建筑材料，2010（3）：58-59.
[3]　朱春玲．我国外墙外保温防火技术研究进展［J］．墙体革新与建筑节能，2014（1）：53-56.
[4]　冯冰，熊影，张声光．国内外外墙外保温发展现状［J］．江西建材，2007（3）：3-4.

作者简介

吴永文，男，博士，主要从事干混砂浆和外保温产品的研发。联系地址：上海市上丰路 659 号，电话：021-58183121，邮箱：wuyongwen@nipponpaint.com.cn。

石膏基建材行业发展现状研究

田玉军[1,2]
1. 河北匠工新型建筑材料有限公司，河北，071000；
2. 壁贝科技（北京）有限公司，北京，100068

摘　要　随着我国经济形势进入新常态，新建房屋面积虽有所降低，但建筑重装修及改造的需求会弥补，甚至增加石膏基类建材的需求。由于抹灰石膏、工业副产石膏类产品及石膏板类建材具有良好的性能参数、施工便利性和低成本性，企业进一步加强对石膏基建材研发利用，向多途径、大规模、高附加值综合利用方向发展。我国市场对石膏基类建材的需求将继续增长。
关键词　石膏基；抹灰石膏；工业副产石膏；石膏板

Research on the Development Status of Gypsum Building Materials Industry

Tian Yujun[1,2]
1. Hebei Craftsman New Building Materials Co. , Ltd. , Hebei，071000；
2. Bibei Technology（Beijing）Co. , Ltd. , Beijing，100068

Abstract　With the national economic situation entering the new normal，although the floor area of new buildings has been reduced，the demand for heavy decoration and reconstruction of buildings will make up for or even increase the demand for gypsum based building materials. As plastering gypsum，industrial by-product gypsum and gypsum board building materials have good performance parameters，construction convenience and low cost，further strengthen the research and development and utilization of gypsum based building materials，and the enterprise is developing towards multi-channel，large-scale and high added value comprehensive utilization. China's market demand for gypsum based building materials will continue to grow.
Keywords　gypsum base；plastering gypsum；industrial by-product gypsum；gypsum board

随着经济的发展，人们越来越关注绿色建材市场，石膏基类建材符合新型绿色建材的要求。在传统三大凝胶材料水泥、石灰、石膏中，由于石膏的CO_2排放量和生产能耗相对较低。因此，石膏基类建材产品符合低碳、绿色、环保的理念，使其在建筑材料领域里成为发展最快的产业之一。受传统观念、经济基础、建材结构等诸多影响，石膏建材在国内市场起步较晚、基础薄弱，但当前迅猛快速发展。其中，“十二五”和“十三五”规划给石膏基建材行业带来了发展机遇。

石膏基建材作为新兴绿色产业，其主要产品和应用领域有水泥缓凝剂、纸面石膏板、石膏砌块、增强纤维石膏板、石膏条板、石膏基干混商品砂浆、抹灰石膏、自流平地面砂浆、石膏腻子及嵌缝腻子等。与传统建材产业相比具有明显的市场竞争力，如连续几年石膏砌块、抹灰石膏等产品处于快速发展阶段，在“十二五”规划期内工业副产石膏产业呈逐年上升趋势，纸面石膏板产业发展迅猛，年均复合增长率超过20%。以下主要研究这三种石膏基建材的行业发展现状。

1 抹灰石膏

1.1 抹灰石膏砂浆的发展研究

抹灰石膏也称粉刷石膏，是以半水石膏和II型无水硫酸钙单独或两者混合后作为主要胶凝材料，掺入外加剂制成的抹灰材料，适应室内墙体和顶棚专用的绿色环保抹灰材料。按照找平效果不同，抹灰石膏可分为面层抹灰石膏、底层抹灰石膏。面层抹灰石膏主要用于墙面抹灰细找平，底层抹灰石膏主要用作室内墙面抹灰粗找平。

抹灰石膏的最早应用可以追溯到距今11000年以前土耳其加泰土丘古城，作为装饰壁画的基底。据欧洲石膏组织的相关资料报道：公元前3000年左右，埃及人在修建金字塔的过程中就开始采用石膏抹灰材料对石料进行修补、填缝、砌筑、抹灰及地面找平等。20世纪50年代末，德国率先进行了石膏干混砂浆研发并得以在欧洲普及推广。

20世纪80年代初，抹灰石膏进入我国市场。进入21世纪以后，抹灰石膏的研发和应用技术逐渐完善，并进入了较快的发展；2012年7月31日《抹灰石膏》（GB/T 28627—2012）[1]规范的颁布和实施，给出了石膏砂浆技术要求，抹灰石膏得以应用。2019年3月5日，标准《抹灰石膏应用技术规程》[2]通过审查，意味着我国抹灰石膏技术将更加成熟规范化，更加能达到绿色施工、节能建设目的，进一步提高抹灰石膏的市场利用率。

1.2 抹灰石膏砂浆的性能特点

抹灰石膏是一种颗粒均匀的粉状材料，其比表面积不超过6000cm^2/g。它是由石膏胶结料与各种多功能外加剂混合制成的。相比水泥砂浆、混合砂浆等传统抹灰材料，抹灰石膏具有强度高、粘结力强、收缩性小、保水性好、不空鼓开裂、凝结硬化快、施工性好、便于冬期施工、具有吸湿与排湿功能等优异性能。近年来，抹灰石膏以其良好的物理力学性能和施工性，深受设计单位、施工单位、开发商单位认可，使其在国内日益得到推广使用。下面主要介绍抹灰石膏砂浆的良好性能。

（1）分子结构、性质特点使其耐火性好

石膏基材的水化产物是$CaSO_4 \cdot 2H_2O$，遇火灾后，首先两个结晶水完全分解温度达140℃，分解过程中产生的大量水蒸气阻隔火焰的蔓延，这就赢得了宝贵的救火时间。

（2）气硬性材料，初凝时间短，施工效率高

抹灰石膏的初凝时间通常为30min，相比水泥制品其凝结速度快；在初凝时间内，一般要求工人采用墙面冲筋施工，完成抹灰石膏的粗平、精平工作。抹灰石膏是气硬性材料，无需额外喷湿养护。其施工4h后就有一定的强度，1～3d便可完部硬化。

（3）绿色环保节能

石膏基建材能耗为水泥煅烧能耗的1/4。与120mm的实心黏土砖隔墙相比，纸面石膏板每平方米的质量是其1/10～1/9，石膏砌块是其1/4～2/5，比较节材，可回收利用、卫生且不污染环境。

（4）随拌随用，适用性强

抹灰石膏的搅拌一般用手持式电动搅拌枪，现场制作，搅拌简单，适用于普通单个操作工人，能够大面积同时展开施工，与传统水泥砂浆相比节省人工。

（5）成袋易运输

抹灰石膏为成袋包装（通常为50kg/袋），搬运方便，运至施工现场加水直接搅拌即可施工。与传统水泥砂浆相比较，免去了水泥砂浆等散粒状材料的计量控制，能充分保证成活后的实体强度。

（6）多孔材料易于调节空气湿度

石膏基建材是多孔材料，在室内湿度大时，可将水分吸入，在室内湿度小时，又可将孔隙内的

水分释放出来，自动调节室内湿度。

1.3 抹灰石膏砂浆市场需求

近年来，轻质抹灰材料在国外是被广泛利用的内墙抹灰材料。如美国和德国抹灰石膏的产量每年都在50万t以上。在中国的使用量也在快速提升，据中国石膏工业协会统计预测，抹灰石膏用量将以每年20%以上的速度递增；据中国建筑材料联合会预拌砂浆分会统计，2012年抹灰石膏的用量已达到260万t；2014年已达到350万t；2016年约有500万t，未来我国抹灰石膏仍有很大的发展潜力。

支持抹灰石膏需求增长主要原因是，目前中国抹灰石膏的应用由非住宅领域逐渐引导向住宅领域发展。随着应用市场的扩大，抹灰石膏的应用量增长。房地产重新开工面积增速相对更为平稳后，内装品质的标准会逐步提升，支持抹灰石膏需求增长。据统计，海外抹灰石膏需求分布中重装修需求占60%。到2015年后由于新建开工面积下滑，但房屋重装修市场逐步启动，抹灰石膏需求增速会逐步放缓。结合每平方米房屋装修面积使用量，新建住宅、非住宅以及重装修需求，预测2020年抹灰材料需求为1350万t左右。根据中国存量房屋的面积和年限测算，国内重装修市场将逐步启动可部分对冲新建房屋面积的下滑。

综上所述，内墙装饰市场对抹灰石膏的使用推广程度，是影响抹灰石膏销量的重要因素。在将来，中国市场对抹灰石膏的需求将依旧增长，这就是很多厂家还在加大投入，并不断进入市场的根本原因。

2 工业副产石膏

2.1 工业副产石膏砂浆的发展

工业副产石膏是指工业生产中生成的以$CaSO_4$为主的副产品或废渣，也称化学石膏或工业废石膏。其主要种类有脱硫石膏、磷石膏、铜石膏、柠檬酸石膏、氟石膏、盐石膏、钛石膏等。工业副产石膏目前累积堆存量已超过3亿t，其中，脱硫石膏达5000万t以上，磷石膏达2亿t以上，脱硫石膏和磷石膏的产量约占全部工业副产石膏总量的85%[3]。2009年我国工业副产石膏产量及综合利用率情况如图1所示。

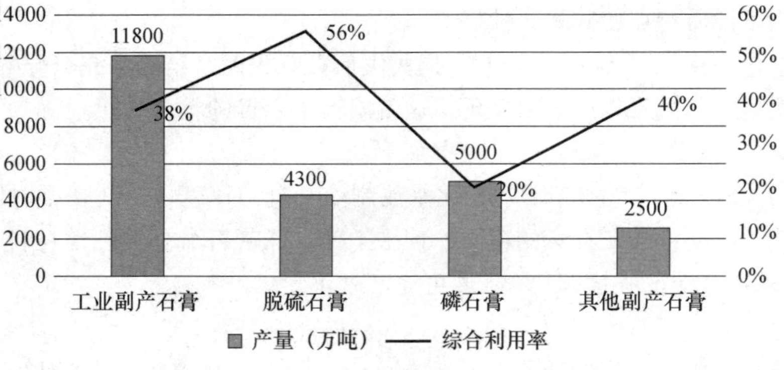

图1 2009年我国工业副产石膏产量和利用率情况

资料来源：中商情报网资料库

2015年主要工业副产石膏堆存量、排放量及利用率如图2所示。2015年，磷石膏累计堆存量约为300Mt左右，脱硫石膏的累计堆存量约为150Mt，2015年利用率达74%，其他工业副产石膏如钛石膏、芒硝石膏、盐石膏、柠檬酸石膏2015年的堆存量和排放量呈相对减少趋势。

“十二五”期间脱硫石膏和磷石膏生产量、利用量及利用率走势如图3和图4所示。从图3可看出脱硫石膏利用率在2010—2015年逐年较快速增长，从图4可看出磷石膏的生产量、利用量及利用率都呈逐年增长的趋势；磷石膏综合利用率从2014年达到30%，提前达到“十二五”目标利用率。

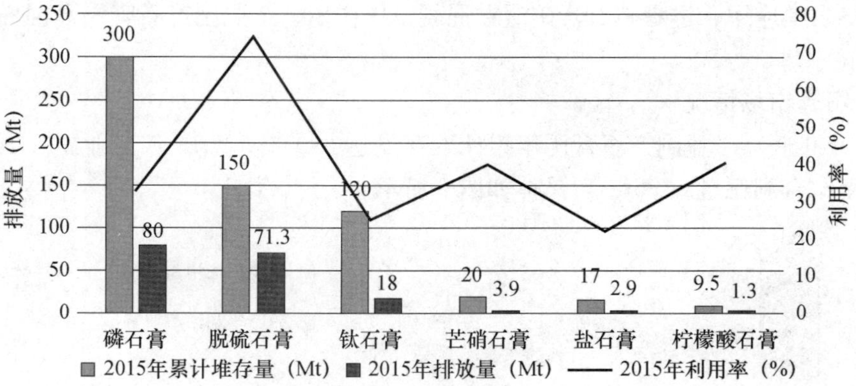

图 2　2015 年我国主要工业副产石膏堆存量、排放量及利用率

资料来源：中商情报网资料库

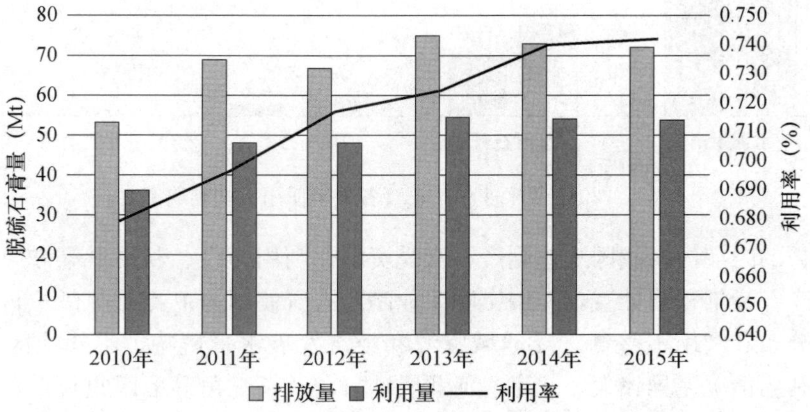

图 3　“十二五”期间脱硫石膏生产量、利用量及利用率走势

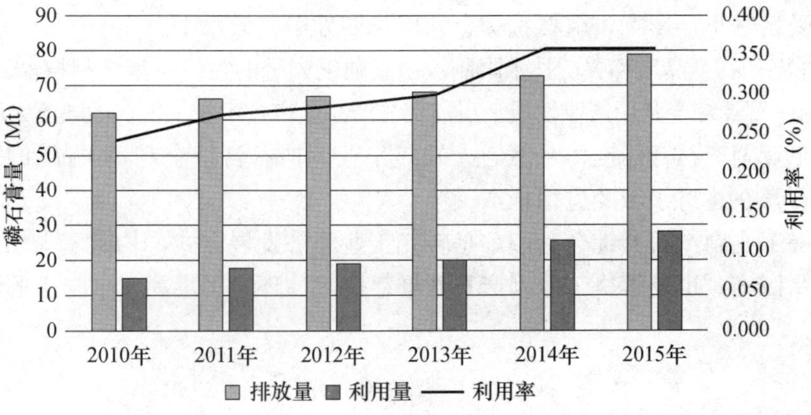

图 4　“十二五”期间磷石膏生产量、利用量及利用率走势

2.2　工业副产石膏的性能用途特点

当前，工业副产石膏综合利用主要有两个途径：一方面有 70％的工业副产石膏用于水泥缓（调）凝剂；另一方面用于石膏基建材制品，如纸面石膏板、石膏砌块、石膏条板、抹灰石膏、石膏自流平砂浆、石膏砖等。

近年来，用于水泥缓凝剂的石膏量减少，工业副产石膏的应用也朝着多元化方向发展。2015 年水泥总产量同比下滑 4.9％，水泥缓凝剂用石膏同比减少约 4.70Mt。而工业副产石膏在纸面石膏板、抹灰石膏、石膏砌块等方面有较好发展。

同时，行业内外、科研高校等在工业副产石膏的性质、应用方面研究逐步深化。如工业副产石膏在公路水稳垫层中应用、过硫磷石膏矿渣在混凝土中应用、工业副产石膏制高强石膏生产工艺的研发等。

2.3 工业副产石膏市场情况

截至2015年年底，工业副产石膏历年累计堆存量达680Mt。2015年工业副产石膏排放总量约为185Mt，其年综合利用量约96Mt，具体如图5所示。

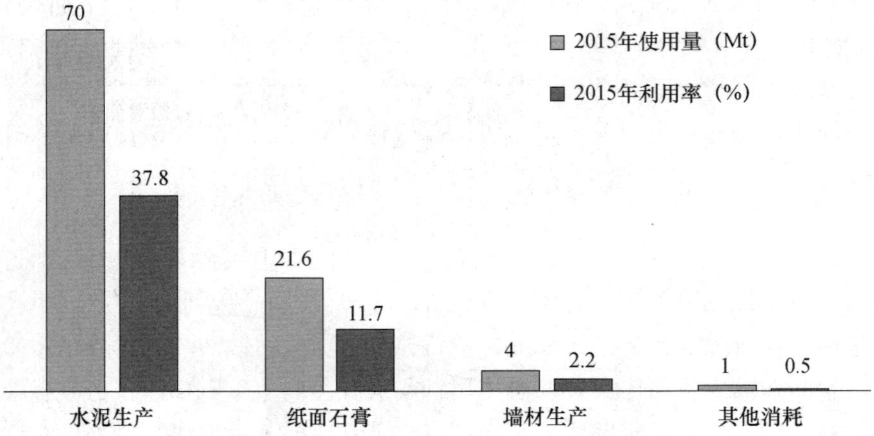

图5　2015年工业副产石膏各方向使用量和利用率

在未来相当长的时期内，我国工业副产石膏受资源化利用途径、利用量等方面因素影响，仍然会有大量工业副产石膏堆积待处置，其中影响工业副产石膏使用的主要因素有以下几方面：

首先，地区分布和利用不平衡。受地域资源和经济发展水平影响，不同地区工业副产石膏产生、堆存及综合利用情况差异较大。北京、河北、珠三角及长三角等地区脱硫石膏产生量小、综合利用率高；而山西、内蒙古等燃煤电厂集中的地区脱硫石膏产生量大、综合利用率较低。我国磷矿资源主要集中在云南、贵州、四川等地区，决定了我国磷肥工业布局及磷石膏的产生、堆存主要集中在这些地区。受运输半径影响，磷石膏综合利用长期处于较低水平。

其次，受工业副产石膏品质和关键技术限制。由于缺乏先进的在线质量控制技术、低成本预处理技术，制约了工业副产石膏综合利用产业发展。目前部分产品生产技术较成熟，但缺乏大面积推广应用。

最后，针对工业副产石膏标准体系匮乏。缺乏工业副产石膏综合利用产品和技术的相关标准，不利于工业副产石膏在建材领域的应用推广。

加速合理开展工业副产石膏综合利用，是转变工业经济发展方式，构建资源节约型和环境友好型工业体系的重要措施，也是解决工业副产石膏堆存造成的环境污染和安全隐患的治本之策。

3　纸面石膏板

3.1 纸面石膏板的发展

石膏板在国内的使用始于20世纪70年代。从2002年到2006年的年复合增长率保持在30%以上，纸面石膏板年人均使用量从2002年的0.13m^{2}上升到2011年的1.5m^2，2014年我国石膏板的需求量接近19.67亿m^2。尽管如此，相对于成熟的欧美市场，市场差距仍然较大，可以通过图6更直观地看出我国人均石膏板消费量。

图6中显示，尽管我国近些年石膏板市场保持了非常高的增长速度，但人均1.5m^{2}的消费量和成熟的加拿大市场人均13m^{2}的消费量相比，仍然有很大的差距，即使世界人均石膏板消费量也已达3m^2，这表明了我国石膏板市场仍有较大的发展潜力。

2008年以后，参考了美国、日本、英国及欧洲标准内容，国家标准《纸面石膏板》（GB/T 9775—2008）[4]、行业标准《纸面石膏板单位产量能耗限额》（JC 523—2019）[5]顺利完成修订，进

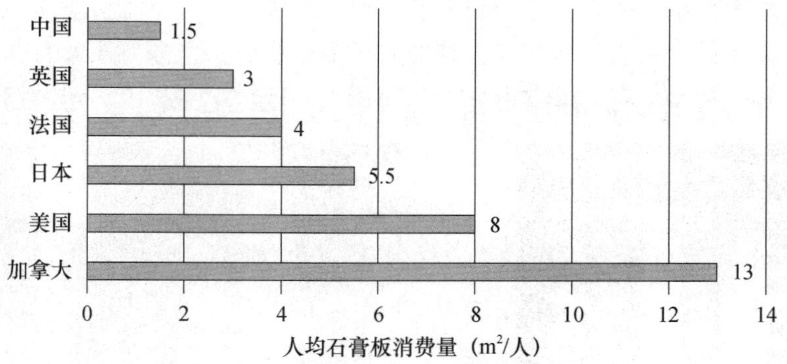

图6　全球主要国家人均石膏板消费量

一步规范了纸面石膏板市场标准体系，为中国纸面石膏板行业的发展提供了可靠依据。

此前，国家工业和信息化部、国家发改委分别印发了《建材工业发展规划（2016—2020年）》和《“十三五”墙体材料革新指导意见》作为“十三五”时期推进建材工业转型升级、促进建材工业由大变强、实现可持续发展的指导性文件，明确了绿色建材生产和应用、关键材料保障能力提升、矿物功能材料发展、协同处置推广、“三品”行动推进、服务平台建设六大重点工程。而石膏板作为美观实用、绿色环保、节能、防火性能良好的新型建材产品也将成为市场的主流产品。

3.2　纸面石膏板市场分析

石膏制品目前主要是纸面石膏板，其广泛用于内隔墙、内墙贴面、顶棚、吸声板等。2015年我国纸面石膏板产能达到$3.7\times10^9m^2$，产量约$2.78\times10^9m^2$，人均$2.1m^2$/（a·人），明显低于发达国家水平，经过多年的研究创新，各种高强、防潮、防火又具有环保功能的石膏装饰板、石膏线条、灯盘、门柱、门拱眉等装饰制品不断涌现。此外，具有吸声、防辐射、防火功能的石膏装饰板也得到推广应用。石膏装饰材料品种繁多、量大面广，石膏装饰材料的需求在逐年增长。

但是在“十二五”后期，受制于行业整体形势及产能过剩的影响，2015年整个行业增速下降，不同产品、不同地区增长差异明显。纸面石膏板、石膏条板产量增长缓慢，机械喷涂抹灰石膏、石膏砌块、装饰石膏板、石膏线条等增速虽有回落但仍保持较快增长。石膏板行业的发展仍然偏向乐观，但行业产能过剩的影响，这需要纸面石膏板继续提高在墙体材料及装饰领域占比，也需要引导行业优化存量，优化资源配置，甚至将产能转移到国外市场，预计在未来10年内企业整合速度将进一步加快。

参考文献

[1]　中华人民共和国国家标准．抹灰石膏 GB/T 28627—2012［S］．北京：中国标准出版社，2013.

[2]　中国工程建设标准化协会．抹灰石膏应用技术规程 T/CECS 594—2019［S］．北京：中国标准出版社，2019.

[3]　徐惠国，秦天苍，彭远志．浅谈石膏技术的发展与应用［J］．河南建材，2012（6）：155-157.

[4]　中华人民共和国国家标准．纸面石膏板 GB/T 9775—2008［S］．北京：中国标准出版社，2009.

[5]　中华人民共和国行业标准．纸面石膏板单位产量能耗限额 JC 523—2010［S］．北京：中国建材工业出版社，2011.

[6]　李永鑫，朱海霞，杨福成，等．抹灰石膏的市场发展与技术进展［J］．新型建筑材料．2016（4）：49-54.

[7]　叶学东．磷石膏利用现状及“十三五”发展思路［C］//第六届年会暨第十届全国石膏技术交流大会及展览会论文集．北京：中国建筑材料联合会石膏建材分会，2015.

作者简介

田玉军，男，工程师，联系地址：河北省保定市经济开发区京港澳高速引线6号，邮编：072650，电话：18611893956。

北京市预拌砂浆管理发展实践与展望

刘 斐[1,2] 刘洪波[1,2] 矫 明[1,2]

1. 北京市建筑节能与建筑材料管理办公室，北京，101160；

2. 北京市散装水泥办公室，北京，101160

摘 要 预拌砂浆对实现建设工程绿色文明施工，改善环境质量，提升工程质量，提高施工效率以及促进资源综合利用等方面发挥了重要作用。本文回顾了北京市预拌砂浆发展实践，总结了发展过程中的制度设计和发展成果，并对下一步发展做出展望。

关键词 预拌砂浆；发展实践；展望

Development Practice and Prospects of Ready-mixed Mortar Management in Beijing

Liu Fei[1,2], Liu Hongbo[1,2], Jiao Ming[1,2]

1. Beijing Municipal Office for Building Energy-Efficiency and Building Material Management, Beijing, 101160;

2. Beijing Municipal Bulk Cement Office, Beijing, 101160

Abstract Ready-mixed mortar plays an important role in realizing green and civilized construction of development projects, improving environmental quality, improving project quality, improving construction efficiency, and promoting comprehensive utilization of resources. This article reviews the development practice of ready-mixed mortar in Beijing, summarizes the system design and development achievements in the development process, and presents prospects for the next development.

Keywords ready-mixed mortar; development practice; prospects

0 引言

预拌砂浆是房屋建筑和市政基础设施不可或缺的重要材料。作为新型绿色建材，其大力发展为实现建设工程绿色文明施工，改善环境质量，提升工程质量，提高施工效率以及促进资源综合利用等方面提供了重要保障。20世纪80年代以来，在政府产业技术政策指导下，通过引进国外先进预拌砂浆生产和施工技术，在北京、上海等经济发达地区率先开展了预拌砂浆的推广应用。目前，我国已成为世界上预拌砂浆使用量最大的国家。北京作为首善之区，以政府引导、市场主导、企业推动的发展模式，在预拌砂浆产业政策、技术标准、物流装备、施工应用等环节精耕细作，起到很好的示范和引领作用，为行业可持续发展奠定了坚实的基础。经过20多年的大力发展，全市建设工程施工现场已全面禁止现场搅拌砂浆，散装预拌砂浆得到广泛应用，家装市场预拌砂浆应用快速增长，推广应用发展水平处于全国前列。

回顾预拌砂浆的发展历程，其推广工作始终紧密围绕国家和北京市的重要部署，通过加强法制建设实现依法推动，完善标准体系，填补技术规范空白，进行常态化监管强力推动应用，加强宣传培训，提高相关人员的认识和施工应用水平，适时协调、服务为需求方排忧解难，开展课题研究，解决发展问题，启动试点示范，扩大推广应用效果等工作措施，培育并形成预拌砂浆生产、运输、使用等全过程的产业链。

1 发展实践回顾

1.1 政策引领 依法“禁现”

北京市通过出台一系列政策文件，为大力发展预拌砂浆提供了巨大推动力，从政府规范性文件到全面实现依法“禁现”，建立起全链条各环节的闭环管理体系，念好“制度经”。

2002年，北京市《关于印发＜北京市散装水泥发展导向意见＞的通知》（京建材〔2002〕158号）中明确“加快发展预拌混凝土和干拌砂浆”“积极培育预拌砂浆的使用市场，四环路以内工程、奥运工程应率先使用预拌砂浆。鼓励采用合资、合作等方式建设干拌砂浆生产线”。由此开始了北京的预拌砂浆发展之路。后通过加强部门联动，从顶层设计上持续完善各项管理措施，建立了从设计、预算、招标投标、造价信息、生产、税收、运输、工程监管、绿色文明工地评选以及节能备案等全链条的闭环管理体系，充分发挥预拌砂浆的减排降耗等环保优势。除了将其使用要求列入北京市各阶段控制大气污染措施和推广、限制和禁止的建材产品目录中外，还积极争取立法，逐步实现法制化管理。预拌砂浆使用要求纳入2013年实施的《北京市建设工程施工现场管理办法》（市政府令第247号）中，其中规定禁止现场搅拌砂浆的要求，并规定砌筑、抹灰、地面类砂浆应使用散装预拌砂浆。对违反规定现场搅拌砂浆或者未按规定使用散装预拌砂浆的，将被处以1万～10万元的罚款。2014年，北京市住建委发布《关于在全市建设工程中使用散装预拌砂浆工作的通知》（京建法〔2014〕15号），要求全市范围内的房屋建筑和市政基础设施工程禁止现场搅拌砂浆，其中砌筑（包括砌块专用砂浆和砌块粘结剂等配套砂浆）、抹灰、地面类砂浆，应使用散装预拌砂浆。至此将“禁现”要求扩大到全市范围。同年又将禁止现场搅拌砂浆纳入《北京市大气污染防治条例》中，首次从地方条例的法律层级上对禁止现场搅拌混凝土和砂浆提出并设置了更为严厉的处罚条款。对违反该条例规定现场搅拌混凝土或砂浆的，将处以2万～20万元的罚款，情节严重的责令停工。2019年3月，为进一步贯彻落实《北京城市总体规划（2016—2035年）》等相关法律法规、政策文件精神，市住建委联合发改委、规自委和生态环境局印发了《关于进一步加强全市建设工程预拌砂浆应用工作的通知》（京建法〔2019〕6号），本着抓住关键环节、突出重点的原则，进一步明确了建设单位、施工单位及监理单位的管理职责；倡导预拌砂浆运输采用新能源货运车辆；新增提升行业智能制造和清洁化生产管理水平，使用符合要求的再生骨料，促进资源综合利用工作；鼓励研发适合家庭装修使用的罐装预拌砂浆，还明确了各相关部门的职责，强调事前、事中、事后监管。从预拌砂浆生产、使用环节，加强监督管理，提升预拌砂浆生产、运输、使用相关环节的行业发展水平，促进行业健康发展。

1.2 市场主导 企业推动

行业主管部门通过产业规划，积极鼓励先进，扶优扶强，淘汰落后，实现预拌砂浆供需基本平衡，成功解决先有鸡还是先有蛋的两难问题。1986年，北京市建筑材料科学研究院前身从英国引进当时先进的配料技术，开始生产瓷砖粘结砂浆、混凝土界面剂和防水砂浆等特种砂浆。1997年，北京凯捷机械设备有限公司设计制造出本市第一条国产生产线，并开始研制存储和施工设备。2000年，北京市建筑材料科学研究院采用法国设计，建成年产10万吨干混砂浆生产线，规划普通砂浆6万吨，特种砂浆4万吨，引领了当时的生产工艺和技术水平。到2003年年底，本市砂浆企业一度达到150家左右。通过生产和应用两个方面的积极协调，企业主动参与，充分发挥市场主体的能动性，做好了砂浆的供应保障工作。

2011年发布的《北京市“十二五”时期散装水泥、预拌制品和预制构件发展规划》提出：引导预拌砂浆生产企业在北京东北部和西南部五环路以外地区及北京周边地区新建11条高水准的普通干混砂浆自动化生产线，新增产能440万吨。新建普通干混砂浆生产企业规模应在20万吨/年（单班8h）以上，发散能力应达75%以上。截至2019年具有一定规模预拌砂浆生产企业21家，产能716万吨，生产预拌砂浆约239万吨，拥有干混砂浆运输车113辆，干混砂浆移动筒仓2338个。取得全国绿色建材评价标识的预拌砂浆生产企业有14家。美巢集团被评为“2018年北京市智能制造标杆企业”。

1.3　标准护航　规范发展

北京市从发展初期，便高度重视标准化建设。2002年，北京市散装水泥办公室组织编写了《北京市干拌砂浆应用技术规程》（试行）（DBJ/T 01-73—2003），将散装干混砂浆运输、存放及使用方式和施工机具编入规程，为推广工作奠定了技术基础。后又陆续从设计、造价、生产、应用等方面编制出台了《88J1-4（2006）干拌砂浆》和《08BJ1-1 工程做法》等建筑构造通用图集和《北京市建设工程造价预拌砂浆补充定额》等标准，并每月发布价格指导信息。在生产环节，相继制定实施了《干混砂浆生产管理规程》（SB/T 10647—2011）行业标准、北京市地方标准《预拌砂浆清洁生产技术规程》和《预拌砂浆单位产品综合能源消耗限额》，从产品生产管理、质量控制、清洁化生产和绿色生产等全产业链标准体系逐步健全；在物流环节，商务部主编了行业标准《散装干混砂浆运输车》和《散装干混砂浆移动筒仓》，作为发展散装预拌砂浆的核心标准，填补了我国散装物流标准空白，有力促进了干混砂浆物流散装化、标准化、专业化进程。在使用环节，完成了《预拌砂浆应用技术规程》（DB11/T 696—2016）二轮修订工作，并将预拌砂浆使用拓展到轨道交通领域，制定实施了《预拌盾构注浆料施工应用技术规程》和《预拌喷射混凝土应用技术规程》，对普通砂浆性能指标及检测方法、特种砂浆性能指标和散装干混砂浆均匀性指标和物流施工设备等方面进行了修改和完善。在各个管理节点为预拌砂浆应用工作提供了依据和技术保障。

1.4　试点示范　硕果累累

2002年9月，北京市建委在天通苑住宅小区消防综合楼进行了预拌砂浆应用试点工程并召开了现场演示会。通过试点，摸索出预拌砂浆在运输、使用和施工机具制造等方面的经验，是国内第一家使用散装干混砂浆进行施工的试点工程。在不同阶段，通过鸟巢、水立方等奥运工程以及保障房等政府投资工程的预拌砂浆示范应用，发挥了非常好的宣传带动作用，为北京乃至全国部分省市推出城区禁止现场搅拌砂浆政策提供了有力依据。为大力推进预拌砂浆散装化及机械化施工应用，分别开展了“西城区定向安置房项目”和航天科工七三一医院病房及体检综合楼预拌砂浆散装化和机械化抹灰喷涂施工应用示范。散装预拌砂浆的粉尘近零排放、使用方便、施工高效、质量可靠等诸多优势得以直观体现，积累了施工应用经验和研究数据成果，为建筑业的施工技术进步和预拌砂浆机械化施工发展提供了新的助推措施，为散装干混砂浆物流运输、设备使用、维护、信息化管理、机械化施工等方面树立了标杆，并为政策和标准制定提供了技术支撑。

1.5　科技创新　破解难题

坚持加强调查研究和科研攻关，北京市组织实施了一系列行业共性难点科研课题研究，成果转化效果明显，综合技术水平处于全国前列。《干拌砂浆应用市场质量状况及对策调研》《我国散装水泥现代物流体系研究》《散装干混砂浆在物流设备中的均匀性研究》《干混抹灰砂浆机械化施工成套技术研究与示范应用》《砌筑砂浆对砌体结构性能影响研究》《喷射聚合物砂浆和喷射混凝土在加固工程中的研究与应用》《轨道交通建设喷射混凝土和盾构灌浆材料研究》等课题的研究成果为北京市调整行业管理措施、制定相关标准和散装砂浆现代物流发展规划等工作奠定了良好的基础。

1.6　强化监管　推动应用

重点在使用环节加强监管，同时充分发挥规划和环保等相关部门的职能，逐项落实，从设计图纸、施工组织设计与落实、环境保护等方面加强综合管理。结合市住建委日常执法和专项监督执法工作，在相关管理部门间形成监管合力，建立监督举报机制。作为《绿色施工管理规程》中的强制性条文，从严执法，并将相关要求与建筑业企业资质及人员资格动态监督管理相挂钩，坚决把各项政策落实到位，快速推进"禁现"目标的全面落实，大力推广散装预拌砂浆的应用。

1.7 加强宣传 培训技能

充分利用电视、网络、报纸等宣传媒体、组织培训班、印发宣传资料和现场会等形式开展宣传培训活动，发挥行业协会作用，指导预拌砂浆生产企业加强质量控制，进行清洁化生产；在使用环节，联合中央和市属施工集团及建设、监理等参建各方，集中开展政策标准和施工技术培训，举办家装瓷砖镶贴工比武大赛等活动，大力推动预拌砂浆政策的精准落地，着力进行普法教育和新材料、新技术的推广应用工作，为建设宜居之都贡献力量。

2 展望未来

2.1 深入落实"放管服"，提升行业服务水平

继续围绕北京城市功能定位、落实《京津冀协调发展规划纲要》以及国家和本市有关发展预拌砂浆法规政策文件精神，坚持监督管理与发挥市场作用相结合，以公正监管维护公平竞争，规范预拌砂浆市场规范发展；支持进行生产和施工应用各方面的创新工作，持续加强宣传培训，推广新技术、拓展新领域、开发新产品、挖掘新潜力，强化科技创新与成果转化，提高科技创新支撑能力。

加强信息化建设，利用建筑节能与建材管理服务平台，用好预拌砂浆供应与采购信息，填报相关大数据，引入区块链技术，构建全流程可追溯体系。鼓励行业研究利用互联网＋的发展模式来进一步降低成本，提升服务和管理工作水平。电商网购、在线服务等新业态在抗击新冠疫情中发挥了重要作用。作为传统行业，也要全面借鉴推进，打造数字经济新优势。

2.2 进一步提高行业"硬件"和"软件"水平

目前，各企业在生产规模、设备能力、清洁化管理、质量管理、售前售后服务能力、人员技术管理水平等方面存在较大差异，信息化和智能化建设总体水平有待提升。为行业健康可持续发展，企业应按照《干混砂浆生产管理规程》《预拌砂浆单位产品综合能源消耗限额》《干混砂浆生产线设计规范》《预拌砂浆清洁生产技术规程》等标准的要求落实各项工作，开展设备改造，增加研发投入，规范生产管理和试验检验，提高人员的技术能力和管理水平，提高产品技术含量和附加值，走差异化发展之路，减少同质化竞争，加强知识产权保护。

以需求为导向，提升并引领施工应用水平。细化产品种类，加强石膏基产品、套筒灌浆料、超高性能修补砂浆、环境友好砂浆、聚合物水泥柔性砂浆、3D 打印砂浆等特种功能产品研发，研究尾矿砂、建筑固废再生骨料等应用，强化应用研究并深入探究胶凝体系机理。

2.3 秉承绿色低碳理念，坚持循环发展之路

预拌砂浆始终以节能减排、环境保护、资源综合利用、提高建设工程质量和绿色施工技术水平为发展初心和出发点，绿色生产管理、综合利用粉煤灰、矿粉、脱硫石膏、尾矿等工业废弃物和建筑固废再生骨料，发展现代物流，清洁运输，使用环节粉尘近零排放。北京市是典型的原材料输入型城市，水泥、砂子等原材料严重依赖外部供应，随着周边供应地区环保力度的加强，原材料供应持续紧张，更要在安全可控、耐久稳定的前提下，坚持全产业链的低碳循环可持续发展。

2.4 迎接挑战，化危为机，创新高质量发展

近年来，北京市建设规模依然保持较高水平。按照《北京市 2020 年重点工程计划》，2020 年重点工程总投资达 13036 亿元。但随着装配式建筑和装配式装修的发展，预拌砂浆的需求量将受到影响。2020 年实现装配式建筑占新建建筑面积比率达到 30%以上，而装配式装修采用干法施工，基本不用砂浆和涂料等传统材料，工期可缩短 70%以上，具有现场环境好、人力成本降低、后期易维

护等优势，目前在公寓和公租房等项目装修中发展迅猛。

面对产业结构调整，环保压力加大，原材料供应紧张，建筑结构形式和施工方式以及突如其来的新冠疫情等多重影响，预拌砂浆行业更要坚持创新高质量发展，练好内功，创造机会。抓住城市副中心、冬奥和新机场配套项目等重点工程建设机遇，积极参与老旧小区改造项目。2020 年全国新开工改造城镇老旧小区 3.9 万个，而北京 2020 年第一批老旧小区综合整治就涉及 12 个区的 153 个项目，包括 998 栋楼，改造建筑面积达 517 万平方米。有能力的企业积极参与“一带一路”国际合作，走出去开拓更广阔的空间。

北京紧密围绕“四个中心”战略定位，落实《北京城市总体规划（2016—2035 年）》等要求，在“创新、协调、绿色、开放、共享”新发展理念指导下，预拌砂浆事业将继续担负绿色低碳的初心使命，为首都碧水蓝天做出新的更大贡献。

作者简介

刘斐，女，高级工程师，北京市建筑节能与建筑材料管理办公室主任，主要从事建筑节能与建材管理，联系电话：010-55598092。

浅谈预拌砂浆企业绿色工厂的创建

姜利红　周斌
美巢集团股份公司，北京，100076

摘　要　保护生态环境，建设生态文明，实现绿色发展是今后我国发展的必然路径。本文结合《绿色工厂评价通则》（GB/T 36132—2018）标准的要求，介绍了美巢集团股份公司为创建绿色工厂所做的主要工作，总结了在绿色工厂创建过程中的经验，期望帮助更多的预拌砂浆企业能更高效地完成绿色工厂的创建。

关键词　预拌砂浆；绿色工厂；创建

On the Establishment of Green Factories of Ready-mixed Mortar Enterprises

Jiang Lihong，Zhou Bin
Meicho Group Co.，Ltd.，Beijing，100076

Abstract　Protecting the ecological environment，constructing ecological civilization，and realizing green development are the inevitable way for future development in our country. With reference to the standard and requirements of GB/T 36132—2018 "General Rule for the Evaluation of Green Factory"，this paper introduces the main work done by Meichao Group Co.，Ltd. to create a green factory，summarizes the experience in the establishment of green factory，and expects to help more ready-mixed mortar enterprises complete the construction of green factories more efficiently.

Keywords　ready-mixed mortar；green factory；establishment

0　引言

为推进中国制造业向高端发展，《中国制造 2025》将"全面推动绿色制造"作为九大战略重点和任务之一，明确提出"建设绿色工厂，实现厂房集约化、原料无害化、生产洁净化、废物资源化和能源低碳化"的要求。在国家标准《绿色工厂评价通则》（GB/T 36132—2018）发布实施后，工业和信息化部也相继发布了《绿色工厂评价要求》，当前工业和信息化部先后公布了四批绿色工厂公示名单，截至目前仅有 1 家预拌砂浆企业获得绿色工厂称号。美巢集团自 2017 年开展创建"绿色工厂"活动，2018 年列入第三批绿色制造企业，我公司并未在此道路上停滞不前，而是将其作为一项长期而持久的工作来做。

1　绿色工厂创建过程

绿色工厂应在保证产品功能、质量以及生产过程中人员的职业健康安全的前提下，引入全生命周期思想，优先选用绿色原料、工艺、技术和设备，满足基础设施、管理体系、能源与资源投入、产品、环境排放、绩效的综合评价要求，并进行持续改进[1]。绿色工厂不是一个单一维度的“节能工厂”“环保工厂”概念，而是一个具有优秀的“五化”水平并不断优化提升的组织。

美巢集团始终将生态文明建设深度融入公司发展战略，以最终实现企业效益、环境效益、社会效益的和谐统一为目标，一贯秉承“优质环保，安居致远”的核心价值，结合标准和相关法律法规要求，深度实施清洁生产，大力推行循环经济。以下为结合《绿色工厂评价通则》(GB/T 36132—2018) 以及《绿色工厂评价要求》，美巢集团开展的几项关键工作。

1.1　完善和提升基础设施

基础设施是绿色工厂创建的依托主体，通过合理化配置建筑、照明、设备设施、计量设备和污染物处理设备，为实现“用地集约化”“能源低碳化”和“生产洁净化”提供基础。

绿色工厂的建筑首先应满足国家或地方相关法律法规及标准的要求，并从建筑材料、建筑结构、采光照明、绿化及场地、再生资源及能源利用等方面进行建筑的节材、节能、节水、节地、无害化及可再生能源的利用。预拌砂浆企业可通过优化建筑结构，采购绿色、节能、节水或环保的建筑材料和装饰装修材料，开发厂房屋顶光伏发电、风电、地热等可再生能源利用项目[2]，充分利用工厂建设用地资源，实现厂房的“用地集约化”。

绿色工厂照明灯具、专用设备、通用设备和污染物处理设备应尽量选择效率高、能耗低、水耗低、物耗低的产品，以降低企业综合能耗，实现最终产品的“能源低碳化”[3]。

预拌砂浆企业应配备完善的污染物处理设备设施，或者委托第三方对污染物进行处理，以确保工厂产生的废气、废水、固体废物、噪声等符合国家、行业及地方的标准，实现“生产洁净化”。同时，工厂应对相应的工业固体废物进行处理，对可回收利用的废水要回收利用，加强工业固体废物综合利用和废水回用，实现“废物资源化”。

在基础设施建设方面，美巢集团在厂区设计时，就将“用地集约化”纳入设计范畴，目前公司容积率为1.21，非硬化地面绿化率为100%。在照明设计方面，工厂厂区和办公区采用自然光照明，在室内采用分区照明及自动控制等照明节能措施，自2015年开始，公司通过新旧更替，将原有的照明灯具更换为LED灯。在污染物处理方面，公司共安装了160台进口除尘设备和4台进口的超高滤除尘设备，当前经第三方机构检测，粉尘的排放浓度低于检测设备的检出限，实现了“生产洁净化”。为进一步实现“废物资源化”，公司通过对预拌砂浆车间积灰回收及收尘系统改造，将除尘器收集到的颗粒物回收再利用，2018年和2019年，共回收再利用约1416t颗粒物。

1.2　建立和完善管理体系

企业建立的管理体系应包括质量管理体系、环境管理体系、职业健康安全管理体系、能源管理体系。在预期性要求中，企业每年发布社会责任报告，说明履行利益相关方责任的情况，特别是环境社会责任的履行情况，报告公开可获得。由于目前国内尚未发布绿色工厂管理体系相应的标准，企业可参考《绿色工厂评价通则》(GB/T 36132—2018) 建立符合自身发展要求的绿色工厂管理体系。绿色工厂管理体系应基于“PDCA”循环模式，并强调与相关管理体系的整合与兼容[3]。

美巢集团创建的绿色工厂管理体系是在保持绿色制造自身特点的同时，结合现有质量管理体系、环境管理体系、职业健康安全管理体系和能源管理体系的要求，制定了明确、具体的绿色工厂管理目标、要求以及可量化、可评价的指标，对原有的管理体系、管理制度及流程进行了完善，建立了符合公司实际情况和未来绿色发展目标的绿色工厂管理体系。

1.3　优化能源、资源投入

对于工厂的能源投入，企业应优化用能结构，在保证安全、质量的前提下减少不可再生能源投入，优先选择可再生能源（如风能、太阳能、地热能、生物质能等），考虑厂区内余热余压的回收利用，以实现“能源低碳化”。

对于工厂的资源投入，应按照 GB/T 7119—2018 的要求开展节水评价，并且满足本行业的取水定额要求。企业应减少材料、尤其是有害物质的使用，如存在有害物质的使用，应对有害物质及化学品减量使用或替代的可行性进行评估。优选使用回收料、可回收材料替代原生材料、不可回收材料，提高原料的绿色物料使用率，以实现“原料无害化”。

当前预拌砂浆生产企业在生产过程中消耗的能源主要包括电力、天然气、煤炭、柴油、汽油等，其中电力在综合能耗中占比最高。美巢集团在预拌砂浆生产线建设阶段，就选用了国际知名的变频电动机，并通过连锁机制，避免了设备因空转引起的电力浪费。预拌砂浆生产使用的原材料大致可以分为胶凝材料、骨料、辅助胶凝材料、化学外加剂以及其他组分，目前，生产普通预拌砂浆的企业利用粉煤灰、矿渣、脱硫石膏以及尾矿砂等作为再生骨料进行生产，由于美巢集团的产品为室内装修用特种砂浆，对原材料的有害物质含量要求严苛，目前还没有选用再生骨料替代天然骨料。在辅助胶凝材料和化学外加剂的选择上，美巢集团要求所有的原材料供应商提供产品环保性能检测报告，并对有害物质含量进行确认，通过筛选确定了陶氏、塞拉尼斯等国际知名企业为原材料供应商，确保产品中有害物质含量远低于国际标准限值要求。

1.4 开展绿色产品设计

产品的绿色化对于绿色工厂的评审也尤为重要，将绿色设计的概念应用于产品设计中，也就是将绿色设计作为产品设计中的一种设计方法论，该设计理论主要着眼于人与自然和谐共生的生态文明建设，在设计过程中要将节约资源、保护环境等因素考虑在内[5]。

在《绿色工厂评价通则》（GB/T 36132—2018）中指出“工厂宜按照 GB/T 24256—2009 对生产的产品进行生态设计，并按照 GB/T 32161—2015 对生产的产品进行生态设计产品评价”，工厂产品设计时应从产品的全生命周期出发，对原料、技术工艺、产品研发、废弃物回收处理等环节综合考虑，降低产品整个生命周期的能源消耗及对环境的污染。目前针对预拌砂浆产品的生态设计标准和评价标准还未发布，企业无标准可依据时可参考 ISO14040～ISO14043 标准对产品进行全生命周期评价。

美巢集团在原料控制方面，对含有有害物质的原材料要求供应商在保证原材料基本性能的前提下进行了改进，并通过工艺设计和日常检测实现了产品无害化等环保要求；在技术工艺方面，实施清洁生产理念，由传统的“末端治理”转化为“源头预防”的方式，从源头减少污染物排放，应用废弃物最小化以及污染预防、无废技术、源头消减、“零排放”技术等方法和措施，提高了工厂生产过程的洁净化程度，并于 2018 年通过了政府机构组织的清洁生产审核验收；在产品研发方面，根据绿色建材评价要求和国外环保认证标准，重点开发了具备无害化、低能耗、低水耗、低材耗的产品，目前美巢集团所有的砂浆产品均通过 UL GREENGUARD 金级、Eurofins IAC 金级、GEV EMICODE EC1^{PLUS}认证。

2 结论与建议

在绿色工厂创建过程中，除了以上几点外，还需要建立绿色工厂管理机构、建立绿色工厂实施工作计划并对照相关要求开展自我检查、编制《企业自评价报告》、申请第三方机构评价等工作。绿色工厂的建设是一项长期任务，是企业绿色可持续发展的客观要求，也是践行企业社会责任的必要途径。对预拌砂浆企业而言，绿色工厂的创建需要重点围绕完善和提高基础设施、提高资源能源利用效率、采用先进的生产工艺、减少污染物排放等方面，最终实现“用地集约化、原料无害化、生产洁净化、废物资源化和能源低碳化”的绿色工厂目标。

参考文献

[1] 中华人民共和国国家标准．绿色工厂评价通则 GB/T 36132—2018 [S]．北京：中国标准出版社，2018.

[2] 孙继德，李希玲．工业厂房绿色建筑评价的关键指标 [J]．价值工程，2011 (30)：41-42.

[3] 俞敏．浅谈绿色工厂评价标准和创建要点［J］．质量技术监督研究，2018（58）：57-60.
[4] 李晓龙．关于绿色制造管理体系标准架构的研究［J］．机电产品开发与创新，2018（01）：82-84.
[5] 卢菲菲，陈秋媛．浅析绿色产品设计［J］．工业设计，2018（8）50-51.

作者简介

姜利红，女，硕士研究生，美巢集团股份公司产品环保认证经理，主要从事产品环保认证工作，联系方式：jianglihong@meichao. com。